/

国家自然科学基金重点项目（批准号：50834005）

"十一五"国家科技支撑计划重点项目（编号：2008BAB36B01）

国家重点基础研究发展计划（973计划）（编号：2007CB209402）

教育部优秀青年教师教学科研奖励计划项目

厚煤层开采理论与技术

王家臣 著

北　京

冶金工业出版社

2009

内 容 提 要

　　本书系统地介绍了煤炭在我国能源中的重要地位、综合机械化放顶煤开采技术的产生与发展以及在我国的应用状况、放顶煤开采的理论与技术原理、放顶煤与大采高技术典型工程实践。全书共分为 11 章，主要内容为：煤炭在我国能源中的重要地位、放顶煤开采技术原理、顶煤破裂机理、散体顶煤放出规律、矿山压力显现规律、支架工作阻力确定、高产高效综放开采的工程实践、"两硬"厚煤层综放开采工程实践、"三软"与"大倾角"厚煤层的综放开采工程实践、大采高开采的工程实践等。本书反映了作者近十余年来在放顶煤与大采高开采理论与技术方面的研究成果，同时也总结了我国放顶煤与大采高开采的一些相关成果。本书可作为高等院校采矿工程专业的研究生教材，也可供从事煤矿开采方面的研究人员、工程技术人员、设计人员、管理人员阅读参考。

图书在版编目（CIP）数据

　　厚煤层开采理论与技术/王家臣著. —北京：冶金工业出版社，2009.9
　　ISBN 978-7-5024-5019-9

　　Ⅰ. 厚…　Ⅱ. 王…　Ⅲ. 厚煤层采煤法　Ⅳ. TD823.25

　　中国版本图书馆 CIP 数据核字（2009）第 153106 号

出 版 人　曹胜利
地　　址　北京北河沿大街嵩祝院北巷 39 号，邮编 100009
电　　话　(010)64027926　电子信箱　postmaster@cnmip.com.cn
责任编辑　李　雪　美术编辑　张媛媛　版式设计　张　青　孙跃红
责任校对　侯　珺　责任印制　牛晓波
ISBN 978-7-5024-5019-9
北京百善印刷厂印刷；冶金工业出版社发行；各地新华书店经销
2009 年 9 月第 1 版，2009 年 9 月第 1 次印刷
169mm×239mm；18.75 印张；363 千字；282 页；1—2000 册
56.00 元

冶金工业出版社发行部　电话：(010)64044283　传真：(010)64027893
冶金书店　地址：北京东四西大街 46 号(100711)　电话：(010)65289081
　　　　（本书如有印装质量问题，本社发行部负责退换）

序

　　厚煤层是我国煤矿实现高产高效开采的主力煤层，目前的开采技术主要有综合机械化放顶煤开采和大采高开采。

　　综合机械化放顶煤开采技术是最近20余年来我国在煤矿开采技术方面所取得的重要成就，它丰富了我国厚煤层的开采方法，大幅度提高了厚煤层开采效率、产量与效益。该项技术首先于20世纪60年代初起源于欧洲，但是在欧洲没有得到系统研究和推广应用，后于20世纪80年代初引入我国，并在我国获得了迅速发展和创新。该项技术在我国的发展过程中，首先来自于煤矿企业提高开采效益的需要，得到了煤矿企业和广大工程技术人员广泛认可和积极推广。与此同时，全国也开展了大量的理论与试验研究工作，对放顶煤开采的一些基本理论问题，如矿山压力显现规律、顶煤的损伤与破裂规律、散体顶煤放出规律、支架合理工作阻力确定等，都有了一些基本认识和重要成果，并能将这些成果用于放顶煤开采实践中，指导放顶煤技术的健康发展。许多煤矿企业与高校、研究单位等广泛合作，进行技术创新，根据不同的煤层条件，形成了不同的综放开采模式，使放顶煤开采成为我国厚煤层开采的重要方法之一，充分发挥了放顶煤开采的技术潜力，达到了前所未有的高度。

　　放顶煤开采是在厚煤层下部布置一个综采工作面进行机采，煤层上部依靠矿山压力作用，产生变形和破碎，最后由工作面支架后部放煤口放出并运走。放顶煤开采的基本特点是一次采高增大，通常为煤层全层厚度，同时支架上方存在一层厚而破碎且随采随放的顶煤。放顶煤开采的这些基本特点也必然导致放顶煤开采的工艺、矿压规律、安全技术、实施技术等方面有其自己的特殊性和一系列的规律及特点，对这些问题的系统研究、总结，有助于放顶煤开采技术的健康发展和更广泛应用。因此，近20余年来国内有许多这方面的研究成果或以论文、或以著作的形式发表、出版，这些研究成果对放顶煤技术的发展和创新起到了积极作用。本书作者 10 余年来一直致力于放顶煤与大采高开采的理论与技术研究，发表过一些有重要见解的文章，如顶煤流动与放出的散体介质流理论、坚硬顶煤放出块度的拓扑预测等，这次作者系统总结其多年来在放顶煤开采理论与技术方面的研究成果，以自己的学术观点和思路撰写成专门著作，介绍自己的学术观点、理论思想与科研成果是一件十分有意义的事情，也丰富和促进了放顶煤开采的研究，书中的许多学术思想和内容是很新颖的，也具有实用性，此书的出版对放顶煤开采技术的深入发展和应用必将会起到积极作用。作者同时也总结了一些大采高开采的工程实践。这也是我们中青年学者所应努力的工作之一，将自己的研究成果进行系统总结、提升和发表，使其发挥更大作用。作者多年来一直深入煤矿现场，具有勤奋和扎实的学风，我很高兴作者能在繁忙的工作中抽出时间撰写此书，并乐意为之作序。

中国工程院院士
中国矿业大学教授　　钱鸣高

2009 年 8 月

前　言

　　能源是一切生产和生活的基础，国民经济的发展必然需要能源的增长来维持，而我国的能源效率又远低于发达国家，甚至低于许多发展中国家，因此不得不依靠大量的能源开采和消费来维持国民经济的快速增长。虽然节约型社会的建立可以缓解对能源的浪费和提高单位能源对国民经济的贡献，但由于我国的经济总量巨大（世界第三位），经济增长速度快，各种企业的技术水平相差甚远等，必然导致对能源的迫切需求。由于我国能源条件的特殊性，煤炭在一次能源开采和消费中，一直保持在70%左右。煤炭是我国的主体能源，这一特点在今后50年内不会发生根本性改变，因此煤炭资源开采在我国能源战略中具有特殊重要意义。在我国煤炭资源储量与产量中，厚煤层均占45%左右，因此研究与实施先进的厚煤层开采技术在煤炭开采中具有重要意义。

　　我国的厚煤层开采主要是采用分层开采、放顶煤开采和大采高开采（采高≥3.5m），其中分层开采是一种传统的厚煤层开采方法。放顶煤开采是20世纪80年代初从欧洲引入我国的一种开采方法，后在我国迅速发展并推广应用。近10年来大采高开采在我国得到快速发展，这与国内外支架、采煤机等煤机行业的技术进步有很大关系。

　　根据工作面所用设备的差异，放顶煤开采主要分为炮采放顶煤和综合机械化放顶煤开采（简称综放开采）。炮采放顶煤是指煤层下部工作面采用单体支架、放炮落煤、工作面铺网、在工作面后部剪网放顶煤的一种方法。这种方法较分层炮采可以大幅度提高工作面产量和效率，在一些中小矿井，或者地质条件复杂矿井的厚煤层开采中得到了较广泛应用。但是这种方法在对工作面顶煤、顶板的稳定控制、工人劳动强度与作业环境等方面存在不足。综合机械化放顶煤开采是指煤层下部布置一个综采工作面（工作面后部增加一部刮板输送机，支架为具有放煤功能的专用放顶煤支架），在支架后部放出和运走上部顶煤的一种方法。在开采工艺上，这种方法较综采增加了放顶煤和拉后部输送机工序，其他的与综采相同。由于与炮放开采相比这种方法具有安全、高效、高产量、低成本等优点，因此，在条件适宜煤层中尽量采用综放开采。本书中除特殊说明外，所说的放顶煤开采都是指综合机械化放顶煤开采（简称综放开采）。综放开采也是我国放顶煤开采技术的主体。

综合机械化放顶煤开采在我国的迅速发展和推广应用有其历史的必然性，也有其特殊性，可以将其原因归结为如下几方面：

（1）放顶煤开采采准巷道工程量少，巷道掘进率低，掘进费用低。

（2）开采成本低，只在厚煤层下部布置一个工作面，上部顶煤靠矿山压力和自重破碎放出，效率高，产量大，工作面实现了多点出煤。

（3）对于煤层顶板起伏变化大的厚煤层，放顶煤开采具有好的适应性。

（4）对于软煤层，可以缓解大采高开采带来的煤壁片帮与端面漏冒，实现松软厚煤层的一次采全高。

（5）相对产量与效率而言，工作面设备吨位小、投入成本低，只在普通分层综采面增加一部刮板输送机，支架增加放煤功能，就可以使工作面产量成倍增加。

上述这些特点适应我国煤矿经济与技术现状，也决定了放顶煤开采在我国迅速发展的必然性。由于大采高开采在工作面回收率、工作面通风条件、开采工艺等方面具有优越性，因此近 10 年来，大采高开采在我国获得了迅速发展。

无论是放顶煤开采还是大采高开采都是一项综合技术，也是一项系统工程，其核心就是安全、高效、高回收率的采出煤炭，但是围绕这一核心问题以及放顶煤开采的特殊性，必然需要研究和解决一系列的相关问题。

（1）顶煤破碎机理。研究顶煤在矿山压力作用下变形、移动与破裂的机理与过程，通过一些可以观测和理论描述的现象评价顶煤的破裂程度与冒放性。

（2）散体顶煤的流动与放出规律。研究破裂与冒落后的散体顶煤在支架后上方的流动与放出规律，运用正确的理论进行描述，科学指导顶煤放出工艺的确定，以及预测顶煤采出率与含矸率。

（3）矿山压力显现规律与工作面围岩控制技术。研究工作面来压规律、顶煤顶板的垮落规律、煤壁与端面顶煤的稳定规律、工作面煤壁及顶煤、围岩的稳定控制原理与实施技术。

（4）工作面支架工作阻力确定、支架选型与三机配套。结合放顶煤与大采高开采特点与需求，研究与设计合理的支架，运用合理的支架平衡顶板压力、控制顶煤与煤壁。进行工作面采煤机、支架与输送机的三机合理配套，充分发挥放顶煤与大采高工艺、设备的技术潜力。

（5）安全保障机理与技术。研究放顶煤开采过程中，瓦斯涌出与运移规律，瓦斯灾害防治技术；采空区与巷道火灾的发生机理与防治技术；粉尘控制技术；合理通风系统与能力匹配。

放顶煤与大采高开采作为一项综合技术涉及到以上这些主要方面，当然也还有一些派生的研究问题，而且有些问题也会随着基础理论、技术与装备水平、管理水平等的进步逐渐淡化，而另一些问题也会随着社会进步的要求而呈现出来，并且越来越重要，如开采的环境损害、安全保障、作用条件改善问题等。本书仅就煤炭在我国能源中的重要地位、放顶煤开采的技术原理、顶煤破裂机理、散体顶煤放出规律、矿山压力显现规律与特征、支架工作阻力确定、放顶煤与大采高开采的工程实践等方面介绍自己的学术观点与认识，不当之处，敬请同仁批评指正。书中也包含了一些其他人的研究成果以及作者与企业共同完成的科研成果，在此引用，是为了保持书中体系的完整性与可读性，对于引用的文章与成果，尽可能注明了，若有个别遗漏，请谅解。最后我要特别感谢的是钱鸣高院士、吴健教授多年来对我的学术指导、关怀与鼓励，感谢尚海涛总工程师、谢和平院士、宋振骐院士、胡省三秘书长等对我的指导与帮助，同时我也要感谢众多煤矿企业在多年的科研合作中给我的启迪与帮助。今年也正值中国矿业大学百年华诞，作为中国矿业大学（北京）采矿工程专业的一名教师，将此书作为学校百年的献礼，以示爱校情怀。

作　者
2009 年 8 月

目　录

1 我国厚煤层开采现状

1.1 能源的重要性

能源是国家经济发展的基础，是人类赖以生存的五大要素之一（阳光、空气、水、食物、能源），也是 21 世纪的热门话题。社会的进步和发展离不开能源。过去的 200 多年，建立在煤炭、石油、天然气等化石能源基础上的能源体系极大地推动了人类社会的发展。然而，近些年来，人们也看到了化石能源开采过程中所带来的一些不良后果，如资源日益枯竭，环境不断恶化，水资源遭到破坏等，因此进入 21 世纪后，全球范围内都在广泛开展新能源研究，努力寻求一种清洁、安全，可靠的可持续能源系统，这也是全球的未来能源发展战略。然而新的可再生能源系统的建立，是一个长期的过程，要想使其成为能源开发与消费的主体，至少需要数十年，甚至上百年的时间。目前世界范围内，仍然以化石能源为主，其在能源消费总量构成中占 90% 以上。因此在今后一个相当长的时期内，化石能源的开采与利用仍然是能源开发与消费的主体，并占有统治地位。

我国是世界上能源开采与消费的大国，能源消费量占世界总消费量的 10% 以上，仅次于美国，居世界第二位。但人均商品能源消费甚低，约为世界平均值的二分之一，美国的十分之一。改革开放以来，我国经济一直保持持续的高速增长。全面建设小康社会目标要求我国未来 20 年经济增长仍然保持在年均增长 7.18%。这种高速的经济增长，必然需要高速的能源增长来支撑。我国以往的经济增长主要是依靠投资和消耗大量能源。但投资对经济增长的贡献已经开始下降。据测算，20 世纪 90 年代初，全国投资每增长 1%，国内生产总值（GDP）可增长约 0.8%，但到 2003 年，投资每增长 1%，GDP 的增长却降至 0.4%。2004 年，我国 GDP 获得了 9.5% 的高增长，总量达 13.65 万亿元人民币，我国的经济总量已进入世界第六位。但是 2004 年我国煤炭产量达 19.75 亿 t；较 2003 年增长了 16%；进口原油 12272 万 t，增长了 34.8%；进口成品油 3788 万 t，增长了 34.1%；电力增长 15%。这说明我国的经济结构不够合理，高能耗工业过多，能源的浪费严重，能源效率低，能耗高。我国能源效率约为 31.2%，比经济合作与发展组织（OECD）国家落后 20 年，相差近 10 个百分点。我国能源经济效益也很低，万元 GDP 能耗为美国的 3 倍，日本的 7.2 倍，也远高于巴西、印度等发展中国家。因此合理利用与开发能源，促进经济发展是我国今后能源战略的主要内容之一。在未来的经济结构调整中，要降低能耗，充分发挥能源效率，走集约化发展的道路。但同时我国经济总量巨大，未来经济的高速增长，即使是集约化发展，也必然对能源的需求呈现强劲的增长趋势。

1.2   我国能源现状

在当今的世界能源结构中，煤炭资源储量丰富，而石油、天然气相对贫乏。中国更是一个富煤贫油的国家，见表1-1。

表 1-1   化石能源现状

能源种类	详查储量		储采比		中国占世界储量 /%
	世　界	中　国	世　界	中　国	
煤　炭	9842 亿 t	1145 亿 t	218	92	11.6
石　油	1434 亿 t	38 亿 t	41	24	2.6
天然气	146.4 万亿 m^3	1.37 万亿 m^3	63	58	0.9

煤炭是我国最主要的能源。我国常规能源（包括煤、油、气和水能，按使用100 年计算）探明总资源量中，煤炭占87.4%，石油占2.8%，天然气占0.3%，水能占9.5%。煤炭在我国能源资源中占绝对优势，油气资源量很少。

截止到1996 年末，全国深度在2000m 以内，煤炭资源总量为5.56 万亿 t，累计探明煤炭储量为1.02 万亿 t，保有储量为1.00 万亿 t。其中烟煤约占75%，无烟煤占12%，褐煤占13%。西部地区煤炭资源总量为43134 亿 t，约为全国的78%。"三西"（山西、陕西和蒙西）储量为6322 亿 t，占全国64%。其中陕西、内蒙，新疆，宁夏，甘肃，青海已发现资源总量为全国的71.6%，查明储量的44.18%。

我国估计的地质储量石油为940 亿 t，天然气为38 万亿 m^3，但探明程度都很低。据世界能源委员会估计，我国的石油探明储量仅为32.6 亿 t，天然气仅为1.127 万亿 m^3。近期探明储量在增加，至1998 年仅西部天然气累计探明储量已达1.31 万亿 m^3。显然，由于我国油气资源形成构造，目前找到的油气大部分是在新生代陆相沉积盆地中获得。而对于古生代和中生代海相油气资源的形成与演化还缺乏认识。因此，探明储量有相当大的难度，但又有一定的潜力，勘探技术是增加油气产量的关键技术。

核能：由于核电基本建设投资昂贵，因此在未来二三十年内，在人口多、国土广的我国，核能不可能在能源结构中占较大比例，但在一次能源缺口较大而交通运输又很紧张的地区发展核电站有其突出的优势。

水能资源：预计全国蕴藏量达6.76 亿 kW，可能开发达3.78 亿 kW（年发电量19000 亿 kW·h），占世界首位。但大部分集中于西南地区，占67.8%，其次中南为 15.5%，而后为西北占 9.9%，华东占 3.6%，东北占 2%，华北占 1.2%。目前，我国水资源开发利用仅 7.8%，世界平均为 20%，其中美国达 39%，主要原因是水电建设投资大，工期长（相对于火力发电）。

新能源与可再生能源：国家经贸委制订的 2000~2015 年规划，将达到 4300 万 t 标煤。

太阳能：我国陆地每年接受太阳辐射能相当于 2.4 万亿 t 标煤，我国西部地区年均日照 2000h，有人认为太阳能是未来能源的主流。

风能：我国风能资源理论总储量约 32.26 亿 kW，陆地上储量为 2.53 亿 kW。我国风能资源开发始于 20 世纪 80 年代初，至 1999 年底全国风电装机容量达 26.79 万 kW，"十五"期间新增风电容量 119.2 万 kW。其中有新疆、内蒙、吉林、黑龙江、河北、江苏、辽宁、广东和上海。

地热能源：我国地热资源远景储量为 1353.5 亿 t 标煤，探明储量相当于 31.6 亿 t 标煤。我国地热资源以中低温地热为主，主要分布在四川、华北、松辽、苏北等地，可采资源量为 18 亿 t 标准煤。高温地热资源主要分布在云南、西藏、川西和台湾。据估计，我国喜马拉雅地带的高温地热系统达 255 处，总资源量为 0.058 亿 kW。在地热泉水中，温度 40~60℃ 的温泉有 807 处，60~80℃ 的温泉有 398 处。据报道 2000 年世界利用地热采暖与热泵已超过 50%，我国 1997 年地热采暖还不足 8%。我国近几年能源消费结构见表 1-2。

表 1-2 我国近几年能源消费结构

年 份	能源消费量 (标准煤)/万 t	以能源消费总量为 100% 计算所占比例/%			
		煤 炭	石 油	天然气	水 电
1995	131176	74.60	17.50	1.80	6.10
1996	138948	74.70	18.00	1.80	5.50
1997	138173	71.50	20.40	1.80	6.30
1998	132214	69.60	21.50	2.20	6.70
1999	130119	68.00	23.20	2.20	6.60
2000	130297	66.10	24.60	2.50	6.80
2001	134914	65.30	24.30	2.70	7.70
2002	148000	66.10	23.40	2.70	7.80
2003	167800	67.10	22.70	2.80	7.40

世界范围的能源消费结构以油气优质燃料为主，占一次能源结构的 64%。而我国以煤为主，占一次能源结构的 65% 以上（我国的煤炭在生产一次能源生产中占 70% 以上），而世界平均仅为 26.2%，见表 1-2。2004 年我国一次能源产量折合 18.46 亿 t 标准煤，占全球的 11%，总体能源当量（含煤、气、油）对外

依存度不到 5%，2004 年产油 1.75 亿 t，2008 年产油 1.8 亿 t。我国是世界上少数几个以煤为主要能源的国家之一，这是我国的能源特点所决定的，而且这种现状在今后相当长的一段时期内不会改变，预计到 2050 年，煤炭在我国一次能源结构中的比重将维持在 65% 左右。因此我国的能源开发必然重视煤炭资源的开发，研究煤炭开采的技术进步。煤炭是可靠、廉价和可洁净利用的能源，是通向未来能源系统的桥梁。

1.3　我国煤炭资源基本特征

我国具有工业价值的煤炭资源主要赋存在晚古生代的早石炭世到新生代第三纪。我国煤炭资源预测总量为 5.06 万亿 t（北方至垂深 2000m，南方至垂深 1500m）。随着逐年开展地质勘探工作，煤炭累计探明储量不断增加，截止到 1996 年底，全国煤炭累计探明储量为 10273 亿 t。

我国煤炭资源在地理分布上有如下特点。

（1）分布广泛。在全国 33 个省级行政区划中，除上海和香港特别行政区外，都有不同质量和数量的煤炭资源，全国 63% 的县级政区中都分布着煤炭资源，到 1996 年底，经发现并做了不同程度地质勘探工作的煤矿区达 5345 处（未计台湾地区）。

（2）西多东少，北多南少。在我国 5.06 万亿 t 煤炭资源总量中，分布在大兴安岭—太行山—雪峰山以西的晋、陕、蒙、宁、甘、青、新、川、渝、黔、滇、藏 12 个省的煤炭资源总量达 4.50 万亿 t，占总量的 89%，而该线以东的 20 个省只有 0.56 万亿 t，仅占全国的 11%。分布在昆仑山—秦岭—大别山一线以北的京、津、冀、辽、吉、黑、鲁、苏、皖、沪、豫、晋、陕、宁、甘、青、新等 18 个省的煤炭资源量达 4.74 万亿 t，占全国总量的 93.6%，而该线以南的 14 个省只有 0.32 万亿 t，仅占总量的 6.4%。这种客观的地质条件形成的这种不均衡分布格局，决定了我国北煤南运、西煤东调的长期发展态势。

这种煤炭资源分布西多东少、北多南少的格局与我国地区的经济发达程度和水资源分布均呈逆向分布，使煤炭基地远离了消费市场，煤炭资源中心远离了消费中心，加剧了远距离输送煤炭的压力。由于矿区水资源贫乏，必然给煤炭生产、加工、运输等带来一系列困难，同时大规模采矿活动和加大用水，必然要使本来就脆弱的生态环境进一步恶化，也给煤矿开采带来困难。

（3）相对集中。我国煤炭资源除具有分布广泛，西多东少，北多南少的特点外，还有分布不平衡、某些地区相对集中的特点。在全国 5.06 万亿 t 的煤炭资源总量中，新疆 1.6 万亿 t、内蒙古 1.2 万亿 t、山西 0.68 万亿 t、陕西 0.29 万亿 t、宁夏 0.199 万亿 t、甘肃 0.19 万亿 t、贵州 0.186 万亿 t、河北 0.115 万亿 t、河南 0.114 万亿 t、安徽 0.104 万亿 t、山东 0.1 万亿 t。以上 11 个省、自治区具有资源总量 4.778 万亿 t，占全国煤炭资源总量的 94.4%。

在全国 10025 亿 t 的保有储量中，山西 2578 亿 t、内蒙古 2247 亿 t、陕西 1619 亿 t、新疆 952 亿 t、贵州 524 亿 t、宁夏 309 亿 t、安徽 245 亿 t、云南 242 亿 t、河南 227 亿 t、山东 227 亿 t、黑龙江 218 亿 t、河北 147 亿 t、甘肃 102 亿 t。

以上 13 个省、自治区共有 9637 亿 t，占全国煤炭保有储量的 96.1%。

（4）优质动力煤丰富。我国煤类齐全，从褐煤到无烟煤各个煤化阶段的煤都有赋存，能为各工业部门提供冶金、化工、气化、动力等各种用途的煤源。但各煤类的数量不均衡，地区间的差别也很大。在 1996 年末的 1 万亿 t 保有储量中，各煤类的储量和所占比重，如表 1-3 所示。

表 1-3　各煤类的保有储量及所占比重

储量　　煤类	炼焦用煤						非炼焦用煤									分类不明
	合计	气煤	肥煤	焦煤	瘦煤	未分类	合计	贫煤	无烟煤	弱黏煤	不黏煤	长焰煤	褐煤	天然焦	未分类	
储量/亿 t	2549	1036	458	598	403	54	7307	572	1156	170	1508	1617	1301	16	967	169
所占比重/%	25.4	10.3	4.6	6.0	4.0	0.5	72.9	5.7	11.5	1.7	15.0	16.1	13.0	0.2	9.7	1.7

我国虽然煤类齐全，但真正具有潜力的是低变质烟煤，而优质无烟煤和优质炼焦用煤都不多，属于稀缺煤种，应当引起各方面的高度重视，采取有效措施，切实加强保护和合理开发利用。

（5）煤层埋藏较深，适于露天开采的储量很少。据第二次全国煤田预测结果，埋深在 600m 以上浅的预测煤炭资源量，占全国煤炭预测资源总量的 26.8%，埋深在 600～1000m 的占 20%，埋深在 1000～1500m 的占 25.1%，1500～2000m 的占 28.1%。据对全国煤炭保有储量的粗略统计，煤层埋深小于 300m 的约占 30%，埋深在 300～600m 的约占 40%，埋深在 600～1000m 的约占 30%。一般来说，京广铁路以西的煤田，煤层埋藏较浅，不少地方可以采用平硐或斜井开采，其中晋北、陕北、内蒙古、新疆和云南的少数煤田的部分地段，还可露天开采；京广铁路以东的煤田，煤层埋藏较深，特别是鲁西、苏北、皖北、豫东、冀南等地区，煤层多赋存在大平原之上，上覆新生界松散层多在 200～400m，有的已达 600m 以上，建井困难，而且多需特殊凿井。与世界主要产煤国家比较而言，我国煤层埋藏较深。同时，由于沉积环境和成煤条件等多种地质因素的影响，我国多以薄-中厚煤层为主，巨厚煤层很少。因此可以作为露天开采的储量甚微。

据《中国煤炭开发战略研究》课题组统计结果，我国适宜露天开采的煤田主要有 13 个，已划归露天开采和可以划归露天开采储量共计为 412.43 亿 t，仅占全国煤炭保有储量的 4.1%。而且在我国可以划归露天开采储量中，煤化程度普遍较低,最高为气煤,最多为褐煤。

露天开采效率高、成本低、生产安全、经济效益好等特点。然而,我国露天采煤发展缓慢,建国40多年来,产量比重一直在10%以下,多数年份在5%以下,近年来只占3%~4%,而世界上开采条件好的国家,露天开采比重在50%以上,开采条件差的国家,也都超过了10%。我国露天开采比重太低。究其原因,是煤层赋存条件所决定的。

(6)共伴生矿产种类多,资源丰富。我国含煤地层和煤层中的共生、伴生矿产种类很多。含煤地层中有高岭岩(土)、耐火黏土、铝土矿、膨润土、硅藻土、油页岩、石墨、硫铁矿、石膏、硬石膏、石英砂岩和煤层气等;煤层中除有煤层气(瓦斯)外,还有镓、锗、铀、钍、钒等微量元素和稀土金属元素;地层的基底和盖层中有石灰岩、大理岩、岩盐、矿泉水和泥炭等,共30多种,分布广泛,储量丰富。有些矿种还是我国的优势资源。

我国煤炭开发企业以开采煤炭为主,因此对其共生、伴生的矿产资源研究得不多,开发利用很少。近年来虽然已开始重视,但终因起步晚,基础差,目前仅对常见矿产进行部分开发。而且开采出来的矿石,多处于粗加工阶段,离市场要求的高纯、超细、超白、改性、活化等目标,相差甚远。煤矿开发利用共生、伴生矿产资源的条件十分优越。因为不少有益矿产都是以煤层夹矸或顶、底板出现的,有的虽然单独成层存在,但距煤层很近,利用采煤的技术和设备,略加改造生产和运输系统,就可以随着采煤附带或单独开采出来。不但可以节省大量投资,充分利用矿产资源,而且可以延长煤矿的服务年限,是一项利国、利民、利矿的事业。因此所有的煤炭开发企业都必须研究分析本矿区的资源特点,有条件的应加快开发利用步伐,走以煤为本,综合开发,多矿种经营的路子,这是提高煤矿经济效益的必由之路。

(7)煤矿开采条件差。我国煤矿的地质条件复杂,开采条件较差,在世界上产煤国家属中等偏下,露天开采量不到总量的5%,矿井平均开采深度超过400m,最深达1160m,国有重点煤矿高瓦斯和瓦斯突出的矿井占48%,有自燃发火危险的矿井占57.6%,粉尘爆炸危险的矿井占88.1%。同时我国煤矿的煤岩赋存条件也给高效安全开采带来困难,如薄煤层比例较大,煤层软、顶板软、底板软煤层较多,部分坚硬顶板煤层,地质构造多,煤层的连续性差,大倾角煤层比例较大,受到底板水、顶板水的威胁等。

1.4　我国煤炭资源开采现状

我国煤矿开采属多种所有制共存,技术装备、管理水平参差不齐,既有世界先进的采煤工艺与装备的现代化矿井,也有近乎原始开采的小煤窑,国有重点煤矿的装备和技术水平好些,但国有重点煤矿的煤炭产量仅占一半左右,我国近几年各类煤矿煤炭产量的结构变化见表1-4。近几年来,煤矿企业重组,严格审查与关闭不合格的小煤窑等,使国有重点煤矿的产量比重有所上扬,目前基本维持在一半左右。

表 1-4 我国近几年各类煤矿煤炭产量的结构变化

年份 项目	1995	1997	2000	2001	2002	2003	2004	2005
原煤产量/亿 t	13.61	13.73	10.00	11.10	13.80	18.07	20.05	24.5
国有重点煤矿/亿 t	4.82	5.29	5.34	6.11	7.10	8.14	9.36	10.27
地方国有煤矿/亿 t	2.13	2.26	1.99	2.17	2.60	2.79	2.90	2.93
乡镇煤矿/亿 t	6.66	6.18	2.67	2.82	4.10	6.34	6.79	7.92
在建矿井/亿 t						0.80	1.00	3.38

随着经济的快速增长,近两年来我国的煤炭产量呈现强劲的增长趋势。2003年产量达18亿 t,2004年达20亿 t,2008年达28亿 t。而且对煤炭的需求也将急剧增加。到2020年,对煤炭的需求为30亿 t以上,将是2000年的3倍。2020年我国人均能源消费将由2000年的约1.0t标煤,增加到3.0t标煤左右。这种对煤炭急剧增长的需求,也给煤炭资源的开采带来了巨大压力,尤其是关闭大量小煤矿后,国有重点煤矿的产量与安全压力很大。

1.4.1 煤矿开采学科及采煤方法

1.4.1.1 煤矿开采学科的形成

煤矿开采是一个较广泛的科学与工程技术的概念,随着社会与技术进步,煤矿开采的定义和内涵也会逐渐更新。在现阶段,煤矿开采是指综合运用煤矿开采学、矿山压力及围岩控制、煤矿安全科学与技术、自动控制与通讯技术等理论,按科学的工程程序,使用一定的机电设备及配套系统采出地下煤炭以及伴生资源的一种工程活动和科学技术。根据煤炭资源赋存情况,煤矿开采分为地下开采和露天开采,其中地下开采在我国占统治地位,其煤炭产量占总产量的95%以上,与世界其他国家地下开采的产量比例有很大差异。

煤矿开采的研究对象为安全、高效、高资源回收率地开采煤炭资源以及伴生的瓦斯气体等资源。

煤矿开采的研究目的是综合利用现代化科学理论与相关工程技术,深入分析、研究煤矿开采复杂多变的客观条件,掌握和利用煤矿开采的基本规律,系统地研究和开发高效、安全、高资源回收率和舒适作业条件的现代化煤矿开采的科学理论与工程技术。

煤矿开采是一门综合性的学科,是一门面向生产实际的工程技术。它涉及到采煤方法、矿山压力与围岩控制、机电设备、自动化与通讯技术,开采的安全技术,瓦斯等伴生资源开采、地面沉陷保护、露天开采与边坡稳定、矿区生态环境保护与重建、系统工程与信息化技术、经济评价等多个学科领域。它的学科基础包括固体力学、岩石力学、流体力学、空气动力学、机电工程、系统科学与工程、电子科学与技术、计算机科学与技术、通讯技术、环境保护、材料科学与工程、安全技术与工程、人工智能、经济学等多个学科门类。

人类利用煤炭资源已有数千年历史。我国不仅是当今世界上煤炭产量最多的国家，也是世界最早开采、利用煤炭的国家，早在六七千年以前就已开发利用煤炭，有着开采煤炭的悠久历史。在新石器时代，我国就出现了精煤制品饰物。公元前1世纪，煤已经成为了重要产品，不仅用作生产燃料，而且还用于冶炼，当时已经积累了一些找煤和采煤的基本知识，出现了一定规模的矿井和采煤技术。隋、唐至元代，煤炭开采已更为普遍，在地质、开拓、采煤、支护、通风、提升以及瓦斯排放等方面技术都有了一定发展。从明朝到鸦片战争以前，当时统治者比较重视煤炭开发，煤炭开采技术得到了发展，形成了丰富多彩的中国古代煤炭科学技术。尽管当时都是手工作业煤窑，但因其开采利用早于其他国家，因此，17世纪以前，中国煤炭开采技术和管理许多方面都处于世界领先地位。

世界上其他国家开采和利用煤炭都要晚于中国。德国在1298年开采和利用露天的煤炭，15世纪到16世纪末，开始从地面挖几米深的平硐或斜井开采。到17世纪末，最长的平硐已达400m。其他国家的煤炭开采始于最近的二三百年，并且是伴随工业革命和炼钢对煤炭的大量需求而发展起来的。英国、德国等首先将蒸汽机用于煤矿的提升、排水和通风等，从而揭开了世界近代煤炭开采的序幕。从此各国开始探索煤炭的机械化开采，如采用掘进机、刨煤机等。1890年，澳大利亚格里塔（Greta）煤矿安装使用了第一台Stanley型以压缩空气为动力的煤巷掘进机。但直到第二次世界大战以前，煤矿的机械化开采进展缓慢，中国在鸦片战争后，外国资本开始注入煤炭开采，同时，也开始引进西方的先进采煤技术和设备，在台湾的基隆煤矿和河北的开平煤矿（现唐山煤矿）采用蒸汽车为动力的提升机、通风和排水机等，其他生产环节仍然靠人力和畜力。这种状况差不多持续到1949年。

二次大战以后，随着世界各国对煤炭的迅猛需求以及机械制造业的进步，煤炭开采向着综合机械化方向发展。

在20世纪60年代以前，世界各国主要以房柱式采煤法为主，我国在50年代开始推行高采出率的长壁式采煤方法，是世界上最早推广长壁式采煤方法的国家之一。目前世界许多国家均以长壁式采煤方法为主，产量占50%以上，并逐步实现煤矿开采的机械化与自动化。

1954年，英国装备了世界上第一个综合机械化采煤工作面。20世纪70年代，各主要产煤国家的采煤机械化已经完成，并大力推广采煤综合机械化。

19世纪末20世纪初，随着对煤炭需求量的迅猛增加，以及18世纪产业革命的推动，煤矿开采开始从古代的手工作业向机械化工业技术的转变，同时许多关于煤矿开采的基础理论研究已逐步展开和深入，逐步形成了现代煤矿开采的理论与技术，它是一门包含了采煤方法、巷道布置与开拓、矿山压力与围岩控制、机电设备配套、灾害防治与安全开采、地表沉陷与治理等多个领域的综合性技术科学。

采煤方法从房柱式、连续采煤机房柱式逐步发展到长壁式为主或并重的格局，工作面的装备也从普通机械化发展到了综合机械化。同时采场矿山压力研究方面先后提出了"压力拱假说"、"悬梁假说"、"预成裂隙假说"、"铰接岩块假说"和我国的"砌体梁理论"等。在煤矿灾害防治等方面，针对不同的采煤方法提出了多种理论与防治技术。各个研究领域的发展极大地促进了煤矿开采学科的丰富和发展，目前已经形成了具有系统理论基础的技术科学。近些年来，在寻找学科的新起点，利用各种先进理论、技术、信息理论与技术等方面正在迅速崛起，形成了煤矿开采中许多边缘性研究方向。

1.4.1.2　采煤方法现状

采煤方法是煤矿开采的核心，它包含采煤系统和采煤工艺两项主要内容。根据不同的矿山地质及技术条件，可有多种多样的采煤方法。我国煤层赋存条件复杂多样，开采技术条件各异，因而促进了采煤方法多样化发展，我国是世界上采煤方法种类最多的国家。但总的看可以分为壁式体系采煤法和柱式体系采煤法。目前，世界各主要产煤国家，根据煤层条件和采煤技术的延续情况不同所采用的不同采煤方法比重也有所差别。我国国有重点煤矿壁式体系采煤法的产量占95%以上；美国壁式采煤法占50%，连续采煤机房柱式开采占41%；印度壁式采煤法小于5%，传统房柱式采煤法占65%，机械化房柱式开采占30%；俄罗斯壁式开采占86%；澳大利亚壁式开采占85%；南非房柱式占66.9%，壁式占33%；加拿大壁式为85%。

除地下开采以外，对于埋深较浅、厚度较大的煤田采用露天开采方法。随着露天采装、运输等设备的大型化，露天开采的效率和能力以及安全方面具有很大优势。

A　壁式体系采煤法

壁式体系采煤法是以长工作面为其主要标志，根据工作面设备配置和采煤作业方式不同，又分为炮采、普通机械化（简称普采）和综合机械化（简称综采）三种采煤工艺方式。综采是目前最先进的采煤工艺。世界先进的煤炭生产国，凡是以长壁为主的都已全部或大部分实现综合机械化采煤，我国的国有重点煤矿综采程度近几年一直维持在50%左右。

高效、高产量、高煤炭采出率的综合机械化采煤工艺是壁式开采体系的发展方向，研制适应各种煤层条件的大型强有力配套设备和优化工作面布置是目前各国主攻的方向之一。目前我国综采工作面长度一般为 150m，个别达到了 310m，工作面单产平均为 90 万 t/年。美国工作面长度为 244m，平均走向推进长度 2044m，工作面单产平均为 250 万 t/年，工作面平均功效 266t/工，美国综采工作面单产的效率居世界第一位。割煤广泛采用电牵引采煤机，如 6LS—5 型采煤机，总功率达 1500kW，电压 4160V，截深 1.16m。Electra—1000 型采煤机，实际牵引速度达 30m/min。德国设计了 400m 长的综采工作面，德国的艾柯夫公司专门研制了 SL500 型强力采煤机，总装机功率为 1240kW，供电电压 5000V，工作面最高日产 13200t。为了实时检测采煤机状态，提高生产效率，目前采用微机监控技术，安装在采煤机机身上的显示装置，能够提供采煤机运行和故障的信息。显示装置的所有信息可通过数据传输系统送到工作面顺槽控制站或地面中央控制室，实现自动监控。

近 10 多年来，美国、德国等液压支架技术的发展方向主要是采用电液控制系统，推广二柱式掩护支架和提高工作阻力。美国 5000kN 以上的液压支架达 93.8%，我国目前仍以四柱支撑掩护式支架为主，并开始采用电液控制系统。

工作面输送机目前逐步向双中链发展，小时能力一般为 1500～2000t，最大的达 3500t，最大功率达 3×600kW，最大溜槽宽 1200mm。

壁式体系的综合机械化开采工艺今后逐步成为煤矿地下开采的主要方向，采煤机、液压支架、工作面输送机的三机配套与高效、强力设备的研制，运用现代电子技术，实现工作面开采自动化等是这项工艺的关键技术之一。运用系统工程理论、岩体力学、矿山压力理论、采煤学理论、经济学、电子技术、机电工程、自动控制技术、信息技术、监测技术等理论与技术，优化工作面布置与参数，实现工作面的半自动化或全自动化高效、高采出率开采是今后的主要课题。

B　放顶煤开采工艺

放顶煤开采工艺是壁式体系采煤法中的一种，这种采煤方法最早于 20 世纪 40 年代始于法国、东欧等国。我国于 1984 年开始研制和开发这种采煤工艺，到 20 世纪 90 年代中期，开始迅速发展，已经成为我国开采 5m 以上厚煤层的主要方法，并且工作面年产达到了 600 万 t 的水平。我国已经研制出了几种主要型号液压支架，在采煤和放顶煤工艺、矿山压力与岩层控制、瓦斯运移与抽排措施、巷道与采空区火灾的防治等方面，取得了重要研究成果。针对我国经济基础较差，矿井系统能力较低，井型较小的实际情况，我国又成功研制了轻型放顶煤液压支架（支架重量≤8.5t），开发了轻型支架的综合机械化放顶煤开采技术，工作面产量可实现年产百万吨的水平。

我国已将这项技术用于顶板坚硬和煤层坚硬，高瓦斯且有突出危险、易燃、大倾角（煤层倾角≥25°）等的难采厚煤层中，均取得了良好效果。今后这项技术将向三个方向发展：一是条件适宜厚煤层的高产、高效、高采出率开采；二是难采厚煤层的安全高效开采；三是工作面产量要求较低厚煤层的高效、高采出率轻放开采。国内正在基于弹塑性力学、损伤力学、散体力学、岩石力学、矿山压力与控制理论、流体力学等深入系统地研究放顶煤开采的矿山压力规律与岩层控制原理、顶煤破裂与垮落规律、散体顶煤流动与放出规律及提高采出率技术、瓦斯运移与抽放技术、火灾与粉尘防治技术，研制新型放顶煤液压支架与放顶煤的自动控制技术等。

C 柱式体系采煤法

柱式体系采煤法以短工作面采煤为主要标志，其实质是在煤层内开掘一系列宽为5~7m左右的煤房，开房时用短工作面向前推进，煤房间用联络巷相连以构成生产系统，并形成近似矩形的煤柱，煤柱宽度由数米至20m不等。煤柱可根据条件留下不采，或在采完煤房后再将煤柱按要求尽可能采出。前者也可称为房式采煤法，后者也可称为房柱式采煤法，由于二者在巷道布置基本相似，因此美国将这两种方法通称为房柱式采煤工艺。近些年来，随着大功率高效连续采煤机的应用，柱式采煤法的产量和效率均有很大提高，目前这种采煤体系在美国、澳大利亚、加拿大、印度、南非等国被广泛应用。我国国有重点煤矿中采用这种方法的比重在5%以内，在地方煤矿应用较多。近年来我国引进了美国的一些配套设备，以提高机械化程度进行正规开采。

20世纪80年代以前，美国和澳大利亚主要采用这种柱式体系采煤法，目前在美国地下开采中，这种采煤法的产量约占45%。但近年来，壁式采煤法在迅速增加，出现了长壁工作面采煤，巷道仍是采用柱式采煤法的多巷布置系统，利用煤房采出一部分煤，同时为长壁工作面准备出两侧平巷，这种柱式与壁式相结合的采煤法，在美国和澳大利亚有较大发展。

20世纪60年代，美国逐步采用连续采煤机和自行式锚杆机，使房柱式采煤法实现了全面机械化，极大地提高了产量、效率，改善了安全生产条件。这种采煤方法具有投资少、出煤快、机动灵活、适应性强、机械化程度高、用人少、效率高等优点，但煤炭采出率较低。采区采出率一般为50%~60%，回收煤柱时可提高到70%~75%，通风条件差。

对于中厚煤层，该采煤法使用的主要设备有滚筒截割机构连续采煤机，如美国JOY公司的12CM型连续采煤机，总功率177~515kW，采用拖缆式梭车或蓄电池、柴油运煤车—转载机—可伸缩带式输送机组成的半连续运输系统；对于薄煤层，使用螺旋截深机构连续采煤机，如美国Fairchild公司的MK—22型连续采煤机，采用多台自行转载输送机—特低型带式输送机的连续运输系统。近年来已开发出将锚杆打眼安装机构装在连续采煤机体上的锚杆采煤机，这种机型能做到采、掘、装、运、支同时并行作用。在中厚煤层中广泛采用。

D　露天开采方法

露天开采具有机械化程度高、安全、效率高、产量大等特点，但适用条件受到埋深的限制，同时对地表和生态环境破坏严重。世界各国根据煤层赋存条件不同以及技术条件的差异，露天采煤的产量占煤炭总产量的比重不同，我国为 5% 以内，美国为 60%，印度为 62.1%，澳大利亚为 60%，南非为 49.6%，加拿大为 91.26%，俄罗斯为 62.1%。

美国、加拿大、澳大利亚、俄罗斯等国的露天开采技术处于世界领先水平，中国处于世界先进水平。钻孔设备仍以牙轮钻机为主，孔径为 250～450mm，目前也在研制热力法、液力法、震动法、化学法、电力法、激光法等穿孔新技术和设备。采装设备方面，仍以单斗挖掘机为主，斗容 7.6～17m³ 最为常用，最大的可达 49.5m³。采场内运输方面，以汽车运输为主，近年来带式输送机运输方式获得日益广泛的应用。采用汽车运输时，20 世纪 80 年代后，154t 汽车在露天矿汽车运输中占主导地位，近年来，218t 及 272t 汽车亦有较多应用。目前我国露天矿则以 100～154t 汽车为主。世界许多国家的大型汽车运输露天矿，开始开发和应用自动调度系统，用于采场内汽车与挖掘机之间的自动调度，以提高露天开采效率，如 Dispatch 自动调度系统的应用，可提高露天矿生产能力 7%～30%。我国于 20 世纪 90 年代，也开始引进和研制开发基于卫星定位的露天矿自动调度系统，并已应用于露天矿开采中。

运筹学、系统工程的理论和方法、计算机技术等在露天矿开采、规划、设计中得到了广泛应用。该学科目前以大型可靠设备、生产过程中的自动调度系统、计算机优化设计、管理与决策信息系统等的研制和开发为主要研究方向。

1.4.2　我国煤矿开采现状

我国的煤矿开采为国家提供了 70% 的能源，为 900 万人提供就业岗位。在开采条件复杂、多变、国家整体投入不足、总体装备水平低下、作业条件艰苦的情况下，煤矿企业提供了国家能源的基石，有力地保障了国家经济的高速增长，煤矿企业为国家的经济建设、上缴税收和提高人民的生活质量作出了巨大贡献，甚至不惜以牺牲行业的利益和从业人员的待遇为代价，默默支持国家经济建设，反映了煤矿行业高风亮节、顾大局、吃苦耐劳的高尚品格。

我国的煤矿开采技术与装备自从 1949 年以来逐渐在进步，1949 年以前的煤矿开采几乎都是落后的手工操作，几乎没有什么机械化。20 世纪 50 年代后，我国开始研制和应用采煤机，1964 年研制成功 MLQ—64 型浅截深单滚筒采煤机，与 SGW—44 型可弯曲刮板输送机配套，采用金属摩擦支柱和金属铰接顶梁，形成了基础的普通机械化采煤工艺。1978年后研制了单体液压支柱与双滚筒采煤机和150型刮板输送机配套，形成了第二代普通机械化采煤工艺（高档普采）。1988年后，无链牵引采煤机和大功率刮板输送机、单体液压支柱等设备配套形成了第三代普采工艺（又称新高档普采）。

自1954年世界上第一个综合机械化采煤工作面在英国问世以来，延续多年的普通机械化采煤也进入了新的历史阶段，并发展成为各先进采煤国家的主导采煤技术。我国的综合机械化起步于20世纪70年代。1970年我国研制的第一套综采设备在大同矿务局投入工作性实验。在1973年和1978年两次大批量引进国外综采成套设备143套。20世纪80年代，我国综合机械化采煤技术逐步成熟，进入全面推广应用阶段。近30年来，我国在机械化采煤装备、工艺及相关技术的研究和开发工作上做了大量科研工作，形成了适用于我国不同层次和范围的采煤综合机械化装备的技术。目前我国国有重点煤矿采煤机械化程度达到78%，综采程度达63%。在厚煤层开采方面，我国高效机械化基本上只有两条道路，一条是成套引进国外先进设备，另一条是采用国产设备进行放顶煤开采工艺，这两条路都达到了工作面年产600万t，甚至上千万吨的水平。

近年来，厚煤层开采设备国产化进程迅速，尤其是大采高和放顶煤开采的液压支架，基本上实现了国产化，工作面能力也达到了千万吨以上水平。

然而我国除了世界上先进的采煤装备，国有重点煤矿的机械化程度较高外，我国地方国有煤矿和乡镇、个体煤矿的机械化程度较低，尤其是占全国总产量30%的乡镇、个体煤矿机械化程度几乎为零。这也是我国煤矿开采技术的现状，多种所有制并存，先进和落后的生产工艺并存，安全高效的现代化矿井与事故率极高的落后小煤井并存。这种现状也必然带来我国煤矿开采的一些特点与问题。

（1）机械化程度低。虽然我国国有重点煤矿的机械化程度较高，达78%，其中综采程度达63%，但与国内外先进采煤国家相比，仍然处于落后状态，见图1-1、表1-5。

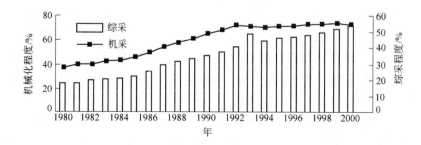

图1-1　国有重点煤矿采煤机械化程度变化趋势

表 1-5　主要采煤国家历年采煤机械化程度

国家	项目	1950	1955	1960	1965	1970	1975	1980	1985	1990	1995	2000
中国	机采	—	3.06	9.46	8.23	18.43	27.78	37.06	44.98	65.1	71.58	73.43
	综采	—		—		—	3.2	13.16	22.46	35.47	46.66	56.73
美国	机采	69.4	84.6	86.3	89.2	97.4	99.7	7.7	99.0	99.9		100
	综采	—		—		2.1	3.1		17.4	27.1		50.6
英国	机采	3.8	11.1	37.5	75.0	92.3	93.5	94	99.5	99.8	100	100
	综采		1.24	4.0		79.9	92	92	99.0	100	100	100
德国	机采	2.6	8.74	39.58	79.38	92.65	97.9	99.2	99.5	99.8	100	100
	综采	—		1.4		37.3	80.8	96.8	99.5	96.0	100	100
前苏联俄罗斯	机采	15.7	33.0	48.8	67.9	85.0	94.0	96.1	97.0	96.0	98	99.3
	综采	—		1.6	67.9	25.2	52.5	67.4	73.1	78.6	87.8	
波兰	机采	28.9	43.95	34.1	66.0	83.32	93.59	96.0	96.0	98	99	99
	综采	—				3.8	34.6	65	88.4	91		95.1

注: 1. 中国统计数据为国有重点煤矿; 2. 美国长壁工作面均为综合机械化开采; 3. 德国 1991 年前为联邦德国数据; 4. 俄罗斯 1991 年前为苏联。

各类煤矿的装备和技术水平差异很大。考虑到地方国有煤矿和乡镇、个体煤矿,则整个煤矿行业的机械化程度很低,地方国有煤矿的机械化程度只有 25%,乡镇、个体煤矿的机械化程度几乎为零。这必然导致井下用人多,劳动强度大,这也是我国煤矿事故死亡率高的主要原因之一。

(2) 安全生产形势严峻。我国煤矿的安全状况差有多种原因,如地下开采的比率高达 95% 以上,地质条件复杂,高瓦斯且突出矿井比例大,乡镇、个体煤矿多,达 2 万处,占总产量的 30% 等。近 20 年来,我国的煤矿安全状况明显改善,但是煤矿事故死亡率仍是世界最高的国家之一。1980 ~ 2002 年,我国煤矿事故死亡率从 8.17 人/百万 t 降到 4.63 人/百万 t,其中国有重点煤矿从 4.53 人/百万 t 降到 1.26 人/百万 t。顶板和瓦斯是我国最大的两种煤矿事故。2002 年顶板和瓦斯事故占全国煤矿事故死亡人数的 73%,乡镇煤矿数量多和防灾能力弱是中国煤矿事故居高不下的主要原因,2002 年全国各类煤矿事故起数和死亡人数中,乡镇、个体煤矿分别占 69% 和 70%。近几年来,煤矿的死亡人数大幅度减少,每年在 4000 人以内,甚至在 3000 人以下,但是乡镇、个体煤矿仍然是煤矿死亡事故的主体,事故起数和死亡人数仍处于 70% 左右。

(3) 资源回收率低。煤炭作为国家不可再生的、主体的能源,虽然目前尚有 5 万亿 t 的资源预测总量,但实际的保有储量仅为 1 万亿 t;而且近年来,煤炭资源过度开采,各种开采方式并存,加之赋存条件复杂、企业的现实利益等,也造成了资源的大量浪费,据估计,全国煤矿的煤炭资源回收率总体不足 50%,

而且乡镇、个体煤矿的不足30%。低的资源回收率大大缩短了矿井的服务年限，浪费了大量宝贵的煤炭资源。

（4）管理和技术人才短缺。由于煤矿企业长期以来待遇差、工作条件艰苦，加之20世纪90年代中后期对煤炭能源认识不足、宣传失实，对煤矿形象的误解，原煤炭高校定位纷纷偏离煤炭行业，导致煤矿企业长期以来缺少人才补充，许多国有重点煤矿近10年来就没有补充过大学本科毕业生，原有技术人才又纷纷辞职。致使煤矿企业人才奇缺，这必然影响企业的技术进步与科学管理，使煤矿企业的思想认识、管理水平、技术水平等处于一种粗放型的平台上徘徊。地方国有煤矿、乡镇、个体煤矿的人才更是短缺。人才的短缺必将对煤矿的生产、安全、技术进步、思想观念、文化意识等产生严重的不利影响。

1.5 我国厚煤层开采的主要方法

在我国现有煤炭储量和产量中，厚煤层（厚度≥3.5m）的产量和储量均占45%左右，而且厚煤层是我国实现高产高效开采的主力煤层，具有资源储量优势，由于其煤层厚度大，对其开采可以有多种方法进行选择。随着煤炭市场好转和高产高效开采的迫切需要，放顶煤开采和大采高开采技术得到了快速发展和广泛应用，然而煤炭开采与具体的地质条件、开采条件等有密切关系，因此厚煤层开采要根据煤层条件和技术条件等采用合适的开采方法，并且随着开采煤层厚度和开采强度的增加，还会出现许多迫切需要解决的新的课题，例如提高煤炭资源回收率、支架合理选型、瓦斯运移规律与防治技术等。

1.5.1 厚煤层开采的主要方法

1.5.1.1 分层开采

在20世纪80年代以前，厚煤层主要以分层开采为主，即平行于厚煤层面将厚煤层分为若干个2~3m左右的分层进行自上而下逐层开采，个别也有自下而上逐层开采的。

当自上而下逐层开采时，上一分层开采后，下一分层是在上分层垮落的顶板下进行，为确保下分层回采安全，上分层必须铺设人工假顶或形成再生顶板。目前多采用在分层间铺设金属网，作为下一分层开采的"假顶"，见图1-2，下分层开采在"假顶"保护下作业，称为下行分层开采。有的矿区为了进行地面保护，或在特易自燃的特厚煤层条件下采用了上行充填开采，如水砂充填、风力充填等，称为上行分层开采。

分层开采的优点是技术相对成熟，是我国长期应用的一种采煤方法，具有设备投资少，一次采高小，瓦斯治理技术相对成熟，上露岩层及地表可以实现缓慢下沉等。但分层开采同样也有一些缺点，如巷道掘进率高、产量低、开采成本

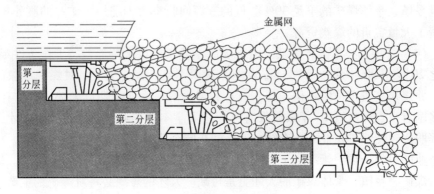

图 1-2　分层开采示意图

高、下分层巷道支护难度大、区段煤柱损失大、采空区反复扰动、易引起采空区自燃等。由于分层开采的上述不足之处，我国从 20 世纪 80 年代中期开始研究和应用厚煤层放顶煤开采技术，并取得了举世瞩目的成绩。

1.5.1.2　放顶煤开采

放顶煤开采的实质就是在厚煤层底部布置一个采高 2~3m 的长壁工作面，近年来，在一些特厚煤层，开始应用机采高度达 3.5~4.5m 的放顶煤技术。用常规方法进行开采，利用矿山压力作用或辅以松动预爆破等方法，使支架上方的顶煤破碎成散体后，由支架尾部的放煤口放出，经由工作面后部刮板输送机将放出的顶煤运出工作面，见图 1-3。

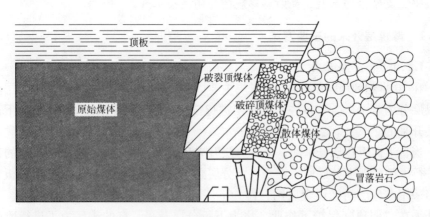

图 1-3　放顶煤开采示意图

按机械化程度和使用的支护设备可将放顶煤开采技术分为综采放顶煤和简易放顶煤两大类。简易放顶煤指用滑移顶梁液压支架铺顶网放顶煤、单体液压支柱配 II 型顶梁铺顶网放顶煤等实用技术。由于简易放顶煤对顶板（煤）控制不好，支架工作阻力和初撑力难以达到要求，易产生顶板事故，因此应尽量不采用这种方法。综采放顶煤是指综合机械化放顶煤开采技术，本书的放顶煤开采是指综采放顶煤开采技术。

由于放顶煤开采的工艺特点决定了该方法具有巷道掘进率低、投资少、开采成本低、产量大、效率高等优点，但同时对煤层硬度和裂隙发育程度要求较高，既要求顶煤能自行破碎成适宜放出的块度，同时由于产量高、一次采高大、工作面的瓦斯绝对涌出量较大，采空区残留一定浮煤，给瓦斯治理、采空区防火、地面突然下沉等工作带来一定困难。

1.5.1.3 大采高开采

近年来随着国内外煤机制造业技术进步，尤其是国内煤机设计与制造等技术的迅速进步，以及煤炭企业经济形势逐渐好转等，大采高开采方法逐渐得到推广应用。根据 MT550—1996《大采高支架技术条件》规定，最大采高大于或等于3800mm，用于一次采全高工作面的液压支架称为大采高液压支架，对应的回采工作面称为大采高工作面。

我国从 20 世纪 80 年代开始，在引进国外设备的基础上研制了适应我国煤矿地质条件的一系列产品，并进行了工业性实验和实际生产，取得了一定的经验。到目前为止，大采高一次采全厚采煤法已在我国多个矿区得到应用，并取得了可喜的成绩，如神东矿区、晋城矿区、邢台矿区、大同矿区等。随着开采及相关技术的进步，大采高开采方法会得到进一步的推广应用。

大采高综采工作面的特点是支架高度大、采煤机功率大、需安装强力刮板输送机和相应的大型巷道及辅助设备，其一次性投资较大，对井型及井下巷道、硐室的尺寸要求较大，但具有产量大、效率高、适用于集中生产、井下布置简单等特点。

目前我国厚煤层开采中上述 3 种方法均有所应用，其中在 20 世纪 80 年代中期以前，我国的厚煤层开采是以分层开采为主，其主要的开采技术、开采装备、开采理论都主要是针对分层开采而言的，这也使我国长壁分层开采的综合技术在世界处于先进水平。20 世纪 80 年代中期以后，我国开始了放顶煤开采方法的研究和应用。1984 年先在沈阳蒲河煤矿开始综采放顶煤工业试验。自此以后，由于放顶煤开采技术自身的优点以及煤矿企业当时经济条件的制约，降低成本、提高产量和开采效益成为当时煤炭企业主要战略思路，因此放顶煤开采技术在 20 世纪 80 年代后期至 21 世纪初得到了迅速发展。在其发展过程中，相应的理论与技术问题也得到了有效解决，使我国的综合机械化放顶煤开采技术在世界处于领先水平。大采高开采方法真正得到广泛的认可和利用是近 10 年的事情，早期由于支架、采煤机等技术与制造业的制约加之大采高工作面投资大，使得这一方法的推广遇到一定难度。近年来，随着相关技术的解决以及相关设备的国产化进程加快，加之煤矿企业经济效益好转，大采高一次采全厚方法得到了快速发展。神东矿区已采用了郑州煤机厂最大支撑高度 6.3m 的支架，而且目前计划研制与使用最大支撑高度为 7.0m、支护阻力达 10000kN 以上的支架，这标志着我国在大采高开采技术方面也处于国际领先水平。

1.5.2　放顶煤开采

综放开采技术自 1982 年引入我国以来，在我国获得了巨大发展，取得了举世瞩目的成绩，已经成为我国煤炭开采技术近 20 年来取得的标志性成果之一，也为煤炭企业渡过 20 世纪 90 年代中后期困难阶段，走出低谷作出了重要贡献。

综放开采技术于 20 世纪 60 年代始于欧洲，当时主要用于边角煤和煤柱开采，最高月产只有 4.96 万 t（法国的布朗齐矿），并未将这项具有巨大潜力的开采技术进一步发展。

我国在 1984 年运用国产综放支架装备了第一个缓斜综放工作面，但效果并不理想，后来转向了急倾斜分段综放试验，取得了成功。1987 年以后，综放技术开始在缓倾斜软煤以及中硬煤中进行试验，到 1990 年已经达到了工作面月产 14 万 t 的水平。

1990 年以来，是综放开采步入迅速发展阶段。主要成果表现在以下三方面：

（1）在条件适宜矿井，综放开采技术的应用范围迅速扩大，综放面的产量迅速提高。从 1990 年的年产百万吨水平提高到 1998 年的 500 万 t 水平，2002 年的 600 万 t 装备与技术，2007 年大同塔山矿井在近 20m 厚的煤层中应用综放开采技术，工作面最高日产煤炭达 5 万 t 等。

（2）难采厚煤层的综放开采技术取得了突破性进展。如在煤与瓦斯突出厚煤层；煤与顶板坚硬的"两硬"厚煤层；大倾角厚煤层；煤层、顶板、底板极软的"三软"厚煤层中，均成功地进行了综放开采技术试验研究与推广应用，取得了良好效果，并形成了针对一些特殊复杂条件综放开采的专有技术。

（3）轻型支架（支架重量≤8t）的综放开采技术得到广泛应用。在一些井型较小、可连续开采的块段小、倾角较大、对产量要求不高等工作面，广泛应用了轻型支架，其工作面年产量一般介于 50 万～100 万 t 之间。轻型支架综放开采技术的应用也与 20 世纪 90 年代中后期煤矿企业效益不好有一定关系。近年来轻放开采技术的应用范围逐渐缩小。

1.5.3　大采高开采

近年来，大采高开采技术在我国获得了巨大发展，尤其是大采高液压支架与采煤机的发展已经取得举世瞩目的成就，由此促进了大采高开采技术的进步，工作面生产能力达到了 1500 万 t/年的水平。

国外大采高开采技术的研究始于 20 世纪 70 年代中期，1980 年西德赫母夏特公司开发出 G550-22/60 掩护式支架，最大高度为 6m，在威斯特伐伦矿使用，取得了成功。该支架曾出口到前南斯拉夫的 Veleng 矿，取得了良好的成果。20 世纪 70 年代末，波兰设计开发了 PlOMA 系列两柱掩护式大采高支架，高度为 2.4 ~4.7m，也取得了较好的使用效果。美国 1983 年开始在怀俄明州卡邦县 1 号矿用长壁大采高综采开采 Hanana No.80 厚煤层，采高达 4.5~4.7m，取得单班生产日产量 3600t，两班生产日产量 5000t，三班生产日产量 6200t，工作面工效达 210~360t/工，实现了高产高效。另外法国、南非、澳大利亚等主要产煤国都进行了大采高综采实验并取得了成功。

澳大利亚有大量厚度 4m 以上的厚煤层，由于埋藏浅及地下开采技术等原因，澳大利亚的厚煤层主要是露天开采方法。近年来，随着露天开采的经济合理剥采比的限制和地下长壁开采技术的进步，厚煤层的地下开采方法逐步受到重视。从 20 世纪 80 年代开始，澳大利亚开始研究和发展大采高开采方法，但主要是针对厚度为 4~4.5m 的煤层。在澳大利亚认为大采高极限高度是 6m。

我国从 1978 年起，从德国引进了 G320—20/37、G320—23/45 等型号的大采高液压支架及相应的采煤、运输设备，试采 3.3~4.3m 厚煤层取得成功，平均月产达到 70819t，达到了当时我国最高水平。与此同时也开始研制和实验国产的大采高液压支架和采煤机，经过了多年的努力，现已取得了明显的进展。1980 年邢台东庞矿使用 BYA329-23/45 型国产两柱掩护式液压支架及相配套的大采高综采设备，在厚度为 4.3~4.8m 的厚煤层中进行了工业性试验并取得成功。以后又相继在其他几个回采工作面使用，支架状态良好，试验期间平均月产 6.3 万 t，最高月产达 12 万 t，平均回采工效 31.82t/工。在试验的基础上东庞矿与有关厂家合作，进一步研制了最大采高达 5m 的 BY3600-25/50 型两柱掩护式液压支架，于 1988 年进行了试验，在采高达 4.8m 的情况下，平均月产 10.4 万 t，最高月产 14.2 万 t。近年来，大采高开采技术又有了较大的发展，如铁法矿务局使用的 ZZ5600/25/47 型两柱掩护式液压支架，平均月产达到 15 万 t。神华东胜矿区补连塔煤矿使用的 ZY6000/25/50 掩护式大采高支架，1997 年投入使用，1999 年创月产 42 万 t，日产 3.04 万 t 的全国纪录。后来又选购和使用了德国威斯特伐利亚生产的 WS1.7 型两柱掩护式液压支架，2000 年 1 月产煤 51 万 t，2 月产煤 75 万 t。

2002 年晋城煤业集团开始研究适合晋城矿区的大采高技术，2003 年开始与郑州煤机厂合作研制了国产的 ZY8600/25.5/55 型两柱掩护式大采高液压支架，最高月产达 67 万 t，随后又开始研制和使用了 ZY9400/28/62 型两柱掩护式大采高液压支架，工作面年产达到 800 万 t 水平，最高日产 2.7 万 t。

2003 年大同煤矿集团与中国矿业大学（北京）、煤炭科学研究总院太原分院共同进行了"两硬"条件下大采高综采关键技术研究，研制与使用了 ZY9900/29.5/50 型四柱支撑掩护式液压支架和德国艾柯夫公司 SL500 型采煤柱与

SG21000/1050 型刮板输送机，在平均煤层厚 4.75m、煤层与顶板坚硬的四老沟矿，最高月产达 31.55 万 t。

2007 年，郑州煤矿机械集团有限公司针对神华集团神东分公司上湾矿的煤层条件，研制出了 ZY10800/28/63D 型两柱掩护式大采高液压支架，并于 2007 年 4 月在井下进行工业实验，最高月产量达 109.5 万 t，最高日产量达 5.1 万 t。

实践表明，绝大部分大采高工作面均取得了较好的技术经济效果。一般情况下，其主要的技术经济指标要优于分层综采工作面，在条件合适的情况下，也要优于综放工作面。因此虽然大采高技术在我国真正的大面积使用时间不长，但发展迅速，在合适的煤层地质条件下，如煤层倾角较小、煤层硬度较大、煤层厚度在 4～7m 之间、煤层顶底板较平整、地质构造不发育等情况，大采高综采是一种有巨大发展潜力的新工艺。

1.5.4　厚煤层开采急需解决的主要问题

厚煤层开采的效益好，可使用的方法也相对较多，无论采用哪一种方法进行开采，都可获得较好的经济效益。在 20 世纪 80 年代初期以前，厚煤层开采的主要方法是分层开采，但是到了 20 世纪 90 年代中期后，由于放顶煤开采的效益好，产量高，在某些矿区试验成功后，全国迅速推广放顶煤开采方法。近年来由于大采高开采技术装备的逐渐成熟，全国又迅速推广大采高方法，这就使得表面上看厚煤层开采经历了由分层开采、放顶煤开采、大采高开采 3 个阶段，似乎从技术等级上也是由普通的分层开采，经历放顶煤开采到高技术的大采高开采，但事实上并非如此，从厚煤层开采的沿革而言，经历了由分层开采、放顶煤开采、大采高开采 3 个阶段，但是我们不能简单地说这 3 种方法具有低级到高级的关系，而是针对不同条件而采取的不同方法。有些条件下，需要采取多种方法的综合。如在我国新疆等地，存在许多厚度达 30～50m 的煤层，对于该类煤层，显然简单地采用一种方法不尽合理，若井型条件允许，采用分层大采高放顶煤开采，则是一种首选方法。因此根据具体煤层条件选用合适的开采方法，做到与环境协调发展，使煤炭资源回收率和开采效益最大化是当前我国厚煤层开采中面临的主要问题。在放顶煤开采的高潮期，个别条件不适宜放顶煤开采的矿井也应用了放顶煤技术，使得资源回收率和开采效益不尽如人意。今天在大采高开采技术比较成熟的条件下，许多矿井都在创造条件应用大采高开采方法，也可能最后发现有些条件不适宜应用大采高技术。因此针对具体煤层条件和企业的经济实力选择合适的开采方法尤其重要。

一般而言，对于井型较小、煤层瓦斯灾害严重、煤层硬度较小、地面需要缓慢下沉的矿井应用分层开采仍然是合适的开采方法。对于瓦斯较小或者瓦斯可以得到有效治理、煤层硬度较小、厚度在 6～15m 的煤层，采用放顶煤开采方法则是较好的选择。对于煤层厚度 4～7m、煤层硬度较大、工作面生产能力要求较大的煤层，采用大采高开采则是较好的方法。对于许多特厚煤层，如厚度在 10m 以上，甚至达到 30m 或者 50m 时，可以综合应用上述几种方法，其实对于许多巨厚煤层，在埋深等条件允许时，也可以考虑采用露天开采方法。在厚煤层开采过程中，目前急需解决如下一些问题。

1.5.4.1　提高煤炭资源回收率

厚煤层的储量与厚度优势，为实现高产高效提供了基础条件，但同时也由于煤层厚度大，很难有一种方法正好开采煤层的全厚，这使厚煤层开采造成了较多的煤炭损失。

厚度损失。无论是分层开采，还是大采高开采，往往很难干净地采出煤层的全厚。分层开采中各分层的划分，层间的煤皮留设等都会导致一些煤层厚度上的损失；大采高开采时，开采高度很难正好与煤层厚度相符，加之开采过程中，煤壁片帮与端面漏冒以及操作不熟练等，往往会人为地降低工作面采高，加快推进速度和提高产量，客观上造成了煤层的厚度损失。当煤层厚度变化较大或顶底板不平时，更易造成煤层厚度损失。

放煤工艺损失。放煤工艺损失是放顶煤开采煤炭损失的主要来源，主要表现在初、末采不放煤、工作面两端不放煤和正常开采时的放煤损失。其中初末采和工作面两端的顶煤损失目前还较难解决，尤其是工作面两端的顶煤损失更难有效解决。正常开采中的放煤工艺损失，可以通过合理的放煤工艺与参数适当减少，但是也很难有大幅度地减少。这主要与顶煤流动性及顶煤厚度有关，因此研究确定哪类煤岩条件适合于放顶煤开采和放顶煤开采的合适顶煤厚度是很重要的。其实放煤过程中顶煤回收率主要与顶煤流动性、顶煤厚度、放煤步距、放煤工艺及顶板条件等有关。

区段煤柱损失。区段煤柱损失是厚煤层开采中煤炭损失的重要组成部分。分成开采中，由于上下分层区段巷道布置与支护等原因，往往会留设较大的煤柱，如何回收这部分煤柱资源具有重要意义，放顶煤与大采高开采同样遇到煤柱留设及区段巷道支护问题，无论是放顶煤还是大采高开采，都会形成全煤巷道，这就给巷道支护带来困难。无煤柱或小煤柱护巷在理论上具有一定的道理，但在实际应用中，尤其是工作面回采过程中，巷道变形量大，维护困难。解决区段煤柱损失的途径除了减小区段煤柱宽度、进行科学支护外，增加工作面长度是可行的方法之一。

1.5.4.2　架型确定

近年来随着新井开发，尤其是西部煤炭资源的开发，厚及特厚煤层开采遇到了前所未有的课题。一次采高大，放顶煤开采时，顶煤厚度大，这给支架选型带来了新的课题。以前的顶板压力计算和经验主要是依据分层开采的顶分层条件提出的。在一次采高显著增大后，顶板压力、支架工作阻力确定没有可靠的理论可以采用，目前主要采用经验类比法，摸索着设计支架。在以往放顶煤开采阶段总结出来的一些经验现在也遇到了挑战，比如放顶煤开采顶板压力不大于类似条件顶层开采的顶板压力等现在也遇到了一些反例，对于特厚煤层，随着一次采高增大，无论是放顶煤开采还是大采高开采，工作面顶板压力大幅度增加。

浅埋深厚煤层开采条件下，支架架型确定更没有相应的理论指导，而且这种条件下发生了多起压架事故。一般情况下，浅埋深厚煤层开采，顶板破断后，会波及地表，不易形成结构，这使上覆岩层及松散层的重量都需要支架来承担，从而极大地增加了支架的载荷。

1.5.4.3 瓦斯防治技术

厚煤层尤其是特厚煤层一次采全高开采给瓦斯防治带来了许多新的问题，许多低瓦斯含量的特厚煤层开采由于开采强度大、出煤集中、煤岩卸压范围大，也会时常导致工作面瓦斯超限。因此，对于特厚煤层一次采全高开采，要加强瓦斯涌出规律和防治技术研究。特厚煤层一次采全高，采空区空间大，顶板活动剧烈，会周期性的压出采空区的瓦斯等有害气体，这给瓦斯等有害气体的防治带来困难。同时，工作面高度大，容易向采空区漏风，尤其是工作面端头漏风现象较严重，易引起采空区浮煤自燃等。

2 放顶煤开采方法分类与基本原理

自从 1982 年综放开采技术引入我国以来，至今已有近 30 年的时间。在此期间，综放开采技术在我国获得了巨大发展，取得了举世瞩目成绩，已经成为我国煤炭开采技术近 20 多年来取得的标志性成果，也为煤炭企业渡过 20 世纪 90 年代中后期困难阶段，走出低谷做出了重要贡献。

众所周知，综采放顶煤技术于 20 世纪 60 年代始于欧洲，当时主要用于边角煤和煤柱开采，最高月产只有 4.96 万 t（法国的布朗齐矿），并未将这项具有巨大潜力的开采技术进一步发展光大。到 1992 年，除中国外，世界上最后一个综放面在俄罗斯停采，至此，我国成为世界上唯一应用长壁放顶煤开采技术的国家。最近澳大利亚等国家开始引进我国的放顶煤开采技术，可望使我国先进的放顶煤开采技术逐渐走向世界。

我国在 1984 年运用国产综放支架装备了第一个缓斜综放工作面，但效果并不理想，后来转向了急倾斜分段综放试验，取得了成功。1987 年以后，综放技术开始在缓倾斜软煤以及中硬煤中进行试验，到 1990 年已经达到了工作面月产 14 万 t 的水平。

1990 年以来，是综放开采步入迅速发展阶段。主要成果表现在以下五方面：

（1）在条件适宜矿井，综放开采技术的应用范围迅速扩大，综放面的产量迅速提高，从 1990 年的年产百万吨水平提高到 1998 年的 500 万 t 水平，2002 年的 600 万 t 装备与技术等。2008 年大同塔山、平朔井工矿等放顶煤工作面达到年产煤炭 1000 万 t 的水平。

（2）难采厚煤层的综放开采技术取得了突破性进展。如在煤与瓦斯突出厚煤层；煤与顶板坚硬的"两硬"厚煤层；大倾角厚煤层；煤层、顶板、底板极软的"三软"厚煤层中，均成功地进行了综放开采技术试验研究与推广应用，取得了良好效果，并形成了针对一些特殊复杂条件综放开采的专有技术。

（3）轻型支架（支架重量≤8t）的综放开采技术得到广泛应用。在一些井型较小、可连续开采的块段小、倾角较大、对产量要求不高等工作面，广泛应用了轻型支架，其工作面年产量一般介于 50～100 万 t 之间。轻型支架综放开采技术的应用也与 20 世纪 90 年代中后期煤矿企业效益不好有一定关系。近年来，随着煤炭企业经济效益好转，轻型支架综放开采技术应用范围逐渐缩小。

（4）基础理论研究取得了重要进展。为了适应放顶煤开采工程实践迅速发展的需要，国内许多煤炭高校、研究单位及煤矿企业均开展了放顶煤开采的相关基础理论研究，如在矿山压力规律与围岩控制、顶煤破碎机理、支架与围岩关系、顶煤放出规律、瓦斯治理、火灾与防尘等方面均有较深入研究，国家自然科学基金委于1998年将《厚煤层全高开采方法基础研究》作为重点项目进行资助，促进了放顶煤开采相关基础理论的研究与发展。

（5）人才队伍迅速壮大。在我国综放开采技术发展的20余年时间里，尤其是1990年以后，涌现出了许多研究综放开采技术相关问题的学者、专家、工程技术人员及管理者，许多工程技术人员在放顶煤开采方面都具有独特的认识与观点。1995年，在中国矿业大学（北京）成立了煤炭工业放顶煤开采技术中心，召开了四届全国性的放顶煤开采技术研讨会，许多博士、硕士研究生均将放顶煤开采的相关技术问题作为学位论文选题进行研究。在全国范围内形成了具有高水平的研究、设计、生产和管理队伍，为放顶煤开采的深入发展奠定了基础。

2.1　对放顶煤开采的基本认识

综放开采与单一煤层开采的差异就是一次采高成倍增大，支架上方存在着一层破碎的、强度低的顶煤，因此采场上覆岩层及其结构所形成的载荷需要通过直接顶传递给顶煤，然后再施加到支架上，顶煤起到了传递上覆岩层载荷的媒介作用，见图2-1。

（1）支承压力分布。在相同地质、岩层等条件下，与单一煤层开采相比，综放开采的支承压力分布范围大，峰值点前移，支承压力集中系数没有显著变化，见图2-2。这就导致工作面两巷受采动影响范围大，超前加强支护距离长。煤层愈软、愈厚，支承压力分布范围愈大，峰值点距煤壁愈远。

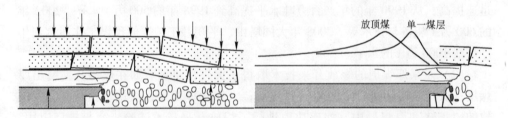

图2-1　综放采场围岩支撑系统　　　图2-2　综放与单一煤层开采的支承压力分布

（2）综放面支架工作阻力不大于单一煤层工作面的支架工作阻力。综放面的初次来压、周期来压规律同样存在，来压强度与单一煤层开采大体相当。综放采场矿压显现程度不仅取决于上覆岩层的活动，也取决于顶煤的破碎状况及其刚度大小。支架上方破碎的顶煤，由于进入了塑性状态，具有较小的刚度，岩层活动压力向煤壁前方迁移，同时也可缓冲老顶来压时的动载作用，因此，虽然放顶煤开采的一次采高增大，但工作面矿压显现并不强烈。

考虑到综放一次采高增大，直接顶不易充满采空区，控制煤壁片帮与端面漏冒、护顶等需要，综放支架额定工作阻力要大于同等条件下单一煤层的。

（3）支架前柱的工作阻力大于后柱工作阻力。放顶煤工作面综采支架前柱的工作阻力普遍大于后柱，一般为 10% ~ 15%，最高的可达到 40%。具体情况与顶煤的硬度和冒落形态有关。对于软煤而言，顶煤破碎和放出较充分，支架顶梁后部上方的顶煤较少，不利于传递上覆岩层的作用，因此相对硬煤而言，支架前柱的工作阻力大于后柱工作阻力这一特点更加明显。

综放面支架工作阻力分布的这一特点对于支架选型、设计尤其重要，支架的工作阻力作用线尽可能要与顶板载荷的作用线一致。以保持支架稳定、不发生偏转等。

（4）采高对煤壁片帮有很大影响。对于软煤层，降低采高是控制综放面煤壁片帮的有效措施之一，淮北芦岭矿极软（$f \leqslant 0.3$）的 8 煤层综放开采不同割煤高度时煤壁状况的离散元模拟结果表明，开采时煤壁表面及其内部一定范围内均有向自由空间位移量。当采高 2.0m 时，位移量较小，协调一致，煤壁没有产生破坏；当采高 2.5m 时，煤壁上的局部块体分离整体，煤壁产生片帮破坏。

对于软煤层进行综放开采时，利用放顶煤开采支承压力区前移，降低采高，支架具有较高的工作阻力和良好的护顶护帮功能，并能提供指向煤壁的水平力，可保证煤壁与端面具有良好的状态。

（5）顶板瓦斯排放巷是解决放顶煤开采局部瓦斯排放的有效措施之一。放顶煤开采后，一次采高增大，出煤集中，导致瓦斯的绝对涌出量大。同时由于对煤层及上覆岩层的扰动范围大，裂隙发育，会使煤层和岩层整体大范围的压力卸荷，有利于瓦斯释放、上浮，飘移到上覆岩层的裂隙带中，从而在工作面的瓦斯相对涌出量并不与产出煤量成比例增加。

尽管如此，放顶煤开采的瓦斯治理仍然是安全开采的首要问题，尤其是对于瓦斯含量高的煤层。对瓦斯的防治除采取预抽排、开解放层等综合措施外，沿顶板在煤层中开掘专用的瓦斯排放巷是排放工作面，尤其是上隅角瓦斯的最有效措施之一。当瓦斯排放巷距工作面上顺槽20m 以内的距离时，会起到良好的排放效果，否则，对解决上隅角瓦斯效果不佳。当瓦斯含量不很高，或煤层厚度不足以开掘专用瓦斯排放巷时，也可以采用走向钻孔抽排上隅角瓦斯，也会收到良好效果。由于顶板瓦斯排放巷也存在一些隐患，因此近两年来不提倡使用，这就必须有更好的技术措施解决放顶煤开采的瓦斯排放问题。

（6）保证工作面推进度是防止采空区发火的根本措施。采空区浮煤的自然发火也是放顶煤开采遇到的重要安全问题之一，目前常用防止采空区浮煤自然发火的措施是注入惰性气体、黄泥灌浆、避免向采空区漏风等，但是保证工作面的推进度不低于35m/月，对于防止采空区浮煤自然发火具有根本性效果。当工作面推进度低时，需采取注入惰性气体等综合防火措施。

对于软煤层，全煤巷道的及时封闭，避免冒顶是防止巷道发火的基本措施。一旦巷道冒顶，不及时封闭、充填，就会形成冒顶区内风流不畅、氧化、发火，随开采高温煤落入采空区后，会引燃采空区浮煤。

2.2　放顶煤开采方法分类

放顶煤法是一种高产、高效的开采厚煤层的采煤方法，其实质就是在厚煤层中，沿煤层（或分段）底部布置一个正常采高的长壁工作面，用常规的方法进行回采，利用矿山压力作用或辅以人工松动方法，使支架上方的顶煤破碎成散体后由支架后方（或上方）的放煤口放出，并经由工作面后部刮板输送机送出工作面，综采放顶煤工作面设备布置示意见图 2-3。

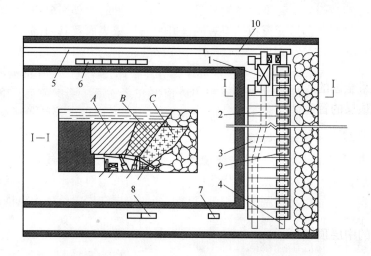

图 2-3　综采放顶煤工作面设备布置

1—采煤机；2—前输送机；3—放顶煤液压支架；4—后输送机；5—平巷胶带运输机；
6—配电设备；7—安全绞车；8—泵站；9—放煤窗口；10—转载破碎机
A—不充分破碎煤体；B—较充分破碎煤体；C—待放出散体煤体

放顶煤工作面实现了前部采煤机割煤，后部放顶煤两部刮板输送机同时生产，达到采放平行作业，因此可以取得高产高效的效果。

根据放顶煤工作面的布置方式或工作面开采的机械化程度等可以对放顶煤开采方法进行分类。

2.2.1　按工作面布置方式分类

根据煤层厚度和赋存条件的不同，放顶煤工作面有如下几种布置方式。

2.2.1.1　一次采全厚的放顶煤开采

对于煤层厚度介于 5~15m 的厚煤层，当煤层硬度、顶板条件合适时，可采用一次采全厚的放顶煤法,见图2-4。一次采全厚放顶煤开采是沿煤层下部布置一个2~3m高的工作面,其余的顶煤一次在支架尾部的放煤口放出。最近为了适应特厚煤层的放顶煤开采,满足采放比控制在1:3的范围内,个别煤矿将放顶煤工作面的机采高度提高到3.5~4.5m。

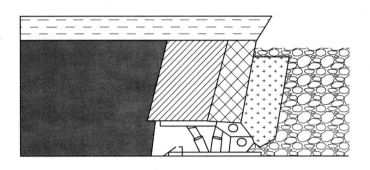

图 2-4 一次采全厚的放顶煤开采

一次采全厚的放顶煤开采优点是可充分发挥支承压力对顶煤的压裂破碎作用,提高顶煤的冒放性;回采巷道的掘进量和维护量少;回采系统简单,占用设备少;通风系统简单;可实现集中化生产。这种方法主要用于缓倾斜至近水平的厚煤层中,是我国实现高产高效放顶煤开采的主要方法。

2.2.1.2 预采顶分层的放顶煤开采

预采顶分层放顶煤是首先沿煤层顶板布置一个正规的长壁工作面回采,并铺设金属网作为下部放顶煤工作面掩护层,而后沿煤层底板再布置一个放顶煤工作面,其余的中层顶煤在底层工作面支架尾部放出,见图2-5。

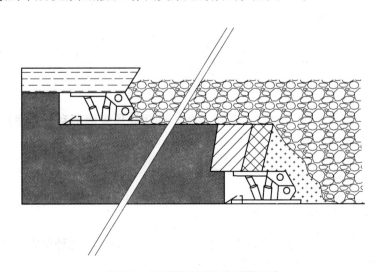

图 2-5 预采顶分层的放顶煤开采

这种方法的适用条件：煤层厚度 7 ~ 20m、高瓦斯突出煤层、顶板坚硬煤层、要求高采出率的煤层。这种方法的优点是工作面采出率高、混矸率低，由于顶分层回采时铺有金属网，故中层顶煤几乎能够全部放出，而且顶板矸石不能混入。对于坚硬顶板，通过预采顶分层，使顶板垮落，或对坚硬顶板进行处理，避免放顶煤开采时，顶板的大高度垮落，对工作面产生强烈冲击。对于高瓦斯突出厚煤层，预采顶分层释放瓦斯，用来缓解下部放顶煤开采的瓦斯涌出量。这种方法的缺点也是显而易见的：需要两套回采巷道，增加了巷道的掘进量和维护费用；需装备两个工作面增加了开采成本；预采顶分层后，减小了下部煤层开采的矿山压力作用，因而可能会导致下部顶煤的冒放性差。近年来，在预采顶分层时也采用不再铺设金属网的方式，以降低开采成本和加快工作面推进速度。

2.2.1.3　多层放顶煤开采

当煤层厚度超过20m，甚至达几十米、上百米时，就可以布置多个分层的放顶煤工作面进行开采。自煤层顶板向底板划分为 10 ~ 15m 厚的分层，一次进行放顶煤开采，多层放顶煤开采示意见图 2-6。

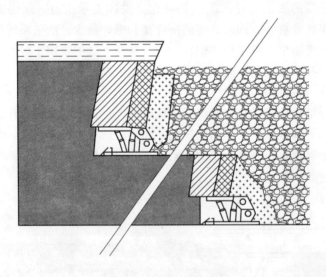

图 2-6　多层放顶煤开采

为了提高顶煤采出率，也可在第一分层放顶煤回采时铺金属网，使以后工作面的放顶煤工作都是在网下进行，以减少含矸率，提高采出率。若煤质较坚硬时，下分层开采时，往往需采用专门的顶煤预处理措施。

2.2.1.4　急倾斜水平分段放顶煤开采

对于急倾斜特厚煤层，在垂直方向上分成若干个水平分段，分段高度 8 ~ 15m，每个分段布置一个放顶煤工作面，即在分段的底部沿顶底板各布置一条分段平巷，见图 2-7，分别作进回风和运输用，连接两条平巷即为放顶煤工作面，

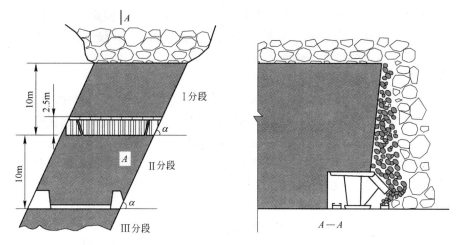

图 2-7 急倾斜厚煤层水平分段放顶煤开采

工作面沿走向推进，其上部的顶煤通过支架尾部放出。这种分层布置工作面改为分段布置放顶煤工作面，大大简化了采煤系统和巷道掘进量，也可实现多个分段在煤层走向方向上保持足够错距的情况下同时生产，大幅度地提高了急倾斜厚煤层的产量和效率。

这种方法的工作面长度即为煤层水平厚度，由于煤层赋存条件的限制，一般工作面较短，实现综放开采时，液压支架、采煤机往往需要专门设计，如使用短截身采煤机等。为了降低含矸率和提高工作面煤炭采出率，可在采顶分层时铺上具有足够强度的金属网，使以下各分段的放顶煤工作均在网下进行。

2.2.2 按机械化程度分类

按采煤工作面落煤、支护的方式不同，放顶煤采煤法分为炮采放顶煤、普通机械化放顶煤和综合机械化放顶煤。

2.2.2.1 炮采放顶煤开采

炮采放顶煤开采工作面采用单体液压支柱或金属摩擦支柱支护，打眼放炮落煤，并用一台（或两台）输送机进行运输，见图2-8。这种方法目前在有些小矿

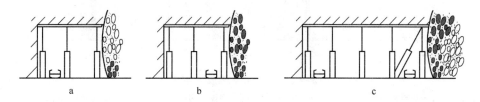

图 2-8 炮采放顶煤开采

a、b—双排空间单输送机布置，a—放煤后，b—放煤前；c—多排空间双输送机布置

区或地质条件复杂矿井仍在使用，月产煤炭可达到 4 万 t。但是由于单体支架的稳定性差，工作阻力低，对顶板的接触面积小，很难对顶板起到很好的支护作用，加之人工劳动强度大，作业环境差，应尽可能的不采用这种方法。

2.2.2.2　普通机械化放顶煤开采

普通机械化放顶煤开采是指采用单体液压支柱支护，采煤机割煤，代替放炮落煤，工作面前后各布置一台刮板输送机的开采工艺。工作面前方刮板输送机用于运输采煤机割落的煤炭，后方的用于回收顶煤。

这种放顶煤工作面较单输送机的炮采放顶煤工作面产量和效率都有较大提高，作业条件也有所改善，但是工作面生产仍然受到支护工作的限制，支护工作量大、劳动强度大、安全条件较差。

2.2.2.3　滑移顶梁支架放顶煤开采

虽然使用了双输送机运输使放顶煤工作面的产量和效率有了提高，但单体支柱工作面的生产仍受到支护工作的限制，而且作业也不安全。1985 年，利用单体液压支柱和金属铰接顶梁的联动，研制成滑移顶梁液压支架，并成功地用于急倾斜特厚煤层放顶煤开采，从而使放顶煤工作面支护的机械化程度有所提高。滑移顶梁支架也可用于倾斜煤层放顶煤工作面。支架虽然简单，但实现了自移，降低了人工的劳动强度，移架速度也有所加快，对顶板的支护强度也有很大提高，取得了较好的经济效益。滑移顶梁放顶煤工作面布置如图 2-9 所示。

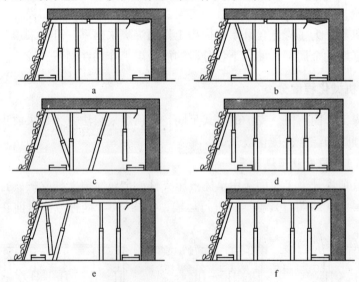

图 2-9　滑移顶梁支架放顶煤开采

a—采煤机割煤后移前部输送机；b—提起后柱并斜撑，移后部输送机；c—提前梁的前柱，缩前探梁，前梁的后柱瞬间卸载，推移前梁；d—支前梁的前柱，提后梁的后柱；e—后梁的前柱瞬间卸载，前移后梁；f—立后梁两柱

无论是水平分段放顶煤工作面，还是倾斜煤层放顶煤工作面，均有两部刮板输送机，工作面两套出煤系统相互独立。工作面顶煤的破碎与垮落主要依靠工作面矿山压力作用，有时也辅以放震动炮松动顶煤。

2.2.2.4 悬移支架放顶煤开采

悬移支架是悬移顶梁单体组合式液压支架的简称，可用于分层开采的工作面，也可用于放顶煤开采的工作面。悬移支架放顶煤开采是在单体支架工作面设备逐渐完善的基础上，采煤设备与工艺技术进行了较大的改进。我国第一套悬移支架是1991年研制成功的，主要特点是每组支架都是由并列设置的主、副架通过两个顶梁前、后部的两个四连杆滑块联架机构连接构成，主副架互为依托交替移动，见图2-10。悬移支架作为工作面的支护设备，可以使用单滚筒采煤机或者双滚筒采煤机落煤，形成高档普采放顶煤开采工艺，也可以采用爆破落煤工艺。

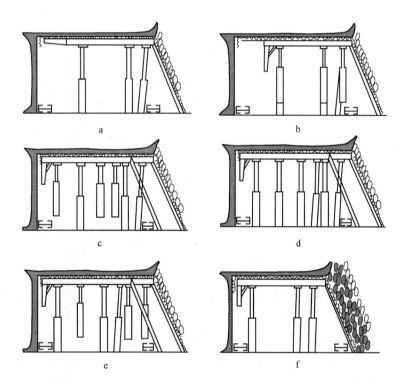

图 2-10 悬移支架放顶煤开采工艺
a—移后部输送机；b—收副架前探梁，提起副架各支柱；c—副架前移到位；
d—升紧副架各支柱；e—收主架前探梁，提起主架各支柱；
f—主架前移到位，升紧各支柱

悬移支架的顶梁较重，重心较高，承受偏载能力较差，支架不太稳定，底板较软时支架易插底。一般适用于缓倾斜厚煤层或者急倾斜厚煤层的水平分段放顶煤开采。

2.2.2.5　综合机械化放顶煤开采

1964 年，法国首先用节式支架改装成为放顶煤支架，即在支架的后部加一个香蕉形的尾梁用来放顶煤。图 2-11 为节式支架放顶煤工作面作业循环图。自从放顶煤工作面用上自移液压支架后，工作面的支护和安全条件得到显著改善，高的支护强度有利于顶板控制和顶煤挤压破碎，采煤机使落煤实现了机械化。活动尾梁在千斤顶作用下可以反复支撑顶煤，有利于顶煤的放出。放顶煤工作和采煤工作可以同时进行，实现采放平行作业，产量和效率大幅度提高。这种节式放顶煤支架仍不完善，尤其是放顶煤工作的劳动强度仍很大。

随着综放开采的发展，我国根据实际情况，先后开发研制了多种架型的

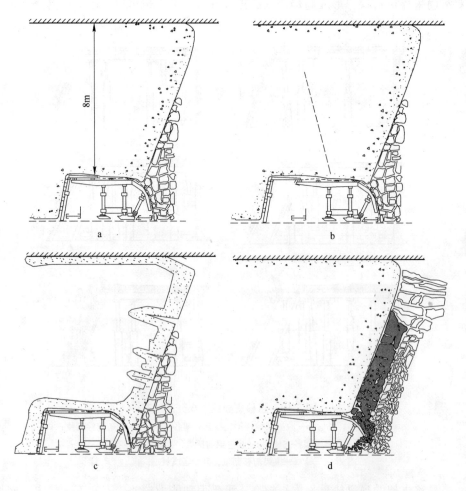

图 2-11　节式支架放顶煤工作面作业循环图

a—循环初始位置；b—煤壁落煤、临时支护；c—移设支架和输送机；d—放顶煤

放顶煤液压支架，并经过多年来的发展完善，目前基本定型，在条件适宜的煤层中取得了高产高效的效果。同时在综放开采设备配套、开采工艺、劳动组织、矿山压力、岩层移动等方面都研究和总结出了一些重要的规律和经验，可以说，我国将综放开采的理论和技术提高到了一个前所未有的水平，并发挥了前所未有的技术能力，综放开采已经成为我国厚煤层开采处于世界先进水平的标志性成果。

2.3 放顶煤开采的基本原理与工艺

2.3.1 放顶煤开采的基本原理

放顶煤开采最初在国外主要用于边角煤开采、煤柱回收、赋存条件不稳定的煤层开采等，后来随着对该项技术认识的深入、技术发展、支架等设备进步等，这种方法已经成为正规的开采方法，尤其是在我国已经成为厚煤层开采的主要方法之一。放顶煤开采的基本原理就是在厚煤层中，沿煤层（或分段）底部布置一个正常采高长壁工作面（一般为 2.5~3m，最近在个别工作面采高达 3.5~4.5m），用常规方法进行回采，利用矿山压力作用和煤岩体的力学特性等，使支架上方的顶煤破碎成散体后由支架后方（或上方）放煤口放出，并经过刮板输送机运出工作面，其示意见图 2-12。

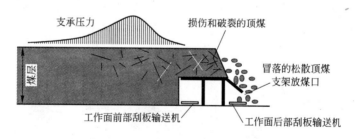

图 2-12 放顶煤开采示意图

放顶煤开采过程中，顶煤及时冒落、不出现悬臂、高效快速破碎成块度适中、适于放煤与运出的散体是关键，通常情况下，可以依靠矿山压力作用，以及顶煤逐渐接近采空区，横向约束减弱，顶煤受力状态变化，由三向约束变为二向约束等原因，使顶煤自行破碎。但是对于煤体较坚硬或裂隙不发育煤层，通常需采用人工辅助破煤措施，如人工爆破，注水软化等，以使顶煤破碎成合适的块度，以此来提高顶煤的回收率。放顶煤开采过程中，提高全厚煤层的回收率是主要研究内容之一，通常的技术措施是尽可能增大割煤高度，减少放煤高度，增大工作面长度，减少工作面两端不放煤长度的比例，以及增加顶煤破碎效果等。

2.3.2　放顶煤开采的基本工艺

　　回采工作面的采煤工艺是指在回采工作面进行采煤工作所必需实施的各个工序之间，以及完成这些工序所需的机械装备和所需要的各工种之间在空间和时间上的相互关系总和。回采工作面的空间一般包括上下顺槽、端头、工作面机道到采空区在内的整个作业区。有的工作面将这一空间扩展到液压泵站和移动变电站或采区装车点。工作面在空间上的变化是指煤壁和采空区位置的变化。在时间上，一个采煤循环可以从数小时变化到24h以上。不同的采煤方法要求有不同的采煤工序并要求不同的时空配合关系。除与普通长壁综采一样的割煤、移架、推溜工序外，长壁综采放顶煤工作面还增加了放煤工序，其中一般情况下，工作面一半以上的煤量来自于放煤，因此从时间和空间上合理安排采煤与放煤的关系就成为放顶煤工作面生产工艺中必须解决的基本问题。如图2-13所示，双输送机放顶煤工作面布置方式，也是最常用的方式。

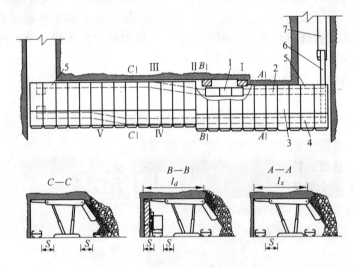

图 2-13　综采放顶煤工作面布置

1—采煤机；2—前部输送机；3—放顶煤支架；4—后部输送机；

5—端头支架；6—桥式转载机；7—可伸缩带式输送机；

Ⅰ—割煤；Ⅱ—移架；Ⅲ—推前溜；Ⅳ—放顶煤；Ⅴ—拉后溜

　　这种布置方式的一般工艺方式是：采煤机割煤，其后跟机移架，推移前部输送机，然后打开放煤口放煤，最后拉后部输送机，工作面全部工序完成后，即完成了一个完整的综放循环。图中 $A—A$ 剖面为最小控顶距 l_x 时的设备位置，支架底座前端与前部输送机之间至少有一个截深的距离，后部输送机靠近支架底座的后部。图中 $B—B$ 剖面为采煤机割煤后，移架前的设备位置，此时为最大控顶距

l_d 状态。图中 $C—C$ 剖面为放煤时的设备位置，后部输送机处于最后位置，前部输送机已经推移。

综采放顶煤工作面的顺槽运输设备与普通综采相同，有桥式转载机和可伸缩带式输送机，其不同点是在桥式转载机上必须安装破碎机，且要求破碎机的能力要强，尤其是对于硬度较大，裂隙不发育的煤层。因为后部输送机运出的大块煤很多，若无二次破碎，将导致胶带机跑偏，煤仓堵塞，使工作面生产能力不能发挥。

综放工作面由于是前后双输送机布置，工作面两部输送机并列搭在桥式转载机的机尾水平装载段，随着工作面推进，转载机的拖移较普通综采面频繁得多，几乎每班都要拖移一次。

根据割煤和放煤工序的配合不同，综放开采主要有四种工艺方式：跟机顺序放煤工艺、跟机分段放煤工艺、割煤放煤交叉工艺和割煤放煤独立工艺。

（1）跟机顺序放煤工艺。采煤机在前方割煤，距采煤机 15m 后，开始逐架顺序放煤。其工艺过程是：割煤、推移前部输送机、移架、放煤、拉移后部输送机。为了及时控制顶煤，严防架前漏顶，也可采取割煤、移架、推移前部输送机、放煤、拉移后部输送机的工艺过程。这种工艺一般在工作面端头入刀，多为"一刀一放"，劳动组织简单，是较为广泛采用的工艺方式。为了使放煤不影响采煤机的割煤速度，可采用多人多架同时放煤的组织形式。

（2）跟机分段放煤工艺。采煤机在前方割煤，沿工作面分上、中、下三段，每段由一组放煤工放煤，其工艺过程是：割煤、移架、推移前部输送机、拉移后部输送机、放煤。特点是放煤工序与其他工序互不影响，分段分组放煤，但是每段必须在下一个循环割煤前完成全部放煤作业。缺点是可能出现多段同时放煤，后部输送机负荷大，造成停机等，这种工艺的入刀位置可以视工作面顶煤状况而定，可实现"二刀一放"或"多刀一放"，视顶煤的冒放特征和顶煤厚度等改变放煤步距。

（3）割煤放煤交叉工艺。工作面分为上、下两部分，上半部分割煤，下半部分放煤；下半部分割煤，上半部分放煤，交叉作业。这种工艺一般为工作面中部入刀，多为"一刀一放"，采煤机往返一次进一刀，特别在长工作面中采用更为有利。

（4）割煤放煤独立工艺。上述三种工艺对于长工作面均可以实现采、放平行作业，以提高开采效率。当工作面较短时或急倾斜煤层分段放顶煤开采时，一般采取割煤不放煤，放煤不割煤的采放单一作业，其工艺过程是：割煤、移架、推移前部输送机、拉移后部输送机、放煤。这种工艺多为"二刀"或"三刀一放"，入刀方式和位置不受放煤工序影响。

2.3.3　放煤方式

放煤方式是指沿后部输送机进行放煤的方式，主要有单轮顺序放煤、多轮顺序放煤、单轮间隔放煤、多轮间隔放煤和移架放煤等，考虑到与放煤步距（"一刀一放"、"二刀一放"、"三刀一放"）进行组合，实际的放煤方式有 20 多种，见表 2-1。

表 2-1　放煤方式及其组合

放煤方式 ＼ 放煤步距	一刀一放	二刀一放	三刀一放
单轮顺序放煤	一刀一放单轮顺序放煤	二刀一放单轮顺序放煤	三刀一放单轮顺序放煤
多轮顺序放煤	一刀一放多轮顺序放煤	二刀一放多轮顺序放煤	三刀一放多轮顺序放煤
单轮间隔放煤	一刀一放单轮间隔放煤	二刀一放单轮间隔放煤	三刀一放单轮间隔放煤
多轮间隔放煤	一刀一放多轮间隔放煤	二刀一放多轮间隔放煤	三刀一放多轮间隔放煤
移架放煤	一刀一放移架放煤		

所谓单轮放煤是指在一个采放循环中依一定规律（顺序或者间隔）打开支架放煤口，一次将顶煤放完，见矸关门为止。多轮放煤是指在一个采放循环中支架的一个放煤口要多次打开多次关闭，每次只放部分顶煤，直到放完为止。一般为两轮或三轮，即两次或三次打开放煤口，一次只放出顶煤的 1/2 或 1/3。顺序放煤是指自工作面下端或者上段，依次顺序地进行放煤，例如自工作面下端向上将支架依次编号为：1、2、3、4、5…，若工作面放煤自下而上顺序放煤是指放煤支架为 1、2、3、4、5…。间隔放煤是指放煤时进行隔架放煤，如首先放煤支架为 1、3、5、7…，然后再进行 2、4、6、8 等支架的放煤。

2.3.3.1　单轮顺序放煤

单轮顺序放煤示意见图 2-14，按支架编号顺序依次逐架放完顶煤，并关闭放煤口，再放下一架，如此将全工作面支架上的顶煤全部放完并关闭放煤口。这种方式操作简单，但是容易混矸，即第 1 架放完后，留下漏斗状的矸石堆，第 2 架放煤时，第 1 架放煤后留下的矸石堆部分会混入到第 2 架放煤中，容易导致放出

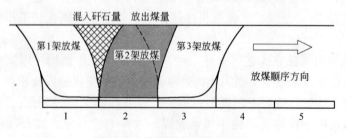

图 2-14　单轮顺序放煤示意图

顶煤的含矸率高，放出率低。

2.3.3.2　多轮顺序放煤

多轮顺序放煤示意见图 2-15，即支架按顺序放煤，但是每次仅放出部分顶煤，如 1/3、1/2 等，依次放完一轮后，再返回来放第 2 轮、第 3 轮等。这种方式容易使煤矸面保持平稳下降，减少混矸，实际上这种放煤方式，每个放煤口由于多次打开关闭，加之放出煤量难以控制，故形成多次扰动煤矸界面，混矸层加厚，可能会造成煤损失量大，或放出顶煤的含矸率高。其次是多次开闭放煤口，轮返操作频繁，放煤速度慢，影响生产效率。

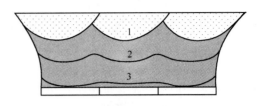

图 2-15　多轮顺序放煤示意图
1—第 1 轮煤矸分界线；2—第 2 轮煤矸分界线；
3—第 3 轮煤矸分界线

2.3.3.3　单轮间隔放煤

单轮间隔放煤示意见图 2-16，即先放 1、3、5…号支架，依次放完后关闭，再放 2、4、6…号支架。这种方式操作简单，煤矸界面扰动少，混矸少，顶煤放出率较高，一旦单号架的上部顶煤挤压成拱，双号架放煤时间可破坏拱脚，重新冒落放出，或者采取补救措施，大大提高了顶煤放出率，特别是对中硬以上的顶煤放出比较有效。

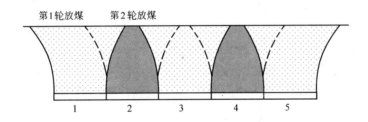

图 2-16　单轮间隔放煤示意图

2.3.3.4　多轮间隔放煤

多轮间隔放煤是指先单号架部分顶煤放出，再双号架部分顶煤放出，然后重复第 2、3 轮放煤。这种方式理论上煤矸界面下降平稳，可减少混矸，顶煤成拱后可以破坏等，放出率较高，但是实际操作时每轮放出煤量难以控制，作业十分频繁，混矸量和混矸层均有所增加，放出率反而不高，且减慢了放煤速度，实践认为是一种不可取的放煤方式。

2.3.3.5　移架放煤

在坚硬顶煤条件下，由于上位的顶煤呈悬臂状态，单靠正常的插板低位放煤，易使上位悬煤丢失在采空区，因此利用移架期间，悬煤失去了平衡而冒落的机会，开动后部输送机，自动冒落放煤，不失为一种提高效率的好方式。实践证明，$f > 3.0$ 的硬煤中，约有 1/3 的顶煤是用这种方式放出的。

2.3.4　工作面参数确定

综放工作面参数主要是指采煤机割煤高度、工作面长度、工作面推进长度、采放比、顶煤厚度、采煤机截深和放煤步距等。

2.3.4.1　割煤高度

综放工作面的出煤量有采煤机割煤和放顶煤两部分组成，一般而言，放顶煤的回收率要低于割煤。

影响采煤机割煤高度的主要因素有煤壁稳定性、工作面通风要求、液压支架稳定性、回收率的要求、合理操作空间、采放比的要求等。目前我国缓倾斜综放工作面的采煤机割煤高度一般为 2.5 ~ 3.0m，但也有根据煤壁稳定和提高回收率情况适当降低或加大割煤高度情况。对于软煤层，采用较低的割煤高度，一般不大于 3m，对于硬煤层，稳定性较好的煤层，可采用较大的割煤高度，一般在 3 ~ 4.5m。近年来，随着支架工作阻力提高，满足高产高效的要求、适应特厚高瓦斯煤层改善通风条件和增大通风断面的需要，以及为了满足 2006 年版煤矿安全规程的需要（第六十八条第二款规定：采放比大于 1:3 的，严禁采用放顶煤开采（采放比大于 1:3 的是指 1:4、1:5 等，是煤矿目前约定俗成的叫法））。目前有增大采煤机割煤高度的趋势，如潞安王庄煤矿、淮北涡北煤矿的割煤高度为 3.5m，大同塔山煤矿的采煤机割煤高度目前是 3.5m，准备提高到 4.5m 等，即使在一些较软煤层，随着煤壁控制技术进步，为了提高回收率、改善生产和通风作业条件等，也有增大采煤机割煤高度的趋势。

图 2-17 是对于极软煤层采用 UDEC 离散元软件模拟的不同采高煤壁稳定情

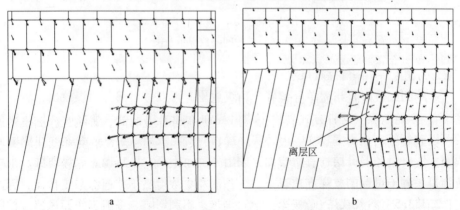

图 2-17　不同割煤高度的煤壁位移矢量分布图

a—煤壁高 2m；b—煤壁高 2.5m

况，煤层基本条件为煤厚7.5m。煤层硬度系数 $f \leqslant 0.3$，从模拟计算结果可以看出，当割煤高度大于2.5m时，煤壁整体失稳，发生破坏。

由于割煤回收率与放顶煤回收率有一定差别，一般而言放顶煤回收率 ρ_d 低于割煤回收率 ρ_g，因此增大割煤高度有利于提高煤层的回收率 ρ，垂直工作面走向剖面的煤层回收率计算见式（2-1），煤层回收率计算示意如图2-18所示。

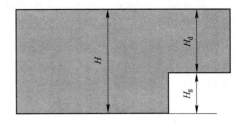

图 2-18 煤层回收率计算示意图

$$\rho = \frac{\rho_d H_d + \rho_g H_g}{H} = \frac{\rho_d(H - H_g) + \rho_g H_g}{H}$$

$$= \frac{\rho_d H + H_g(\rho_g - \rho_d)}{H}$$

$$= \rho_d + (\rho_g - \rho_d)\frac{H_g}{H} \tag{2-1}$$

式中　H——煤层厚度；

　　　H_g——割煤高度；

　　　H_d——放顶煤高度。

在实际生产中，放顶煤时间占很大比例，放顶煤高度大小决定着循环放煤时间，见式（2-2）：

$$T_f = \frac{60 B H_d \gamma L}{Q_f} \tag{2-2}$$

式中　T_f——循环放煤时间，min；

　　　B——放煤步距，m；

　　　γ——煤体容重，t/m^3；

　　　L——工作面长度，m；

　　　Q_f——工作面平均放煤能力，t/h。

顶煤高度过大，放煤时间过长，必须增加循环作业时间，影响工作面推进速度，这对预防自然发火不利。然而过低的顶煤高度有时会大幅度降低顶煤回收率，增大含矸率。一般认为顶煤高度不应小于2m，介于2~8m比较合理。由于放顶煤工作面增加了工作面出煤点，工作面粉尘浓度高于普通综采工作面，因此工作面风速不能过高，以免扬尘，给防尘带来不利影响。一般工作面风速应控制在2.5m/s以下，由此应根据工作面煤炭产量和稀释瓦斯供风要求，确定工作面风量以及工作面应具有的最小割煤高度，若工作面供风量按1200~1500m³/min

计算，工作面割煤高度应达到 2.6～3.2m。

　　一般来说，割煤高度越大，支架高度大，造价也越高，且稳定性越差，尤其当支架高度达到一定高度后，支架重量和造价会大幅度增加，因此确定工作面割煤高度时，应考虑支架一次性投入多少的因素。

　　综放工作面的生产能力不同，对煤机，前后部刮板输送机的能力和尺寸要求也不尽相同。对于高产高效综放工作面而言，由于后部刮板输送机能力、溜槽宽度和高度增加，要求液压支架后部有较大过煤空间，支架高度应相应的提高，一般应不小于 2.8m。

2.3.4.2　工作面长度

　　工作面长度是放顶煤工作面重要参数之一，对于地质条件较简单的工作面，放顶煤工作面长度主要是根据工作面合理的日推进度和要求的日产量来确定。较短的工作面，可以加快工作面推进速度，保证采空区较快地进入窒息带，有利于防止采空区浮煤自燃。但是工作面较短时，工作面两端的辅助作业时间所占的比例较大，如端部进刀时间、巷道维护时间、皮带与转载机移设时间等，工作面每米推进度的产量较低，且由于工作面两端的顶煤回收率较低，工作面短时，其在工作面所占比例较大，也将影响工作面的整体回收率。因此在保证工作面推进度条件下，尽可能加大工作面长度，有利于提高工作面回收率，减少煤柱损失量，增加工作面产量与开采效率。但是工作面长度受到刮板输送机的能力、要求的工作面推进度、工作面通风条件及地质条件等影响。在高瓦斯矿井中，工作面的通风能力则是限制工作面进度的重要因素。目前我国潞安、阳泉、兖州等矿区的放顶煤工作面长度一般为 120～180m，少数工作面长度超过 200m，个别的高产高效综放面长度已达 300m 以上，甚至开始设计和实施 400m 以上的工作面。

　　工作面长度在通常情况下按下式计算：

$$L = \frac{Q_r}{S \cdot H \cdot \gamma \cdot \rho} \qquad (2\text{-}3)$$

式中　　L——工作面长度，m；

　　　　Q_r——工作面日产量，t；

　　　　S——工作面日推进度，m；

　　　　H——煤层厚度，m；

　　　　ρ——工作面回收率，%；

　　　　γ——煤体容重，t/m³。

　　工作面的日推进度与煤层厚度和煤层自然发火期以及顶煤的稳定性有关，当煤层的自然发火期短，要求工作面保持较快的推进速度；煤层厚度大，放煤时间长，工作面推进速度慢；当工作面控顶区顶煤稳定性较差，煤壁易片帮时，要求工作面保持较高的推进速度，以利于工作面围岩管理。

按煤层自然发火期确定工作面日推进度，见式（2-4）：

$$S \geqslant \frac{B}{T_n} \qquad (2-4)$$

式中　　B——采空区窒息带宽度，m；

　　　　T_n——煤层最短自然发火时间，d。

如果日推进度无法确定，可以通过计算采煤机循环割煤时间和循环放煤时间来确定工作面产量，然后由日产量反算工作面的长度。

采煤机的循环割煤时间与采煤机的进刀方式有关。当采用端部斜切进刀时，采煤机完成一刀割煤的循环时间按下式计算：

$$T_g = \frac{L + L_s}{v_c} + \frac{L_m + L_s}{v_k} + 3T_f + D_t \qquad (2-5)$$

式中　　T_g——采煤机循环割煤时间，min；

　　　　L——工作面长度，m；

　　　　L_s——斜切进刀段长度，m；

　　　　L_m——采煤机两滚筒中心距，m；

　　　　T_f——采煤机反向时间，min；

　　　　D_t——端头作业影响时间，min；

　　　　v_c——采煤机正常割煤速度，m/min；

　　　　v_k——采煤机空刀牵引速度，m/min。

当采煤机采用端部斜切进刀单向割煤时，采煤机循环割煤时间按下式计算：

$$T_g = \frac{L + L_s}{v_c} + \frac{L - L_s - 2L_m}{v_k} + 2T_f \qquad (2-6)$$

工作面放煤循环时间按下式计算：

$$T_f = \frac{B \cdot H_d \cdot L_f \cdot \gamma}{n \cdot Q_f} \qquad (2-7)$$

式中　　T_f——循环放煤时间，min；

　　　　H_d——顶煤厚度，m；

　　　　Q_f——单架放煤能力，t/min；

　　　　n——同时放煤支架数，个；

　　　　B——放煤步距，m；

　　　　γ——煤体容重，t/m³；

　　　　L_f——工作面放煤长度，m。

为了实现综放工作面的高产高效，必须使工作面的采煤机割煤工序和放煤工序能最大限度地平行作业。实践证明，采煤机单向割煤时要比双向割煤更能充分实现采放平行作业。一般说来，随着煤层厚度增加，采放比加大，工作面放煤工序所占的时间加长。

当放煤时间大于采煤机割煤时间时，则工作面的生产能力主要由工作面的放煤能力来决定，平均日产量为：

$$Q = \frac{T \cdot Q_f \cdot H \cdot \rho \cdot K_w}{60 H_d} \tag{2-8}$$

式中　Q——工作面日产量，t/d；

　　　T——工作面日采煤时间，h；

　　　H——煤层厚度，m；

　　　ρ——工作面回收率，%；

　　　K_w——工作面生产系统可用度，与工作面生产系统中各设备的故障率和维修水平有关，一般可取 0.75 ~ 0.85；

　　　Q_f——单架放煤能力，t/min；

　　　H_d——顶煤厚度，m。

当工作面的采煤机割煤时间大于放煤时间时，工作面的日产量主要由采煤机割煤时间来确定，平均日产量为：

$$Q = \frac{T \cdot B \cdot \rho \cdot \gamma \cdot v_c \cdot K_w \cdot L}{L + 2L_s + L_m + (3T_d + D_t) \cdot v_c} \tag{2-9}$$

式中各参数的意义同前。

在给定工作面日产量的情况下，工作面长度可以按式（2-8）、式（2-9）计算。

工作面长度对端头顶煤损失率的影响较大。为了确保工作面端头维护以及安设刮板输送机机头机尾，从端头支架到基本支架之间一般安装 2 ~ 3 架的过渡支架，过渡支架目前基本上不放煤或者少许放煤，以保持支架稳定性，因此每个工作面都有约 5 架不放煤或少许放煤，即为端头顶煤损失，其损失率计算为：

$$\eta_d = \frac{H_d \cdot L_d}{H \cdot L} \tag{2-10}$$

式中　η_d——端头顶煤损失率，%；

　　　H_d——顶煤厚度，m；

　　　H——煤层厚度，m；

　　　L_d——端头不放支架沿工作面长度，m；

　　　L——工作面长度，m。

可见，工作面长度与端头顶煤损失率成反比，工作面越长，端头顶煤损失率越低。

对于高瓦斯煤层，工作面长度还受到通风条件的制约，当液压支架通风断面基本一致的情况下，工作面长度还应满足下式：

$$L \leqslant \frac{600vH_gL_{min}C_f}{q(B_1H_g\gamma N_1K_1 + BH_d\gamma N_2K_2)} \tag{2-11}$$

式中　L——工作面长度，m；

v——工作面允许的最大风速，m/s；

H_g——割煤高度，m；

L_{min}——工作面最小控顶距，m；

C_f——风流收缩系数，取 0.95；

q——昼夜产煤一吨所需风量，m^3/min；

B_1——采煤机截深，m；

N_1——昼夜割煤刀数；

H_d——顶煤厚度，m；

K_1——割煤回收率，取 0.93 ~ 0.95；

N_2——昼夜放煤次数；

K_2——顶煤回收率；

B——放煤步距，m；

γ——煤体容重，t/m^3。

工作面实际长度除按上分析确定外，还要考虑到实际地质条件，如地质构造分布情况、煤层厚度和强度、夹石层及其厚度、顶底板岩性和瓦斯涌出量等。

实际的构造分布会影响到工作面的布置，尽可能使工作面内地质构造简单些，相对于综采工作面而言，地质构造对于放顶煤工作面的影响较小，也就是说放顶煤开采对于地质条件变化的适应性更强些，对于落差小于煤厚的断层和褶曲均可强行推进。

煤层厚度和强度主要影响工作面的放煤速度和放煤工作量，一般说来，煤层过厚，煤质坚硬，需要多轮放煤，放煤速度较慢，工作面长度不宜过大，一般可取 100 ~ 150m 之间。

煤层倾角是影响工作面长度的重要因素，倾角越大，支架等设备的稳定性越差，加快工作面推进速度可缓解支架倒架与设备下滑等，工作面不宜过长。我国煤层倾角 30°以上的放顶煤工作面长度一般在 40 ~ 70m 之间，最大不宜超过 100m。

夹石层及其厚度对工作面长度的影响主要是对割煤速度和放煤速度的影响。若夹石层位于煤层下部，则影响采煤机的截割，此时要小截深，慢牵引，影响正规循环，工作面不宜过长；若夹石层位于煤层中、上部，其厚度又大，则影响放煤速度和大块矸石的处理，此时工作面也不易过长。

顶底板岩性对综放面长度也有影响，因顶板坚硬不能及时冒落时，不仅影响顶煤放出率，而且容易造成来压时的冲击载荷，因此需要预处理弱化顶板。为了便于采取处理措施，工作面不宜过长。大同忻州窑矿坚硬顶板下放顶煤开采，在煤层上部布置了两条工艺巷进行顶煤与顶板爆破弱化处理，工作面长 150m。若采用一条顶层工艺巷时，超过 100m 长的工作面就难以实现顶煤与顶板的爆破弱化处理。对于顶板、底板和煤层均松软的"三软"煤层，因长工作面推进速度慢，工作面中部架前易漏冒和煤壁片帮，支架钻底前移不畅等影响正规循环作业，所以工作面不易过长，如郑州米村矿在近水平"三软"煤层条件下工作面长度 100m，淮北芦岭矿"三软"煤层条件下，工作面长度 120m。

近年来，随着采煤技术与装备的进步，有加大工作面长度的趋势，以此来提高工作面产量和效率。

2.3.4.3　工作面推进长度

综放工作面推进长度主要受到地质条件、胶带输送机的铺设长度、综放设备大修期、工作面设备安装与搬迁费用、区段平巷的维护费与运输费用等影响。一般而言，加大工作面推进长度，能减少工作面搬家次数，增加生产时间，减少初末采顶煤损失量，但过大的工作面推进长度会造成回采巷道维护困难。

综放回采与普通综采在推进方向上的主要区别是存在初末采的顶煤损失问题，一般的初采因支承压力小，顶煤不易冒落，或者冒落块度过大，均不易放出，大多数工作面都有 8 ~ 12m 左右的顶煤被丢失在采空区。综放工作面的末采收尾一般要铺顶网或爬坡到顶板一段的顶煤是放不出来的，大多数工作面要丢失 12 ~ 15m 的顶煤，因此初末采的顶煤损失率 η_c 为：

$$\eta_c = \frac{M_d L_d}{M L_t} = n L_d \frac{1}{L_t} \tag{2-12}$$

$$n = \frac{M_d}{M}$$

式中　L_d——初末采顶煤丢失的推进长度，m；

　　　L_t——工作面推进长度，m；

　　　M_d——顶煤厚度，m；

　　　M——煤层厚度，m。

可见随着推进长度的增加，初末采顶煤损失率减少，若使初末采顶煤损失率降至 1.5% 以下，工作面推进长度一般在 1000m 以上，若推进长度小于 500m，则初末采顶煤损失率将超过 3%。

另外，对于有自然发火倾向的煤层，从防发火方面要求工作面回采时间不宜过长。

根据煤层自然发火期和工作面连续推进时间要求，工作面推进长度 L_t 可按下式计算：

$$L_t = \frac{T_c \cdot Q_r}{L \cdot M \cdot \gamma \cdot \rho} \tag{2-13}$$

式中　L_t——工作面推进长度，m；

　　　T_c——工作面连续推进时间，d；

　　　Q_r——工作面平均日产量，t；

　　　L——工作面长度，m；

　　　M——煤层厚度，m；

　　　γ——煤体容重，t/m^3；

　　　ρ——工作面平均回收率，%。

经济上合理的工作面推进长度主要与采（盘）区上（下）山掘进费、开切眼掘进费、工作面安装与搬迁费、区段平巷的维护费和运输费等有关，将上述费用分摊到吨煤成本上，则得到吨煤成本与工作面推进长度的关系如下：

$$F(L_t) = F_1(L_t) + F_2(L_t) + F_3(L_t) + F_4(L_t) \tag{2-14}$$

式中　$F(L_t)$——吨煤成本，元/t；

　　　$F_1(L_t)$——采（盘）区上（下）山和开切眼掘进费分摊的吨煤成本，元/t；

$$F_1(L_t) = \frac{P_1 l + P_2 l}{M L_t l \gamma \cdot K_3}$$

　　　P_1、P_2——采（盘）区上（下）山和开切眼掘进费，元/m；

　　　　l——工作面长度，m；

　　　K_3——工作面回收率；

　　　$F_2(L_t)$——工作面设备安装搬迁费，元/t；

$$F_2(L_t) = \frac{P_a}{M L_t l \gamma \cdot K_3}$$

　　　P_a——工作面设备安装搬迁一次费用，元；

　　　$F_3(L_t)$——区段平巷维护费，元/t；

$$F_3(L_t) = \frac{P_w L_t}{2 M L_t l \gamma \cdot K_3}$$

　　　P_w——区段平巷维护费，元/（a·m）；

　　　$F_4(L_t)$——区段平巷的运输费，元/t；

$$F_4(L_t) = \frac{1}{2} L_t P_y \times 10^{-3}$$

　　　P_y——区段平巷运输费，元/（t·km）。

综合以上分析，综放工作面推进长度 1000～1500m 为宜，条件好的煤矿，可以达到 3000～4000m，在不受地质条件限制的情况下，一般不应少于 500m。

根据实际工程情况，可以具体计算上述 $F_1(L_t)$、$F_2(L_t)$、$F_3(L_t)$、$F_4(L_t)$，从而获得不同工作面推进长度 L_t 对吨煤成本中的份额 $F(L_t)$ 的影响，一般是有如下函数形式：

$$F(L_t) = AL_t + \frac{B}{L_t} \qquad\qquad (2-15)$$

式中，A、B 为综合系数。

工作面推进长度与吨煤成本的关系见图 2-19。

由式（2-14）及图 2-19 可以看出：巷道维护费和运输费随工作面推进长度的增加而增大，即式（2-14）中的第一项，而切眼掘进费与工作面安装搬迁费随工作面推进长度的增加而减小。实际上，工作面推进长度增加，工作面安装搬迁次数和上（下）山、开切眼掘进量绝对减少，对降低吨煤成本来说，作用较明显。

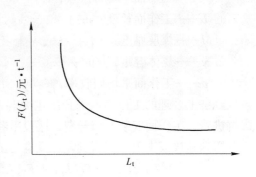

图 2-19　工作面推进长度与吨煤成本的关系

工作面推进长度也受到顺槽带式输送机的铺设长度影响。国产可伸缩带式输送机单机驱动长度一般为 1000m，采用中间驱动装置的可达 2000m，多端驱动输送机的长度可达 3000m 及以上，近年来，带式输送机进步很大，已经与国际先进水平基本持平，年运输量可达 2000 万 t 以上。多端驱动输送机的长度可达 6000m 以上。

综放设备的大修期也是影响工作面推进长度的因素之一，综放设备中采煤机的大修期最短，按采煤机割煤 1500 ~ 2000h 大修期计算，工作面推进长度可达 2000 ~ 2700m，事实上近年来采煤机的进步也很大，已经完全能满足特大型工作面开采的需要。工作面推进长度确定也应考虑对供电、通风和辅助运输的影响，推进长度过长，也会给供电、供风和辅助运输等造成困难。

实际的工作面推进长度确定，受地质条件，如断层分布、煤层分布等影响很大，地质条件复杂矿井，往往以地质构造边界来确定工作面推进长度。对于地质条件简单的矿井，往往以综合考虑顺槽输送机铺设长度、巷道维护、供电、通风和辅助运输等因素确定工作面推进长度。目前国内综放工作面的推进长度多为 1000 ~ 1500m，个别可达 2000m 及以上，近年来随着相关技术的发展，有加大工作面推进长度的趋势，实际生产中也是尽可能加大工作面的推进长度，3000 ~ 4000m 推进长度的综放面已经常见，并开始设计和实施 6000m 推进长度的工作面。

2.3.4.4　放煤步距的确定

放煤步距是指两次放煤之间工作面推进的距离。合理的步距应是顶煤放出率最高，含矸率最低，因此它与煤矸的块度大小、质量、运动阻力、运动方向、混矸程度、到放煤口的距离等有关，也就是与煤岩的强度、块度、顶煤厚度、冒落角、矸堆高度、安息角等有关。实际上放煤步距是采煤机截深的整倍数，一般为"一刀一放"、"两刀一放"和"三刀一放"三种采放配合方式，因此对于滚筒式采煤机，放煤步距仅变化在 0.5 ~ 1.5m 或 0.6 ~ 1.8m 之间，最近大采高的综放工作面，采煤机截深可以达到 0.8 ~ 1.2m，这样，放煤步距仅变化在 0.8 ~ 2.4m 之间（大截深工作面不易采用"三刀一放"的放煤步距），这种小范围的变化和复杂的影响因素，企图借用一个公式通过计算确定其精确值是有难度的，一般说来，可以根据实际情况进行定性的分析确定，供实践中参考选用。

（1）煤的强度和块度影响分析。一般硬煤冒落块度大，冒落角小，软煤冒落块度小，冒落角大。大块煤容易挤压成拱，运动阻力大，冒落滞后，小块煤运动阻力小，冒落超前，因此对于冒落角小，冒落块度大的硬煤应增加冒落空间，增加冒放次数，宜采用"一刀一放"，放煤步距小的方式。

（2）顶煤厚度的影响分析。顶煤的冒落块度一般是下小上大，下部顶煤松动充分，上部顶煤松动滞后，因此顶煤愈厚应增加其冒落时间和冒落宽度，以便上部顶煤有充分松动冒落机会而放出，宜采用放煤步距大的方式。对于厚度较薄的顶煤，由于下部冒落空间大，极易混矸，应减少自然冒落次数，使之在混矸前就及时放出，宜采用"一刀一放"、放煤步距小的方式。

2.4　放顶煤开采的基本理论与工程问题

根据厚煤层赋存条件和放顶煤开采的技术特点，放顶煤开采所遇到的煤层条件可分为如下 5 类：

（1）条件适宜煤层。煤层厚度 6 ~ 12m，采放比在 1 : 2 ~ 1 : 3 之间，煤层硬度系数 $f = 1 ~ 3$，节理裂隙发育，低瓦斯，直接顶厚度不小于 2m，或老顶Ⅱ级以下。该类煤层放顶煤开采时，以高产高效为主要目标，其研究的主要理论与技术问题是放顶煤理论、顶煤破碎机理、矿山压力与围岩控制、高产高效开采工艺、设备选型与配套、设备的自动控制等。

（2）坚硬厚煤层。煤层硬度系数 $f \geqslant 3$，节理裂隙不发育，裂隙密度 <1 条/m。对该类煤层进行放顶煤开采时，以顶煤破碎和提高顶煤回收率为主要目标，其研究的主要理论与技术问题是顶煤破碎机理、改善顶煤破碎的技术措施，顶煤流动与放出规律、采放工艺等。若顶板也坚硬时，即直接顶薄，小于 1m，老顶坚硬，$f \geqslant 7$，裂隙不发育时，还要研究顶板的破断机理，顶板破断与来压时对工作面的冲击、控制与减缓顶板来压的理论与技术措施，适应坚硬顶板放顶煤开采液压支架研制等。

（3）极软厚煤层。煤层硬度系数 $f \leqslant 1$，主要是指 $f \leqslant 0.5$ 的厚煤层，一般而言，该类煤层的顶板和底板也软，即属于常说的"三软"煤层。对于该类厚煤层，所需解决的主要理论与技术问题是煤壁片帮和端面漏冒的机理与控制技术，对顶煤全封闭的液压支架研制与采放工艺，软煤巷道支护理论与技术，提高顶煤回收率与降低含矸率的理论与技术等。

　　(4) 特厚煤层。此书定义特厚煤层为指煤层厚度在 12m 及以上的煤层，该类煤层的核心问题是提高顶煤回收率和缩短放煤时间，需要研究的理论与技术问题是顶煤流动与放出规律、高效放煤技术、采放工艺。若顶板坚硬难冒时，还应注重顶板垮落规律、顶板来压规律、减缓顶板来压的控制理论与技术研究等。

　　(5) 较薄厚煤层。煤层厚度 4~6m，该类煤层应用放顶煤开采时，一般煤层较软或井型较小，否则煤层硬度较大和井型较大时，则建议采用大采高开采。因此，该类煤层放顶煤开采时需要解决的主要问题是研究煤矸运移规律，提高回收率，降低含矸率。

　　上述是从放顶煤开采角度对煤层进行了分类，有些地方与常用的分类方法不相一致，而且里面也没有包含瓦斯、煤层自燃等情况。对于瓦斯含量高和突出煤层而言，采前必须对工作面区域进行解突，而且在放顶煤开采过程中，也需加强瓦斯治理，如开掘专用顶板瓦斯排放巷，进行必要的瓦斯抽排等，这需在专门的著作中论述，本书仅就采矿主体范畴内放顶煤开采的理论与技术问题进行论述。通过对上述放顶煤开采 5 类煤层条件分析，可以归纳出放顶煤开采的一些理论与工程技术问题。

2.4.1　放顶煤开采的基本理论问题

　　放顶煤开采的基本理论问题有的与一般长壁开采方法的基本理论问题相同，或者相近，但也有一些是放顶煤开采方法所特有的，一般而言，其主要的基本理论问题可以概述如下。

　　(1) 顶煤破碎机理。顶煤破碎机理研究是放顶煤开采所特有的，主要研究在矿山压力作用下，顶煤变形、移动和破裂的机理与过程，顶煤破裂过程与煤体力学性质、裂隙分布与密度、矿山压力分布等有关，对于不同性质和外界作用条件的顶煤，其破裂机理和过程也有所差异。当顶煤极软时，如 $f \leqslant 0.5$，顶煤在矿山压力作用下能够完全破碎并在支架上方破碎成散体，极容易流动和放出；当顶煤中硬、且裂隙较发育时，顶煤可在矿山压力作用下破碎成满足放煤要求的合适块度。对于坚硬顶煤、且裂隙不发育时，一般需采用爆破等人工辅助措施对顶煤进行预爆破作业，因此研究顶煤破裂机理，即要研究矿山压力作用下顶煤自然破裂机理，也要研究坚硬顶煤在爆破作用下的破裂机理。研究顶煤破裂机理的过程是确定采放工艺、进行支架设计、研究顶煤回收率、改善顶煤破碎技术的基础。

　　(2) 散体顶煤流动与放出规律。散体顶煤放出规律研究是放顶煤开采所特有的，与顶煤破碎机理研究一起构成放顶煤开采的核心研究内容，可统称为顶煤破碎与放出规律研究。该内容主要是研究破裂与冒落后的散体顶煤在支架上方的流动与放出规律，运用正确的理论进行描述，科学的指导采放工艺的确定，预测顶煤回收率与含矸率，以及提高顶煤回收率与降低含矸率的技术措施。该项研究一直是放顶煤开采理论研究的核心与主要内容之一，自从我国开始应用放顶煤开采技术以来，就开展了该项内容研究，主要涉及冒落顶煤的力学性质、放顶煤的边界条件、顶煤流动场、煤矸分界面与混合带形状、流动与放出的理论描述等。

（3）矿山压力显现规律与岩层移动规律。放顶煤开采一次采高增大，一般的是整个煤层厚度、采场矿山压力显现规律与上覆岩层移动规律备受关注，并多与分层开采顶分层的矿山压力规律进行比较，目前有一些共性的认识，但也有许多分歧。放顶煤开采的矿山压力显现规律及上覆岩层移动规律研究与传统分层开采的研究内容相近似，但也有特有的内容，一般来说涉及的内容有工作面来压规律、支承压力分布规律、顶煤顶板垮落规律、煤壁与端面顶煤稳定规律、支架-围岩关系、工作面围岩控制原理、顶板破断规律、老顶岩层平衡结构与传力原理、高位岩层移动与地表沉陷规律等。该项研究是支架设计、开采沉陷预测、地面保护、确定高效开采工艺等的理论基础。近年来，放顶煤工作面支架设计的理论取得了一定进展，但是与实际需要还有很大差距，现场的开采实践也带来了一些新的问题，比如大同塔山煤矿开采 16～20m 厚的煤层，工作阻力为 13000kN 的支架仍然有压死现象等。

（4）全煤巷道支护机理。由于放顶煤开采，工作面沿厚煤层下部布置，工作面巷道和切眼均为沿煤层底板掘进，巷道四周均是强度较低的煤层，且开采过程中，前方支承压力分布范围大，对巷道的影响范围大，有的达到百米以上，因此研究全煤巷道支护机理，巷道变形与破坏规律，改善巷道破坏的技术措施等至关重要。许多软煤层放顶煤工作面产量不高的重要原因是由于巷道变形量大，工作面两端无法正常推进。该项研究是指导全煤巷道实施科学支护技术的基础。

（5）瓦斯涌出与运移规律。对于高瓦斯和瓦斯含量较大的放顶煤工作面而言，瓦斯涌出与运移规律研究尤其重要，由于放顶煤开采的特殊性，一次采高大、出煤集中、放煤量大等，工作面瓦斯涌出与运移规律也具有其特殊性，到目前为止该项研究仍处于定性阶段，放顶煤工作面经常会遇到上隅角和放煤时瓦斯超限问题，从而影响正常生产。一般来说，该项研究应涉及工作面瓦斯涌出规律、采动影响范围内瓦斯析出规律、采空区范围内瓦斯分布规律、放煤过程中瓦斯涌出规律等，该项研究是解决工作面瓦斯问题，指导瓦斯抽排工艺与参数设计等的基础。对于不同的煤岩层条件，其具体研究内容应有所侧重。

（6）自然发火与防治机理。由于放顶煤开采难以放出全部顶煤，通常会在采空区遗失一定的顶煤，这些遗失在采空区的破碎煤体如遇到供氧与聚热条件等，则会发生自燃，同时工作面顺槽和切眼如有支护质量问题，产生冒顶，形成聚热空洞等，也会发生自燃，因此放顶煤开采的火灾防治机理研究涉及采空区与全煤巷道两部分。该项研究主要是放顶煤开采采空区自燃机理、条件与防治原理以及巷道自燃机理与防治。放顶煤开采对防火的不利方面主要表现在采空区遗失的浮煤、工作面推进速度较慢和采空区空洞较大，若顶板不能及时冒落易形成漏风通道，客观上形成向采空区供氧条件。但其有利方面是工作面一次推进，不再扰动采空区，只要在工作面推进过程中不引发火灾，就可以有效防治发火，不会形成二次或多次扰动采空区后引起自燃。

2.4.2　放顶煤开采的基本工程问题

（1）支架设计与三机配套。放顶煤开采支架设计是成功实现综放开采的核心，多年来国内一直在探索科学的放顶煤液压支架形式，根据不同的煤岩赋存条件，放顶煤支架也是有不同的工况特征，如对坚硬顶煤需要支架具有强大放煤功能和大的后部过煤空间，对于软煤层支架除具有足够的工作阻力外，还应具有良好的对顶煤全封闭和护帮功能等。由于放顶煤开采支架载荷分布具有特殊性，因此支架设计中也应适应顶板压力分布类型，更好地发挥支架作用与保障安全开采，所以该项研究内容主要是根据煤岩层条件、放顶煤开采顶板压力特点等设计合理的液压支架与高效、高可靠性的三机配套设备。

（2）采放工艺。采放工艺是放顶煤开采的核心内容，也是实现高产高效的核心环节。它一般涉及工作面及系统装备、技术方案与参数和组织管理三方面内容。在生产系统和装备都满足要求的情况下，采放工艺的主要研究内容是割煤工艺、放煤工艺与参数等，实施高效、高回收率、低含矸率的割煤与放煤工艺。对于坚硬厚煤层，还需研究和实施顶煤人工破碎技术，减小大块顶煤措施，快速高效放煤措施。对于软煤层，实施的采放工艺要有利于煤壁稳定和顶煤控制。对于条件适宜的厚煤层，主要是实施高效、高回收率的放煤工艺和参数。对于较薄厚煤层，主要是实施减少混矸与提高顶煤回收率的措施。根据工作面煤岩条件、倾角、长度、生产系统不同等，要研究与实施不同的采放工艺与参数，如有选煤厂且能力充足的矿井，一般允许有较高的含矸率，可达到提高回收率的效果。

（3）坚硬顶板控制。对于顶板坚硬，并直接顶薄或无直接顶的放顶煤工作面，顶板不易垮落，采空区易形成大面积空洞，一旦顶板结构平衡破坏，大面积悬空顶板垮落，对工作面产生冲击，若是高瓦斯煤层，还会将采空区瓦斯瞬间挤出，因此，对于该类顶板需研究和采取人工技术措施，控制顶板活动规律，减少顶板垮落步距和增加采空区充填厚度，以减小顶板垮落的冲击。

（4）全煤巷道支护技术。针对放顶煤采动应力分布规律，全煤巷道特点等，研究和实施有效的全煤巷道支护技术，最大限度在可接受的支护成本范围内改善支护质量，尽可能地减少巷道对开采的影响。在一些小煤柱工作面，要研究和实施有效可靠的支护技术，根据实际情况和地质条件，确定支护技术和参数，没有一种万能的支护技术和参数，要基于理论研究和实践摸索为主，探索适合具体条件的支护技术和参数。

（5）地面沉陷控制。放顶煤开采的地面沉陷控制是一个技术难题，如何缓解地面沉陷、避免上覆岩层的突然垮落，以及避免河床的渗漏等需要研发专有的技术。

（6）瓦斯与火灾害防治。对于高瓦斯易自燃煤层的瓦斯和发火的防治一直是一个重要的技术难题。目前虽然具有一些实用的瓦斯治理技术，如高位专用瓦斯排放巷、加大工作面割煤高度等，但是放顶煤工作面的局部瓦斯超限仍然时有发生。通过利用合理的采动影响等，进行瓦斯的预抽采（排）是一条正确的途径。放顶煤工作发火的防治，目前主要是采空区注惰性气体、黄泥灌浆、防止采空区漏风、提高工作面推进速度等，目前需要解决的主要问题是提高各种防火技术的效果。

3 放顶煤开采的顶煤破碎与放出理论

放顶煤开采的核心是顶煤破碎与放出的理论及实施技术，这也是放顶煤开采技术应用之初大量研究的主要内容，近年来，国内的学者仍然在这方面开展了大量的研究工作，取得了一些基本认识，然而若想满足工程需要，还要开展大量的研究工作。

3.1 顶煤破碎机理与运移规律

放顶煤开采的实质是实现工作面煤炭和顶部煤炭同时采出，工作面煤炭开采依靠采煤机组的切割来完成，可以通过人为的机械作用实现，顶部煤炭的开采是依靠矿山压力作用，使其自行破碎和冒落，且自行流动和放出，难以进行人为的控制。因此放顶煤开采的核心就是实现顶煤破碎和顺利有效地放出，而顶煤的合理破碎又是顶煤顺利放出的前提，也是支架选型的依据之一。因此研究顶煤的变形与破碎机理具有十分重要的意义。

顶煤的变形与破碎是一个十分复杂的过程，这一过程既与煤体本身强度、裂隙发育程度及分布有关，也与顶板条件及支架作用有关。实际上，在支架与顶板所组成的系统中，支架通过顶煤对顶板实施控制，同时顶板的压力通过顶煤传递到支架上，顶煤在受力的过程中也要发生移动、变形、破碎、冒落和放出，因此顶煤起到了一种媒介作用。

3.1.1 顶煤的力学特征与力场条件

3.1.1.1 顶煤的力学特征

煤体与其他岩体一样，在其形成过程中经历了漫长的地质作用，煤体内形成了大量的原生裂隙与后续的构造裂隙等。在顶煤破碎过程中，原有裂隙扩展与贯通将会起到重要作用，因此，煤体中的裂隙发育程度和分布密度对顶煤的破碎块度有很大影响。同时，煤体所反映出来的强度与受力状态有很大关系，不同受力状态的煤体表现出不同的强度特征。图 3-1 为不同围压下煤体的应力-应变全过程曲线。从图中可以看出，随着围压升高，煤体的强度增加。

3.1.1.2 采动应力场与约束条件

见图 3-2 所示，放顶煤开采的工作面前方应力场分布与单一煤层开采具有类似的规律，即工作面前方的支承压力（切向应力 σ_t）分为减压区（A）、增压区

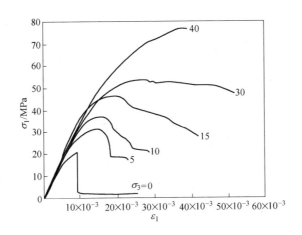

图 3-1　不同围压下煤体的强度曲线

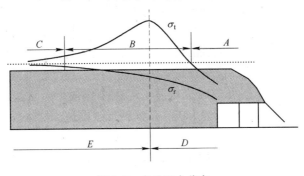

图 3-2　支承压力分布

（B）、稳压区（C）。若按岩体性质分，可将其分为弹性区（E）和塑性区（D）（也称极限平衡区）。同时径向应力（垂直工作面方向的应力 σ_r）自工作面处向远方逐渐升高，在稳压区使顶煤处于三向压应力状态，此时煤体不易破坏。随着距工作面距离减小，顶煤所受的主应力差（$\sigma_t - \sigma_r$）增大，即顶煤中的剪应力增大，当顶煤位于支承压力峰值区时，顶煤所受的主应力差达到最大值，由此时的两个主应力所绘制的莫尔圆与莫尔-库仑强度曲线相切，顶煤形成剪切破坏，见图 3-3，进入塑性区后，顶煤破裂，此时煤体的强度曲线为破坏顶煤的强度曲线，即为煤体的残余强度曲线，而由此时的 σ_t 与 σ_r 所绘制的莫尔圆与残余强度曲线始终处于相切状态，即顶煤处于极限平衡状态。σ_r 的变化规律实际上也反映了沿工作面推进方向对顶煤的约束条件，即随着工作面推进，顶煤的约束条件逐渐减弱，甚至消失，这就为顶煤的冒落提供了条件。

　　由岩石力学理论，岩石处于多向压应力状态下，其破坏的机理主要为剪切破坏，即破坏面上的剪应力大于该面的抗剪强度所致，并且破坏面与最大主应力方

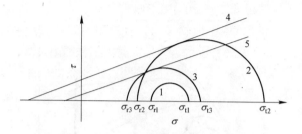

图 3-3 支承压力不同区域的顶煤莫尔圆

1—稳压区的莫尔圆；2—支承压力峰值点处的莫尔圆；3—塑性区的莫尔圆；

4—顶煤的峰值强度曲线；5—顶煤的残余强度曲线

向的夹角 α 为锐角 $\left(\alpha = 45° - \dfrac{\phi}{2}, \phi 为岩石的内摩擦角\right)$。当岩石处于单向压缩状态时，如果无侧向约束或侧向约束力很小时，岩石会产生侧向拉伸变形，当拉伸应变大于岩石的极限应变时，岩石将发生拉伸破坏，拉伸破坏面的方向平行于最大主应力方向。据此可以对顶煤的破坏机理给予定性解释：顶煤在支承压力峰值区主要是以剪切破坏为主，由于顶煤体中的采动应力场形成的剪应力大于顶煤抗剪强度所致。在支承压力峰值区以后随着靠近工作面，沿工作面方向的约束减弱，顶煤的破坏逐渐以拉伸破坏为主，工作面继续推进，顶煤失去侧向约束，在垮落顶板压力和顶煤自重作用下，顶煤将产生冒落，堆积在支架上方或掩护梁上，形成散体顶煤，散体顶煤的流动放出是一种散体的剪切滑移。

3.1.1.3 顶煤的变形与位移

顶煤的变形与位移量大小是放顶煤开采矿压观测的主要内容之一。因为顶煤累计位移量的大小往往反映了顶煤的破碎程度和块度大小。位移量大，说明顶煤破碎充分，破碎的块度小，具有很好的流动性，易于放出。反之亦然。

图 3-4 是典型的顶煤位移量观测曲线，其中横坐标 0 点为工作面煤壁位置，

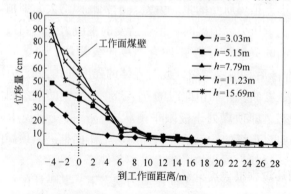

图 3-4 淮北朱仙庄煤矿 8415 面顶煤、顶板位移量与到煤壁距离的关系

h 为测点距煤层底板的距离。观测的煤层厚度平均为 9.1m，割煤高度 2.2m，煤层硬度系数 $f=0.3\sim0.5$，属于极软煤层，直接顶易冒落。观测结果表明，在工作面前方 15m 处顶煤开始发生移动，并且随着到工作面距离减小，累计位移量迅速增加，并且上位顶煤的累计位移明显大于下位顶煤的。一般情况下可采用负指数函数拟合顶煤的累计位移量 S 与距工作面距离 L 的关系，即：

$$S = ae^{-bL} \tag{3-1}$$

式中，a、b 为统计系数。

根据顶煤移动观测以及综合数值模拟计算结果，可以推测顶煤的位移场图，见图 3-5。

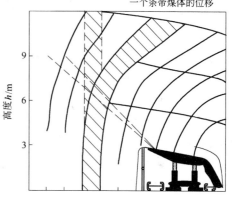

通过比较不同厚度、不同硬度系数煤层的实测结果，可以得到不同顶煤的移动特征：

（1）煤体的硬度系数不同，顶煤开始移动的位置不同。如同为厚度 $6\sim8m$ 的煤层，在 $h=6m$ 处，软煤层（$f\leqslant1$）、中硬煤层（$f=1\sim3$）、硬煤层（$f\geqslant3$）的顶煤始动点超前工作面的距离分别为 15m、10m、5m 左右。因此，煤层的硬度系数越低，煤层越软，顶煤开始移动得越早，顶煤始动点超前工作面的距离越大；煤的硬度系数越大，煤层越硬，顶煤开始移动的越晚，顶煤始动点超前工作面的距离越小。

图 3-5 顶煤位移场
h—距煤层底板的高度

（2）不同高度顶煤始动点的位置不同，无论是软煤、中硬煤或是硬煤，顶煤位置越高，其始动点超前工作面距离越远，累计的位移量越大。

（3）对于位置相同的顶煤而言，顶煤的硬度系数越小，累计位移量越大，顶煤破碎得越充分；顶煤的硬度系数越大，累计位移量越小，顶煤破碎程度越差。

（4）根据大同矿区的观测数据以及米村和邢台矿区顶煤移动实测数据对比，可以得出，在顶煤移动初期，主要以水平移动为主，随着工作面推进，垂直位移逐渐增大，在工作面支架上方垂直位移量超过水平位移量，具体位置根据煤层的硬度系数不同而变化，软煤在煤壁前方附近，而硬煤在煤壁后方 $0.5\sim1m$ 处。

3.1.2 顶煤的破坏过程描述与分区

顶煤的破坏是由于采动应力和约束条件等综合作用的结果，破坏的程度取决于应力条件、约束条件、煤体力学强度、煤体裂隙发育程度与分布情况等多种因素。但煤体破坏的实质是微裂隙的产生、原有裂隙与新产生微裂隙的扩展、贯通结果，裂隙产生与贯通将煤体切割成大小不等的破碎块体，从而满足顶煤冒落与放出的要求。

对于不同的煤层，内部裂隙的分布和发育情况有很大差异。由对煤体结构特征的分析可知，软煤和中硬煤的内部结构具有明显不同，软煤的内部结构不致密，而且含有大量微裂隙；中硬煤的内部结构致密，微裂隙较少，但裂隙的延展性较好，因此可以认为软煤层的变形、破碎是由众多微裂隙、不致密（强度低）的煤块共同完成的，所以，软煤层累计的位移量大，破碎的块度小且均匀。对于硬煤层而言，由于煤体致密、强度大，在采动应力场作用下，应力水平难以达到破坏致密煤块的程度，因此，硬煤的变形、移动、破碎主要由煤体内部的裂隙来完成，致使破碎的硬煤块体带有明显裂隙分割的迹象。

由大比例模拟试验及综放工作面顶板巷的实测结果，开采中硬煤层时顶煤的破坏状况如图 3-6 所示。由图可知，顶煤破裂后呈大小不同的块状体结构。顶煤的裂隙始于煤壁前方，一般可以认为其始于支承压力峰值区内，在支承压力作用下，顶煤发生剪切和拉伸破坏，出现裂隙或扩展煤体内的原有裂隙。随着工作面推进、顶板的回转下沉和约束条件的减弱，顶煤裂隙进一步发展，这些被裂隙和层理等弱面切割成块体的顶煤由于受到约束和挤压作用，仍处于塑性状态，可视为"似连续体"，随着工作面继续推进，当顶煤进入到支架上方后，将逐渐冒落，并堆积在支架掩护梁上形成散体。

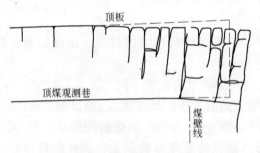

图 3-6　中硬煤裂隙发育过程实测结果示意图

随着工作面推进，在工作面支承压力作用下，以及在采空区一侧形成了顶煤移动空间，顶煤从原始状态逐渐转化为放煤口的散体状态。事实上顶煤从开始移动、破裂到冒落是一个连续的、渐进的破坏过程，随着工作面推进，这一过程也自然动态地向前推移。

为了研究顶煤的破坏过程，我国先后对数十个综放工作面的顶煤移动与破裂情况进行了现场观测。图 3-7 为在潞安王庄矿 4309 工作面顶板巷对顶煤的变形和破碎观测结果。在前方支承压力作用下，顶煤在工作面前方 8～10m 处开始张

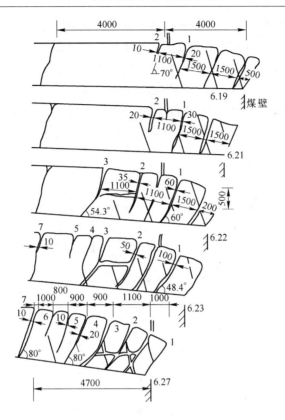

图 3-7 王庄矿 4309 工作面顶煤裂隙观测

裂，4m 处裂隙条数增多，且出现 x 型剪裂和沿层面的拉裂，随着工作面临近，裂隙宽度由 10mm 变为 100mm，裂隙倾角由 70°变为 50°，煤壁上方顶煤呈大块塌落。工作面前方顶煤的垂直位移达 384mm，水平位移达 643mm，约为垂直位移的 2 倍。

图 3-8 为阳泉荫营矿实测所得控顶范围内顶煤变形与裂隙分布情况。由图可

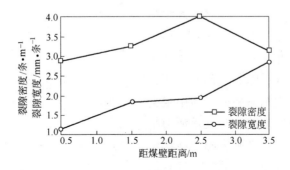

图 3-8 控顶范围内顶煤中的裂隙分布

见，自煤壁至采空区方向，裂隙密度逐渐增加，裂隙宽度逐渐加大，这是顶煤破坏发展的显著标志，从而造成顶煤破碎块度减小和破坏程度增加。

为了对顶煤破坏过程有一清晰认识，可将顶煤自原始状态至冒落这一连续渐进破坏过程进行人为划分。这一划分称为对顶煤的分区，即根据顶煤裂隙发育和破坏程度，沿工作面推进方向，将顶煤进行分区。虽然国内对于具体分区的划分和解释有所不同，但一般来说，可以划分为四个区，见图3-9所示。

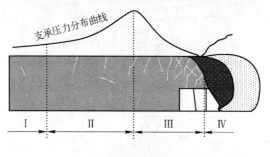

图 3-9　顶煤分区图

（1）原始状态区（Ⅰ）。顶煤进入支承压力区以前未受到采动应力场的影响，处于原岩应力状态和约束条件，其内部只包含一些成煤及构造等作用形成的裂隙和层理等地质弱面，此时顶煤的强度及裂隙分布特征等影响着顶煤的后续破裂方式与程度，强度低、裂隙发育的顶煤自然易于破裂。

（2）压缩变形区（Ⅱ）。顶煤应力-应变全过程曲线见图3-10。顶煤进入支承压力区以后，煤体处于加载阶段，煤体内原有裂隙和空隙受压闭合，体积收缩，顶煤开始发生小量的变形移动，如图3-10中的 OA 阶段。随着工作面继续推进，顶煤继续受压变形，但处于弹性阶段，符合广义虎克定律，如图3-10中的 AB 阶段，整体体积仍然处于收缩阶段，但收缩的速率逐渐减小，顶煤仍处于三向约束状态，顶煤的整体位移不大，此时顶煤的位移主要是由于煤体内原生裂隙的闭合和弹性变形所致产生的。

（3）拉剪破裂区（Ⅲ）。随着工作面继续推进，顶煤进入到支承压力峰值区，煤体发生拉伸和剪切破坏，煤体中原有裂隙逐渐张开，随着上部岩层压力作用和侧向约束逐渐减弱，煤体中也会产生一些纵向拉伸裂隙和与支承压力呈锐角的剪切裂隙，在原有裂隙和新产生裂隙的尖端会出现拉应力集中，导致这些裂隙扩展、张开和贯通，但顶煤的整

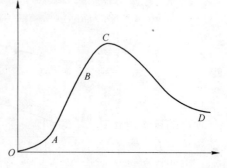

图 3-10　顶煤应力-应变全过程曲线

体强度没有失效，相当于图3-10中的 *BC* 段。随着各种裂隙的急剧产生扩展和贯通，进入到支承压力峰值后，顶煤整体强度失效，维持残余强度值，各种裂隙将煤体切割成碎裂的块体，各种裂隙就成了顶煤破碎时的煤块界面，由于底煤或支架的支托，顶煤的破裂块体中大部分仍处于原位的镶嵌状态，或以平动为主。煤体体积已经开始增大（即产生"扩容"），顶煤的整体位移迅速增加，整体位移增加的原因既有由于顶煤中宏观裂隙的扩张而产生的移动，也有由于煤体内微裂隙的产生和发育导致体积膨胀而产生的移动，如图3-10中的 *CD* 段。

（4）散体冒放区（Ⅳ）。在支架顶梁尾部，顶煤开始冒落，以散体形态堆积在支架掩护梁上。在顶煤位移观测中，由于顶煤的突然冒落或观测基点的失效或以散体形态的大位移流动，所以难以观测到此阶段的顶煤移动量。

3.1.3 顶煤的冒落形态

放顶煤开采中，在支承压力作用下，顶煤都要经历裂隙产生、扩展与最终冒落的过程，但是对于不同的煤体、不同的顶板条件等，顶煤的冒落形态有所差异，最终将影响到顶煤的流动与放出，影响顶煤的采出率。因此对于顶煤冒落形态的研究是非常有意义的，也是放顶煤开采中矿压研究的重要内容之一。事实上对于不同的煤层与顶板组合情况下，顶煤冒落的形态也是千差万别，但我们可以就几种典型情况加以描述，如硬煤层、中硬煤层和软煤层等的顶煤冒落形态。

3.1.3.1 顶煤冒落的常用模型

自从放顶煤开始在我国应用起，许多专家与现场技术人员就十分重视顶煤冒落形态的观测与研究，研究冒落形态对顶煤放出的影响，以及通过改善冒落形态来提高顶煤采出率的措施等。反映顶煤冒落形态优劣的主要常用指标就是顶煤的冒落角（α）大小，顶煤冒落形态见图3-11。

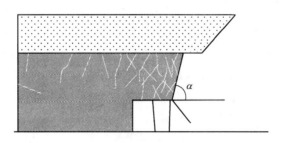

图3-11　顶煤冒落形态

顶煤的冒落角 α 越大，说明顶煤的破碎越充分，冒落的散体顶煤可全部堆积在掩护梁上方，易于顶煤的放出。当顶煤的冒落角 α 小时，甚至在采空区出现悬臂时，说明顶煤破碎不充分，将有一部分顶煤冒落在采空区，而且冒落的块度大，不利于顶煤放出与回收。

影响顶煤冒落角的因素有很多，其中最主要的是煤层硬度、裂隙发育程度与顶板条件，其中煤层硬度起主要作用，对于硬度相近的煤层，煤体内裂隙发育程度分布方式和顶板条件对冒落角 α 有重要影响。实测结果表明，对于坚硬煤层 （$f \geqslant 3$），通常冒落角 α 小于 60°；对于中硬煤层 （$f = 1 \sim 3$），冒落角 α 介于 60° ~ 80°；对于软煤层 （$f < 1$），冒落角 α 大于 90° （见图 3-9）；对于极软煤层 （$f \leqslant 0.5$），由于顶煤在达到支架上方以前已经表现出了散体流动状态，无法分辨软煤层顶煤的冒落边界，因此也不能简单地用冒落角 α 来反映软煤的冒落形态。事实上，冒落角 α 这一指标在反映煤层的硬度系数 $f \geqslant 1$ 的顶煤冒落形态时会更确切些，实践中也易于观测，对于软煤层而言，难以观测和对比。

3.1.3.2　影响顶煤冒放性的因素

顶煤的冒放性是指顶煤冒落与放出的难易程度，事实上，顶煤的冒放性包含两方面的含义，一是顶煤冒落的形态，二是放出特性，放出特性是与顶煤冒落的块度分布密切相关的。理论与实践均已证明，放顶煤开采成功的关键是顶煤能够高采出率地顺利放出，而顶煤的放出又是以顶煤的有效破碎和冒落为前提的，因此研究顶煤的冒放性是放顶煤开采研究的主要内容之一。

影响顶煤冒放性的因素很多，顶煤冒放性的优劣也是多种因素综合作用的结果，如煤层自身的强度、各种弱面 （裂隙、层理等） 的发育与分布情况、夹矸情况、开采深度、顶煤厚度、顶板岩性、工作面长度、支架的架型与开采工艺等。

A　煤体强度

煤体强度是影响顶煤冒放性的主要因素，习惯上常用普氏硬度系数 f 来表示煤的强度大小 $\left(f = \dfrac{R_c}{10}, R_c \text{ 为煤的单向抗压强度，MPa} \right)$。如前所示，硬度系数 f 越大，顶煤的冒落角 α 越小，而顶煤的冒落块度也与硬度系数 f 密切相关。软煤 （$f < 1$） 最易冒落，冒落块度小，一般块径在 0.2 ~ 0.3m 以下，可放性很好；中硬煤 （$f = 1 \sim 3$） 次之，冒落块径多为 0.3 ~ 0.6m，少数可达 1.0m，可放性较好；硬煤的冒放性最差，冒落块径 1.0m 左右，大于 1.0m 的很常见，而且支架后部常有悬空的顶煤；对于裂隙不发育的坚硬顶煤，由于冒落角小、冒落块度大、支架后方顶煤悬空等，生产中需要采用人工方法预弱化顶煤，以改善顶煤的冒放性，提高顶煤采出率。

B　煤体裂隙分布的影响

裂隙存在大大降低了煤体强度。众所周知，煤体强度不仅仅取决于煤块的强度，更主要是取决于煤体内裂隙分布及裂隙面的强度。因此煤体中发育的裂隙会大大降低煤体的整体强度。

裂隙分布影响着顶煤冒落块度。顶煤破裂过程中受煤体中的原生裂隙影响很大，如果顶煤中贯通裂隙多，而且发育，则这些贯通裂隙往往就会成为顶煤破裂的块度边界。对于非贯通裂隙而言，在支承压力作用下，裂隙尖端会产生应力集中、裂隙扩展，最终成为分割块体的边界。因此裂隙密度大，在支承压力的作用下顶煤破裂的块度小，易于冒放。

裂隙的方位和组数影响着顶煤的冒放性。一般来说，顶煤中含有平行于工作面的裂隙较含垂直工作面的裂隙更容易冒落，见图 3-12，图 a 较图 b 更容易冒落。如果顶煤中含有多组裂隙，则更有利于改善顶煤的冒放性，如图 c 所示。

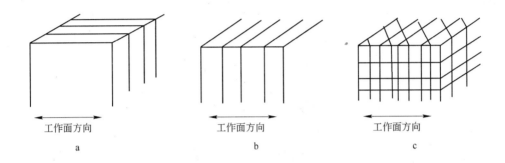

图 3-12 裂隙分布对顶煤冒放性的影响

C 顶煤厚度

放顶煤开采中，会有一个合理的顶煤厚度，在该厚度下适宜于顶煤的放出与提高顶煤采出率。过薄的顶煤相当于一种伪顶，随采随冒，很难控制它一定在支架尾部冒落，而且冒落也没有规律可循，由于这种伪顶的存在，还使支架不能有效控制直接顶，导致直接顶超前破碎，到放煤口时，与顶煤混在一起放出，不仅含矸率高，而且还容易丢失顶煤。过厚的顶煤在控顶区内，尤其是上部顶煤很难得到充分松动，未经松动的顶煤在冒放区也是难以冒落的，放煤过程中才开始松动和冒落的上部顶煤，往往滞后冒落，这种冒落会与直接顶的冒落混在一起，而使含矸率增大或冒落在采空区难以回收。因此放顶煤开采的最大煤层厚度和最小煤层厚度应当有一定限制，以取得高的顶煤采出率。但目前尚没有明确的界限，一般认为顶煤厚度介于 2 ~ 10m 之间会好一些，对于硬煤层，顶煤厚度不超过 6m，否则上部顶煤将冒落在采空区内。

D 夹矸影响

厚煤层中存在夹矸是较普遍的现象，但顶煤中夹矸的层数、厚度、位置和强度等是随机的。对于放顶煤开采，0.3m 以下的夹矸多呈片状和板状冒落，对于冒放性影响不大，但大于 0.4m 厚的夹矸多呈大块状冒落，冒落后有时堵塞放煤口，其上的顶煤无法放出。另外顶煤中的厚层夹矸会起到悬臂支托上部顶煤的作用，以至于上部顶煤无法及时冒落，见图 3-13。图 3-14 是顶煤中有无夹矸时工

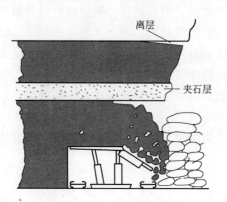

图 3-13　夹矸对顶煤冒落的影响

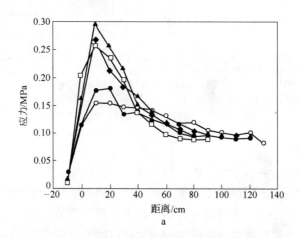

a

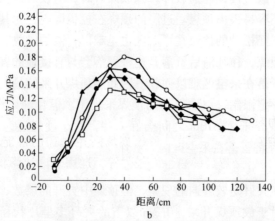

b

图 3-14　顶煤中有无夹矸时工作面前方支承压力的模拟试验结果

a—有夹矸；b—无夹矸

作面前方支承压力的模拟试验结果，可以看出，夹矸还会影响工作面前方支承压力的分布。

3.1.4 改善坚硬顶煤冒放性的人工辅助措施

对于裂隙不发育的坚硬厚煤层（$f \geq 3.5$），仅仅依靠矿山压力作用，难以使顶煤有效冒落和放出，即使顶煤冒落，由于冒落角小，甚至在支架后方出现悬臂，使大部分顶煤冒落到采空区。同时由于煤体坚硬、裂隙不发育，冒落的顶煤块度大，难以放出。因此对于该类厚煤层实施综放开采时，通常需采用人工辅助措施改善顶煤的冒落形态和冒落块度。其中大同煤矿集团公司与中国矿业大学（北京）合作在忻州窑矿实施了顶煤预爆破技术弱化顶煤收到了良好效果。其基本原理是在工作面顶煤沿顶板掘进两条平行顺槽的爆破施工巷道，在巷道内钻进平行于工作面方向的爆破深孔，孔底距顺槽内侧上方的垂直距离为 5 ~ 10m，见图 3-15。在工作面支承压力区前方利用深孔实施顶煤预爆破，在顶煤中形成爆破裂隙和扩展煤体中的原有裂隙，增大裂隙密度，从而在整体上改变了顶煤的性质，衰减了顶煤整体强度，然后在支承压力的二次作用下，对顶煤进行压裂和破碎，使之具有较好的冒落形态和冒落块度，易于顶煤放出。

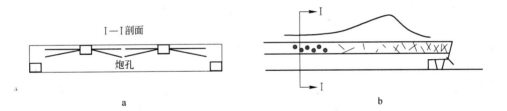

图 3-15　顶煤预爆破示意图
a—平行工作面剖面；b—垂直工作面剖面

在实施预爆破过程中，需要确定如下参数：

（1）合理的起爆点位置。将起爆点确定在工作面前方支承压力分布区以外，以便利用支承压力对顶煤的二次破碎作用。

（2）确定合理的炸药单耗量。根据现场所用炸药的性能（如猛度和爆力等）、松动爆破要求以及爆破的自由面条件等，运用理论计算和类比法等初步确定爆破单位体积顶煤所需的炸药量。

（3）布孔方式和孔网参数。根据巷道施工条件确定炸药能量利用率高和钻孔利用率高的布孔方式，同时要求爆破裂隙分布均匀，因此可采用三角形布孔方式。根据钻孔直径和合理的炸药单耗量，确定合理的孔网参数，如孔间距、排间距。

（4）一次最大起爆药量。一次起爆药量大，可简化爆破程序和作业时间，但过大的一次起爆药量引起的爆破震动和空气冲击波会对采场和巷道等构筑物产生危害。因此确定一次最大起爆药量时需要考虑空气冲击波对爆破巷道和采场上部的冲击损害，同时也要考虑工作面巷道和采场煤壁等所能承受的爆破震动极限。

根据上述原理确定相关参数后，在实际的工程中实施的具体参数为超前工作面 25m 起爆，炮孔直径为 60mm，药卷直径 50mm，封孔长度 6m，孔间距 2m，排间距 0.7m，炸药单耗量 0.34kg/m³。实施顶煤预爆破以前，顶煤的冒落角为 45°，冒落的加权平均块度为 1.26m，顶煤采出率为 49.9%，预爆破后顶煤的冒落角为 51°，加权平均块度为 0.36m，顶煤采出率为 75.7%。

3.1.5　顶煤破碎过程的损伤力学描述

损伤是指在外载和环境的作用下由于细观结构的缺陷（如微裂隙、微空洞等）引起的材料或结构的劣化过程。损伤力学是研究含损伤介质的材料性质以及在变形过程中损伤的演化发展直至破坏的力学过程。损伤并不是一种独立的物理性质，它是作为一种劣化因素被结合到弹性、塑性、黏弹性等介质中去的。因此，连续损伤介质就其物理性质而言，又可分为弹性损伤介质、弹塑性损伤介质、黏弹性损伤介质等物理模型。

煤体中含有大量的微裂隙和微孔洞，同时也含有许多宏观的可见裂隙。但这些裂隙与煤体尺寸相比，可以认为仍处于很小的规模，因此从整体上可以将煤体中的裂隙看做是一些微裂隙，从而引用损伤力学的原理描述顶煤的破坏过程。研究认为，煤体的宏观破坏是由其微观破坏累积和发展而成的，煤体中微裂隙的不断成核、扩展实质上就是损伤累计过程。对于不同的外力载荷条件，微裂隙扩展至不同的程度，随着外力增大，将导致微裂隙贯通，形成宏观裂隙。

在将损伤力学原理用于顶煤破碎过程描述中，认为顶煤中裂隙的产生、扩展、贯通、切割煤体就是一个整体上渐进劣化煤体强度、改变煤体性质的损伤过程。即使顶煤中有宏观裂隙出现，只要煤体整体宏观上保持力的联系，仍然可以将顶煤看作含有损伤的连续体，当顶煤冒落以后，顶煤已破碎成松散块体，呈散体介质状态，已不再属于损伤力学描述的范围。因此将顶煤自初始破坏开始至冒落这一过程看做是顶煤的宏观渐进损伤过程，随着距冒落面的逼近，顶煤的损伤程度逐渐严重。

在损伤力学中，通常定义损伤变量 D 来反映材料的损伤程度，按等效弹性模量法将损伤变量 D 定义如下：

$$D = 1 - \frac{E_D}{E} \tag{3-2}$$

式中　E_D——煤体损伤后的弹性模量；

　　　E——原始煤体的弹性模量。

等效弹性模量：

$$E_D = E(1 - D) \tag{3-3}$$

实际上原始顶煤中也包含有微缺陷以及各种宏观裂隙，因此严格上讲，原始顶煤也是损伤体。为了简化起见，可以不考虑原始顶煤的损伤，即只研究矿山压力作用下，顶煤自原始状态至冒落状态之间的损伤过程，认为原始顶煤的损伤变量 $D = 0$，而冒落时，顶煤的损伤变量 $D = 1$。顶煤从原始状态至冒落状态这一过程中，顶煤的损伤变量 D 从 0 到 1 之间变化。因此损伤变量 D 是一个过程量，距工作面不同的点有不同的取值，是距离的函数。同时由上式可以看出，顶煤的等效弹性模量 E_D 也是过程量，它在原始顶煤的弹性模量 E 到 0 之间变化。目前很难建立损伤变量的精确函数，因为对顶煤宏观损伤的量化处理尚有一定困难。但可以从顶煤位移观测曲线中得到启示。顶煤位移的实质是观测点相对于原始参照点的位置移动。位移量大小反映了观测点相对于参考点的分离程度，同时也反映了顶煤内部裂隙的发育程度和扩展、贯通、分离的程度。位移量大，说明顶煤中空隙所占的体积比例大，即顶煤中固体颗粒的有效接触面积减小，顶煤的损伤严重。据此将顶煤位移量与损伤程度联系了起来，在顶煤开始冒落时，如果其位移量为 S_c，此时的损伤变量 $D = 1$，顶煤开始移动时，距工作面的距离为 L_0，此时的损伤变量 $D = 0$，在顶煤移动的 L_0 与 $-L_c$ 之间损伤变量在 0 与 1 之间符合顶煤移动曲线 $S = f(L)$ 的关系变量。由此可将顶煤的损伤变量 D 取值量化。通过顶煤位移量的当量化，可以获得顶煤的损伤变量 D，见图 3-16。

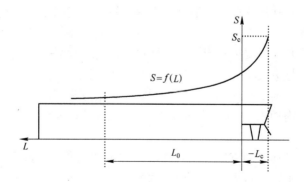

图 3-16　顶煤位移与损伤变量的关系

距工作面煤壁为 L 点的顶煤损伤变量为：

$$D(L) = \frac{S(L)}{S_c} \tag{3-4}$$

式中　　$S(L)$——距工作面为 L 点的顶煤位移量；

　　　　S_c——顶煤冒落前的位移量。

距工作面煤壁为 L 处顶煤的应力应变关系为：

$$\sigma = E[1 - D(L)]\varepsilon$$

若按弹性损伤介质考虑，上式可表示为考虑损伤的广义虎克定律。

$$\varepsilon_x = \frac{1}{E[1 - D_x(L)]}\left[\sigma_x - \frac{1}{\mu}(\sigma_y + \sigma_z)\right]$$

$$\varepsilon_y = \frac{1}{E[1 - D_y(L)]}\left[\sigma_y - \frac{1}{\mu}(\sigma_x + \sigma_z)\right] \tag{3-5}$$

$$\varepsilon_z = \frac{1}{E[1 - D_z(L)]}\left[\sigma_z - \frac{1}{\mu}(\sigma_y + \sigma_x)\right]$$

式中　　$D_x(L)$、$D_y(L)$、$D_z(L)$——距工作面煤壁为 L 处的 x、y、z 方向的损伤
　　　　　　　　　　　　　　　　　　变量；

　　　　E——初始弹性模量；

　　　　μ——泊松比；

　　　　σ_x、σ_y、σ_z——x、y、z 三个方向的正应力；

　　　　ε_x、ε_y、ε_z——x、y、z 三个方向的正应变。

对于各向异性煤体而言，在不同的坐标方向上 E、μ 均应有所差异，同时泊松比 μ 中也应考虑到损伤的影响，对于不同的点其值会有所变化。

3.2　煤体表面裂隙调查与统计分析

对于中硬以及软的厚煤层一般顶煤冒落的块度均能满足综放开采要求，对于较硬厚煤层，设计适应的支架，如增大放顶口尺寸，强有力的活动放煤机构等，也可以达到综放开采的要求。但对于坚硬煤层而言，顶煤冒落块度除取决于煤层硬度外，更主要是取决于煤层内裂隙密度和分布情况。对于坚硬煤层，在自然冒落破碎过程中，主要是扩展和贯通原有裂隙，即沿原有裂隙面破裂，因此通过调查和分析顶煤体内原有裂隙的分布情况，就可以初步预测顶煤自然冒落的块度分布。

裂隙调查的具体预测方法如下：在巷道煤壁或工作面煤壁运用罗盘和皮尺、钢卷尺等，按照国际岩石力学学会建议的方法调查煤体表面裂隙的分布情况。如裂隙间距、裂隙迹长、裂隙面的产状等。其中常用的方法为详细测线法，见图 3-17，量测与详细测线相交的裂隙面产状、间距 D_i、半迹长 L_i。

通过大量的量测以后，可以获得裂隙产状、迹长、间距的统计分布，并给出

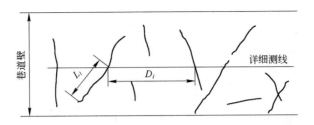

图 3-17 详细测线法现场调查裂隙分布

分布类型与分布参数。

下面以大同忻州窑煤矿 8914 工作面煤体裂隙调查和统计分析为例，说明裂隙统计分析的方法和步骤。

裂隙调查地点：

（1）顶层中间 1 巷 30～35 号点的两侧煤壁，累计长度 100m；

（2）顶层中间 2 巷 33～36 号点的两侧煤壁，累计长度 60m；

（3）工作面煤壁 16～32 号支架，长度 24m。

3.2.1 裂隙间距 D 的分布

（1）中间 1 巷煤壁。裂隙间距 D 是反映煤体中裂隙发育程度的重要指标。严格地讲，裂隙间距 D 是指同组，即平行裂隙的垂直距离。但由于实际量测中的条件所限及具体量测目的，本次量测中将间距 D 定义为与测线交割的相邻裂隙沿测线方向的间距。

在中间 1 巷 30～35 号点的两侧煤壁共量测裂隙 201 条，最大间距为 270cm，最小间距为 1cm。对间距 D 进行分类统计和理论拟合，结果见表 3-1。

表 3-1 中间 1 巷裂隙间距 D 的实际统计与理论拟合结果

间距 D/cm	≤30	≤60	≤90	≤120	≤150	≤180	≤210	≤240	≤270
条数/条	49	37	33	15	10	5	2	4	1
频率/%	31.41	23.72	21.15	9.62	6.41	3.21	1.28	2.56	0.64
理论概率/%	36.59	23.21	14.72	9.32	5.92	3.75	2.37	1.51	0.95
累计概率/%	36.59	59.8	74.52	83.84	89.76	93.51	95.88	100	100

裂隙间距 D 的均值：

$$\overline{D} = \frac{\sum_{i=1}^{n} D_i}{n} = 65.84 \text{cm}$$

裂隙间距 D 的标准差：

$$\sigma_D = \sqrt{\frac{1}{n-1} \sum_{i=1}^{n} (D_i - \overline{D})^2} = 53.48\text{cm}$$

裂隙间距 D 的变异系数:

$$\nu_D = \frac{\sigma_D}{\overline{D}} = \frac{53.48}{65.84} = 0.8123$$

实际的测线是沿巷道走向布置,因此,由裂隙间距可求出沿巷道走向的煤体裂隙密度:

$$\lambda = \frac{1}{\overline{D}} = \frac{1}{0.6584} = 1.5188 \text{ 条/m}$$

通过分布拟合及检验,裂隙间距 D 呈负指数分布。

概率密度函数:

$$f(D) = 0.01519\exp(-0.01519D)$$

累计概率密度函数:

$$F(D) = 1 - \exp(-0.01519D)$$

(2) 中间 2 巷煤壁。在中间 2 巷 33～36 号点的两侧煤壁共量测裂隙 91 条,最大间距为 257cm,最小间距为 6cm。对间距 D 进行分类统计和理论拟合,结果见表 3-2。

表 3-2　中间 2 巷裂隙间距 D 的实际统计与理论拟合结果

间距 D/cm	≤30	≤60	≤90	≤120	≤150	≤180	≤210	≤240	≤270
条数/条	25	29	19	7	6	2	0	2	1
频率/%	27.45	31.87	20.88	7.69	6.59	2.197	0	2.197	1.099
理论概率/%	38.08	23.58	14.61	9.044	5.597	3.466	2.142	1.328	0.823
累计概率/%	38.08	61.67	76.26	85.30	90.90	94.37	96.51	97.84	98.66

裂隙间距 D 的均值和标准差分别为:

$$\overline{D} = 62.5714\text{cm} \qquad \sigma_D = 49.615\text{cm}$$

变异系数:

$$\nu_D = \frac{\sigma_D}{\overline{D}} = \frac{49.615}{62.5714} = 0.7929$$

沿巷道走向方向的裂隙密度:

$$\lambda = \frac{1}{\overline{D}} = \frac{1}{0.625714} = 1.598 \text{ 条/m}$$

通过分布拟合及检验，裂隙间距 D 呈负指数分布。

概率密度函数：

$$f(D) = 0.01598\exp(-0.01598D)$$

累计概率密度函数：

$$F(D) = 1 - \exp(-0.01598D)$$

裂隙间距 D 的实际分布与理论分布见图 3-18。

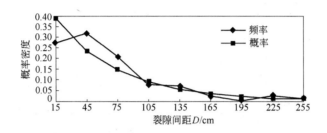

图 3-18　中间 2 巷裂隙间距概率密度函数图

（3）工作面煤壁。在工作面煤壁 16~32 号支架间共量测到裂隙 21 条，最大间距为 349cm，最小间距为 30cm. 间距 D 的分布见图 3-19。

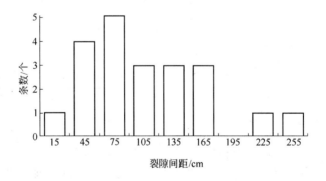

图 3-19　工作面煤壁裂隙间距分布直方图

裂隙间距 D 的均值和标准差分别为：

$$\overline{D} = 108.6\text{cm} \qquad \sigma_D = 61.333\text{cm}$$

变异系数：

$$\nu_D = \frac{\sigma_D}{\overline{D}} = \frac{61.333}{108.6} = 0.5648$$

沿工作面煤壁走向方向的裂隙密度：

$$\lambda = \frac{1}{D} = \frac{1}{1.086} = 0.9208 \ 条/m$$

（4）结果对比。现将在中间 1 巷、中间 2 巷和工作面煤壁上量测的裂隙间距列成表 3-3，进行比较。

表 3-3 各测点裂隙间距有关参数对比

测 点	均值/cm	标准差/cm	变异系数	密度/条·m⁻¹	分布函数
中间 1 巷	65.85	53.48	0.8523	1.5188	负指数
中间 2 巷	62.5714	49.615	0.7979	1.598	负指数
工作面	108.6	61.333	0.5649	0.9028	—

从上述结果可以看出：

（1）中间 1 巷煤壁的裂隙密度小于中间 2 巷煤壁的裂隙密度；

（2）中间巷煤壁的裂隙密度大于工作面煤壁的裂隙密度；

（3）中间巷煤壁的裂隙中包含有巷道开挖后的松动裂隙；

（4）煤体中的裂隙不发育、密度小，按照 Priest & Hudson（1976）给出的 RQD 指标计算公式，有各测点的 RQD 指标见表 3-4，从中可以看到煤体的完整性极好。

$$RQD = 100(1 + 0.1\lambda)\exp(-0.1\lambda) \tag{3-6}$$

表 3-4 各测点煤体的 RQD 指标近似计算值

测 点	中间 1 巷	中间 2 巷	工作面煤壁
RQD/%	98.1764	98.85	99.62

3.2.2 裂隙半迹长 L 的分布

裂隙半迹长 L 是指裂隙与测线交割点至裂隙上部端点的长度。对于延展性好的裂隙而言，裂隙很可能会延展至巷帮的上部煤体，这时量测的结果往往是出露半迹长。但在具体量测中，由于实际的裂隙长度较短，延展性差，因此量测到的都是真实半迹长。

中间 1 巷煤壁裂隙半迹长的统计量测结果列于表 3-5。

表 3-5 中间 1 巷裂隙半迹长 L 的实际统计与理论拟合结果

半迹长/L	≤20	≤40	≤60	≤80	≤100	≤120	≤140	≤160	≤180
条数/条	22	41	55	42	22	11	3	2	2
实际频率/%	11	20.5	27.5	21	11	5.5	1.5	1	1
理论概率/%	8.299	17.26	24.08	23.32	15.04	6.52	1.89	0.44	0
累计概率/%	11.51	28.77	52.79	76.11	91.15	97.67	99.56	1	1

实际统计曲线与理论拟合曲线如图 3-20 所示。

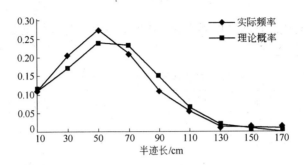

图 3-20 中间 1 巷裂隙半迹长统计与理论拟合曲线

裂隙半迹长的均值和标准差为：

$$\overline{L} = 57.826\mathrm{cm} \qquad \sigma_L = 31.38\mathrm{cm}$$

裂隙半迹长的变异系数：

$$\nu_L = \frac{\sigma_L}{\overline{L}} = \frac{31.38}{57.826} = 0.5427$$

裂隙半迹长的理论分布函数为正态分布函数：

$$f(L) = \frac{1}{31.38\sqrt{2\pi}}\exp\left[-\frac{1}{2}\left(\frac{L - 57.826}{31.38}\right)^2\right]$$

通过理论分析可以得出，测线测得的裂隙平均半迹长恰好等于平均全迹长的一半，具体推导过程略。因此裂隙全迹长的分布也服从正态分布。

中间 2 巷的裂隙半迹长也服从正态分布，其均值、标准差和变异系数分别为 76.9139cm、40.2116cm 和 0.5228。

裂隙半迹长的理论分布函数为正态分布函数：

$$f(L) = \frac{1}{40.2116\sqrt{2\pi}}\exp\left[-\frac{1}{2}\left(\frac{L - 76.9139}{40.2116}\right)^2\right]$$

工作面煤壁的裂隙半迹长的均值和标准差分别为 9.2273cm 和 0.3421cm。

现将在中间 1 巷、中间 2 巷和工作面煤壁上量测的裂隙半迹长列入表 3-6 进行比较。

表 3-6	各测点裂隙半迹长有关参数对比

测　点	均值/cm	标准差/cm	变异系数	分布函数
中间 1 巷	57. 826	31. 38	0. 5427	正　态
中间 2 巷	76. 9139	40. 2116	0. 5228	正　态
工作面	39. 2273	20. 3421	0. 5187	—

3.2.3　裂隙倾向的分布

裂隙倾向分布见图 3-21、图 3-22。图 3-23 是所有裂隙的极点等密图，它可以反映出裂隙的倾向、倾角和密度，从中得出的优势裂隙组见表 3-7。

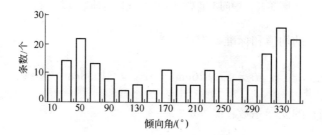

图 3-21　中间 1 巷煤壁裂隙倾向直方图

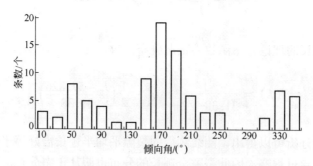

图 3-22　中间 2 巷煤壁裂隙倾向直方图

表 3-7　优势裂隙组的参数分布

节理组	第一组	第二组	第三组
倾向均值	N40°E	S10°E	N10°W
倾向分布	正　态	正　态	
倾角分布	指　数	指　数	指　数
间距分布	负指数	负指数	负指数
迹长分布	对数正态	对数正态	对数正态

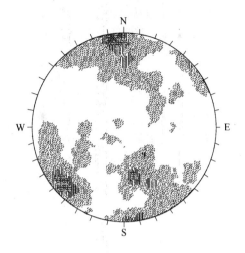

图 3-23 煤体表面裂隙极点分布

3.3 顶煤冒落的块度预测

对于煤体坚硬（单向抗压强度大于 30MPa）、裂隙不发育的煤层，应用综放开采技术的主要问题之一是顶煤难以冒落、破碎块度大、不易放出，因此研究顶煤破裂块度尤其重要。坚硬煤体的自然破裂与其他岩石一样，空间分布的裂隙面往往决定了煤体最终破裂的块体形状和尺寸，所以裂隙面的调查和分析以及基于裂隙面的空间分布建立三维多面块体的预测模型是研究煤体破裂块度的基础。

3.3.1 生成煤体内三维裂隙网络

调查到的裂隙只是煤体的表面裂隙，或是煤体内的裂隙面与巷道表面的交线，还无法反映煤体内裂隙的分布情况。如何通过表面裂隙推断岩体内裂隙的分布一直是岩石力学界关注的重要课题之一。20 世纪 60 至 80 年代，国际上先后有许多学者提出了几种典型模型，用来推断岩体内裂隙的分布情况，其中最常用也是比较简单的模型就是由 Beacher（1977 年）提出的泊松圆盘模型，常称为 Beacher 圆盘模型。该模型认为岩体的裂隙面是一些圆盘，在岩体表面观测到的裂隙就是这些圆盘与岩体表面的交线，见图 3-24 所示。

假设煤体内的裂隙面为一些空间分布的圆盘，每个裂隙圆盘可由中心坐标、直径和产状

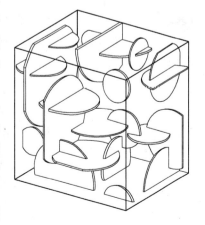

图 3-24 Beacher 圆盘裂隙模型

表示。在空间上圆盘中心位置坐标服从泊松过程，倾向和倾角按现场实测样本数据的拟合分布进行计算，优势裂隙组的圆盘直径按现场迹长实测数据的拟合分布导出，然后运用蒙特卡罗法进行随机模拟。

由于裂隙圆盘中心及迹长分布与裂隙倾向、倾角分布相对独立，因此在模拟迹长与圆盘中心位置时，不需要考虑倾向、倾角分布等的影响。统计结果表明，裂隙圆盘中心位置的分布在统计区域内为均匀分布，迹长服从对数正态分布。

设裂隙圆盘的直径为 D，迹长实际是裂隙圆盘上的一条弦，弦长 L 在距圆盘中心任意距离通过的概率均相等，弦长中心在区间 $[0, D]$ 为均匀分布，其概率密度为 $1/D$。因此，迹长 L 与裂隙直径的比值 (L/D) 分布函数为：

$$F(L/D) = 1 - \sqrt{1 - (L/D)^2} \tag{3-7}$$

概率密度函数：

$$f(L/D) = \mathrm{d}(F(L/D))/\mathrm{d}L = \frac{L/D}{\sqrt{1 - (L/D)^2}} \tag{3-8}$$

因此，随机变量 L/D 的数学期望为：

$$E(L/D) = \int_{-\infty}^{\infty} (L/D)f(L/D)\mathrm{d}(L/D) = \frac{\pi}{4} = 0.786 \tag{3-9}$$

即平均迹长是实际尺寸的 0.786 倍。因此，裂隙半径 $r = D/2 = (L/0.786)/2$。

对于占整个裂隙系统 10% 以下的零散裂隙，在进行块度预测时，不能忽略，运用蒙特卡罗法进行模拟时，把零散裂隙在各区间上的分布视为均匀分布。

实际工程中量测到的裂隙密度为线密度，在进行三维网络生成时，首先将其变换成体密度，即单位体积内含有的裂隙面个数。根据蒙特卡罗法生成的节理系统，运用空间几何知识，就可以得到裂隙系统与空间某平面的交线段，平面内的这些线段就组成了该平面内的裂隙网。

如对于节理系统中的某个半径为 r，中心坐标为 (x_0, y_0, z_0) 的空间节理面，其平面方程为：

$$Ax + By + Cz + H = 0 \tag{3-10}$$

$$(x - x_0)^2 + (y - y_0)^2 + (z - z_0)^2 \leqslant r^2 \tag{3-11}$$

式中　A, B, C——节理面的三个方向向量，

$$A = -\cos\alpha\sin\beta$$

$$B = \sin\alpha\sin\beta$$

$$C = \cos\beta$$

α, β——裂隙面的倾向和倾角；

H——裂隙面的参数，

$$H = -(Ax_0 + By_0 + Cz_0)$$

r——裂隙面的半径。

裂隙面与某个 $x = X_c$（X_c 为任意常数）剖面所交割的直线为：

$$\begin{cases} By + Cz = -Ax - H \\ x = X_c \end{cases} \quad (3\text{-}12)$$

裂隙圆盘中心（x_0，y_0，z_0）到直线的距离为：

$$d = \frac{|x_0 - X_c|}{\sqrt{B^2 + C^2}} \quad (3\text{-}13)$$

如果 d 小于 r，说明裂隙圆盘与剖面有交线段，再使用迭代法求得两边交点，即可得到该线段，依次即可得到该剖面上的裂隙网络图，见图 3-25。

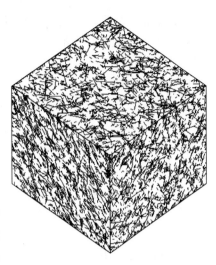

图 3-25　生成的三维顶煤裂隙网络图

3.3.2　块体尺寸计算

根据空间几何关系，写出每个裂隙面的空间解析方程。计算各裂隙面相交围成的多面块体尺寸，计算块体顶点坐标，求出每个块体的最大线性尺寸以及每个块体的体积，用多面块体的最大单向尺寸表示每个块体的块度，可以得出顶煤按原始裂隙破裂的块度分布。

3.3.2.1　三维块体模型

采用拓扑学中的单纯同调理论建立三维块体预测模型。由空间节理面可切割成各种多面体，但从现场大量观测统计和块度形成过程分析，顶煤破碎的块体均为凸多面体，如图 3-26 所示，它的欧拉示性数为：

$$V - E + F = 2$$

式中，V，E，F 分别为多面体的顶点数、边数及面数。如果两个面 X，Y 之间存在着把 X 映到 Y 上的一对一的连续开映射，那么就称这两个面是同胚的或拓扑学上的相等。可利用欧拉示性数判断多面体的形成。为了克服欧拉示性数线性理论分类的限制，现引入同调理论中的定向复形，链、闭链、边界及同调群的概念。

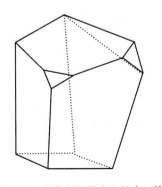

图 3-26　欧拉示性数为 2 的多面体

图 3-27 是一个常见的三维单纯形。设 K 是一个 n 维欧几里得空间 R^n 中的以单纯形为元素的有限集合,当 K 满足下列两个条件时,则把它叫做一个单纯复形。

(1) 如果单纯形 S 属于 K, 则 S 的任一面也属于 K。

(2) K 的任意两个单纯形规则地相处,即两个相邻单纯形的交是这两个单纯形的共同边。当把单纯复形 K 看成是一个拓扑空间的时候,就叫做一个多面体并记作 $|K|$。

图 3-28 中的复形包含 4 个三维单纯形,即 s_1:$(a_0a_1a_2a_5)$, s_2:$(a_0a_2a_3a_5)$, s_3:$(a_0a_3a_4a_5)$ 和 s_4:$(a_0a_4a_1a_5)$, 这 4 个单纯形组成一个四棱锥。现定义线与面的方向,比如对于一维单纯形 (a_1, a_2) 有两个方向:正与负;对于二维单纯形 (a_1, a_2, a_5) 也有两个方向,即顺时针与逆时针;而对于 n 维单纯形的方向做如下规定:

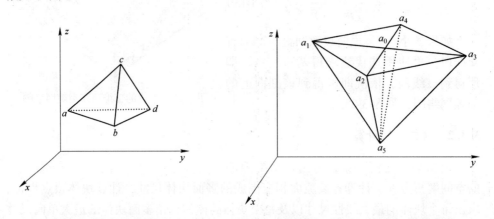

图 3-27　空间的单纯形　　　　　　图 3-28　有 4 个单纯形的复形

设 a_i:$(a_{i1}, a_{i2}, \cdots, a_{in})$, $i=0, 1, \cdots, n$ 是 n 维空间 R^n 中的 $n+1$ 个点,向量 $a_i - a_0$, $i=0, 1, \cdots, n$ 是线性无关的, 那么具有顶点 a_i, $i=0, 1, \cdots, n$ 的单纯形有两个方向:一个方向是 $(a_{i1}, a_{i2}, \cdots, a_{in})$ 的偶排列方向,另一个是奇排列。因此一个单纯形的两个方向可由下面行列式确定:

$$(-1)^n\Delta(a_0a_1\cdots a_n) > 0（正）\tag{3-14}$$

$$(-1)^n\Delta(a_0a_1\cdots a_n) < 0（负）\tag{3-15}$$

式中

$$\Delta(a_0a_1\cdots a_n) = \begin{vmatrix} a_{01} & a_{02} & \cdots & a_{0n} & 1 \\ a_{11} & a_{12} & \cdots & a_{1n} & 1 \\ \vdots & \vdots & \vdots & \vdots & \vdots \\ a_{n1} & a_{n2} & \cdots & a_{nn} & 1 \end{vmatrix}$$

当一个复形的每个单纯形都给定了具体方向之后，这个复形就叫做有向复形。把任意复形的所有顶点按某种顺序排列，以此给其定向，同时将复形中的单纯形按它们的顶点排列顺序加以定向。$C_p(K)$ 为由有向的 p 维单纯形（$p \leqslant 3$）产生的自由交换群。群中每个元素叫 K 中的一个 p 维链。一个 p 维链可以看作 $C = \sum\limits_{i=1}^{m} n_i s_i$ 的线性组合。这里 n_i 是 K 中所有有向 p 维单纯形 s_i 的总数，为整数。从代数角度讲，链 $\sum\limits_{i=1}^{m} n_i s_i$ 是 $C_p(K)$ 中的一组结构，一维链代表线，二维链代表多边形。

设 K 是一个有向复形，$C = \sum\limits_{i=1}^{m} n_i s_i$ 是 $C_p(K)$ 中的一个 p 维链，那么 $\sum\limits_{i=1}^{m} n_i s_i$ 的 $\partial \sum\limits_{i=1}^{m} n_i s_i$ 边界就是 $C_{p-1}(K)$ 中的一个（$p-1$）维链，由下述方程确定：

$$\partial \left(\sum_{i=1}^{m} n_i s_i \right) = \sum_{i=1}^{m} n_i \partial s_i$$

这里 ∂s_i 是由 s_i 的（$p-1$）维面组成的 K 中的一个（$p-1$）维链，每个 ∂s_i 都沿用了 s_i 的方向，即 $\partial s_i = \sum\limits_{i=0}^{p} (-1)^j (a_0 \cdots \hat{a}_j \cdots a_p)$，其中 $(a_0 \cdots \hat{a}_j \cdots a_p)$ 是消去 a_j 而得到的（p-1）维单纯形。因此算子 ∂ 表示了一个同胚：

$$\partial : C_p(k) \longrightarrow C_{p-1}(k)$$

一般情况下，（$p+1$）维链的边界为 p 维闭链 C_p，在一个复形中，当 $\partial C_p = 0$ 时的 p 维闭链的集合由 $Z_p(K)$ 表示。它是同胚算子 ∂ 的基，也是 $C_p(K)$ 的一个子集。

由图 7 中的四个三维单纯形，且每一个都定义为三维正向的，则通过关系式 $\partial \left(\sum\limits_{i=1}^{4} s_i \right) = \sum\limits_{i=1}^{4} \partial s_i$，有：

$$\partial \partial \left(\sum_{i=1}^{4} s_i \right) = 0$$

复合算子 $\partial \partial$ 为：

$$C_{p+1}(K) \xrightarrow{\partial} C_p(K) \xrightarrow{\partial} C_{p-1}(K)$$

现由 $B_p(K)$ 表示（$p+1$）维链边界的那些闭链的集，它正是同胚算子 ∂ 的象，也是 $C_p(K)$ 的一个子集。任何 p 维边界就是 p 维闭链，即对于任何 p 值，$B_p(K) \subset Z_p(K) \subset C_p(K)$。群 $H_p(K)$ 叫 K 的同群，由 $H_p(K) = Z_p(K) / B_p(K)$ 定义。在所用的几何跟踪方法中，最关心的是二维闭链，也就是二维边界，即 $B_2(K)$。这是因为 K 的二维边界就是圈定了一个多面体内域的二维闭链，特别用

于计算 $H_0(K)$。由一维链所连接的 K 中所有顶点处在同一等价类模 $B_0(K)$ 中，而 $H_0(K)$ 是只有一个生成元的有限生成的交换群，因此也是一个闭链。从而得到 $H_0(K) \approx Z$（整数群）。如果两个零维闭链 a 与 b 是同调的，那么可用一个一维闭链把它们连接起来，也就是用一个边把两个点 a 与 b 连接起来。这样，$H_0(K)$ 是自由交换群，它的维数是 $|K|$ 中元素的个数。

从几何学角度看，K 中的二维单纯形形成多面体封闭的表面。从拓扑学角度看，这些表面没有棱，$B_2(K)$ 的二维边界决定了一维边界的方向，并且每个一维边界属于两个二维边界。这些共用的一维边界在它们所属的两个面上的方向正好相反，相互抵消。因此由单纯形形成的表面的拓扑边界是空集，一个链的代数边界是链。

3.3.2.2　生成三维块体的运算步骤

（1）由前述的节理网络生成原理及观测和拟合的数据，生成节理面的倾向、倾角、圆盘半径、圆盘中心坐标和节理面方程；

（2）由各节理面方程求得一维交换，即所有多面体的棱，所有棱具有两个方向；

（3）从双向链出发，求得一维单向闭链，即所有组成多面体的闭合曲面的多边形；

（4）经过单纯同调运算，由单向闭链求得单向二维闭链，即所有多面体的闭曲面。

在计算程序的数据结构中，用空间坐标值和函数方程表示多面体的顶点和节理面，从而求出各多面体的最大线尺寸和多面体体积。计算多面体体积时，采用四面体剖分计算法，即从某顶点出发，先将多面体分割成数个不相交的四面体，然后，计算各四面体的体积。多面体的体积为不相交四面体的体积和。

3.3.2.3　块度分布计算结果

以前述的大同煤体裂隙统计为例进行实际计算，用煤体破裂成的多面块体的最大单向尺寸表示煤体的块度，运用上述三维块体模型，计算的顶煤按原始裂隙破裂的块度分布见图 3-29。不同尺寸块体发生的体积加权平均块度 L_V 为：

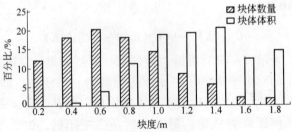

图 3-29　顶煤破裂的原始块度分布

$$L_V = \frac{\sum L_i V_i}{\sum V_i} = 1.26\text{m}$$

式中　L_i——第 i 个等级的块度尺寸；

　　　V_i——第 i 个等级块度的累计体积。

3.3.2.4　顶煤块度的工程控制

前面给出的块度分布为顶煤按原始裂隙面破裂的多面体块度，实际开采过程中，在矿山压力作用下，顶煤内会产生一定数量的新裂隙，但对于坚硬煤体而言，仍然会以原有裂隙的扩展为主，这也是坚硬煤体综放开采顶煤冒落块度大的主要原因之一。按顶煤沿原有裂隙开裂形成的破裂块体估计，并设支架放煤口最大张开尺寸为 1.2m（ZFS6000—22/35 型放顶煤支架），按放煤口尺寸利用系数为 0.9 计算，可放出块度为 1.08m 的顶煤，则顶煤回收率 ≤49.93%，这无法满足工作面煤炭回收率 ≥80% 的需要，为此必须对顶煤破裂块度进行控制。其中采用爆破方法，在支承压力区以外起爆，产生新的裂隙，然后通过矿山压力作用，使顶煤中的原有节理面与爆破产生的新裂隙面进一步扩展，相互贯通，形成满足要求的工程块度，是一种有效而实用的块度控制方法。

根据工作面具体条件：煤厚 7.06m，机采高度为 3.1m，工作面长 150m，在顶煤内沿顶板开掘两条巷道用作专用爆破施工巷道，在每条巷道内向两侧施水平和微下倾的双层钻孔，使用矿用 3 号铵梯炸药，在距工作面 25m 以外起爆。采用这一人工爆破工序后，通过筛分法获得的顶煤冒落块度分布见图 3-30。体积加权平均块度为 0.38m，顶煤回收率为 75.7%，工作面回收率为 84.67%，达到了该条件下综放开采的要求。

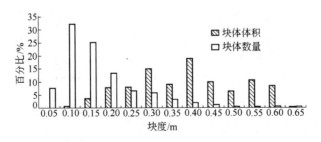

图 3-30　预爆破后的顶煤块度分布

对比图 3-29 与图 3-30，可以看出，实施顶煤预爆破后，产生了大量的爆破裂隙面，其与煤体中原有裂隙面相互贯通，有效地破碎了顶煤，减小了顶煤块度，尤其是对于大块煤体的破碎作用明显。

为了反映炸药能量对顶煤破碎的作用，定义顶煤破碎的能量利用系数 η 为：

$$\eta = \frac{L_V - L_B}{q} = \frac{1.26 - 0.38}{0.34} = 2.59$$

式中　L_V，L_B——原始破裂和采用预爆破工序后的顶煤破裂的体积加权平均块
　　　　　　　　度，m；

　　　　q——爆破单位体积顶煤的炸药消耗量，kg/m^3。

　　η 越大，说明炸药能量利用率越高，爆破工艺及参数设计与施工合理，η 可以作为反映爆破破碎作用的重要指标，它消除了原始煤体中裂隙发育程度的影响，因此可用于不同工程间爆破效果的衡量指标。

3.4　顶煤放出的椭球体理论

　　放顶煤开采过程中，顶煤从原始固体状态渐进过渡到放煤口的散体状态，包含和反映了多种因素的综合作用结果，如煤体强度、裂隙分布、矿山压力等。但目前一般采用两种方法描述，一种是在顶煤冒落前，无论顶煤内裂隙如何发育，仍然将其视为连续介质，运用连续介质力学加以研究，如弹性力学、塑性力学、岩石力学、损伤力学等。顶煤冒落以后，顶煤破裂成众多大小不等的块体，堆积在支架尾梁上方，此时将其视为松散介质，可运用散体介质力学和离散元等方法加以研究。顶煤放出规律研究是指研究冒落以后的散体顶煤在放煤过程中的流动与放出规律，研究对象仅限于冒落后的散体顶煤，此时无论冒落块度大小、块度分布如何，均将其视为可以流动的松散介质。

　　当支架放煤口打开以后，已破碎的散体顶煤靠自重和上覆已冒落岩层的作用下，自动流入放煤口，其运动形式具有松散介质特征。尽管某个具体的煤块可能发生随机滚动和滑移，但从宏观上来看，大量煤块集合体的流动仍然具有连续性。

3.4.1　散体顶煤常用的物理力学指标

　　（1）碎胀系数。碎胀系数，也称松散系数，是指顶煤冒落以后的体积与原始固体体积之比。

$$K_s = \frac{V_s}{V_0} \tag{3-16}$$

式中　K_s——碎胀系数，一般 $K_s = 1.25 \sim 1.35$；

　　　　V_s——冒落后散体顶煤的体积，m^3；

　　　　V_0——原始固体顶煤的体积，m^3。

　　（2）密度。密度是指单位容积冒落后散体顶煤的质量。

$$\rho_s = \frac{m_s}{V_s} \tag{3-17}$$

式中　ρ_s——冒落后散体顶煤的密度，kg/m^3；

　　　　m_s——散体顶煤的质量，kg；

　　　　V_s——散体顶煤的体积，m^3。

（3）块度。冒落顶煤的块度主要是指散体煤块的尺寸以及各种尺寸的煤块所占的百分比。生产过程中，根据放煤工艺和提高顶煤采出率的要求，冒落顶煤的块度不能过大，过大的煤块难以放出，往往易于在采空区相互挤卡，堵塞放煤口，而且易于成拱，支托上部顶煤难以放出。甚至个别大块，其尺寸大于放煤口尺寸，将放煤口堵死，严重地影响了后续顶煤的放出。

顶煤的块度尺寸，可以用线性尺寸、面积尺寸、或体积尺寸表示。但目前常用的仍然是线性尺寸表示。即以煤块的最大线性尺寸表示其块度，因为一旦煤块的任何方向尺寸大于放煤口的尺寸，都可能堵塞放煤口。

实际生产中，冒落的顶煤是由各种不同尺寸的煤块集合体组成，冒落顶煤的均匀程度对放煤有很大影响。煤块尺寸过大或过于粉碎，将导致放煤速度慢，或采出率降低和含矸率增加，这对放煤是极不利的，因此有必要对冒落顶煤的块度均匀性进行评价。一般采用块度变异系数评价煤块的均匀程度。顶煤块度变异系数的定义如下：

$$K_k = \frac{\xi}{D_p} \times 100\% = \frac{\sqrt{\frac{\Sigma(D_{di} - D_p)^2 \theta_i}{\Sigma \theta_i}}}{D_p} \times 100\% \qquad (3-18)$$

式中　K_k——块度变异系数，%；

　　　ξ——块度的标准差，mm；

　　　D_p——几种不同等级顶煤块度的平均直径，mm；

　　　D_{di}——某一级煤块的平均直径，mm；

　　　θ_i——某一级煤块的质量分数，%。

判断块度均匀程度的标准：

当块度的变异系数小于40%时，表示顶煤块度均匀；当块度的变异系数介于40%~60%时，表示顶煤块度中等均匀；当块度的变异系数大于60%时，表示顶煤块度不均匀。

煤块分布不均匀，则冒落顶煤的密度大，强度较高，不易于顶煤流动和放出，同时易于发生混矸现象。

（4）自然安息角。自然安息角是指散体顶煤自然稳定状态下的最大角度。如果测试方法和条件不同所得的结果亦有所差异。对于放顶煤开采而言，应采用塌落测定装置进行测定，见图3-31。将欲测的散体顶煤装入箱

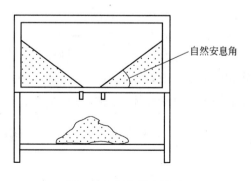
自然安息角

图 3-31　塌落测定装置

体内，扒平，然后缓慢打开底部闸门，散体顶煤自然流出，残留于箱体内的散体顶煤形成稳定坡面，该坡面与水平面的夹角就是自然安息角。

自然安息角与散体顶煤的块度组成、温度、湿度等有很大关系，同时它对于研究顶煤的放出有重要意义。

3.4.2 顶煤放出理论

顶煤放出过程遵循什么规律进行运动，如何利用其运动规律，尽可能多地放出冒落的顶煤是放顶煤研究的重要问题之一。自从放顶煤技术在我国应用的那时起，人们就非常重视顶煤放出规律的研究，而且目前普遍采用的就是金属矿崩落采矿法中的放矿椭球体理论，即放矿过程中，如果将放出矿石恢复原位，则放出体形状为一近似的截头"椭球体"。

3.4.2.1 单口放煤时煤岩移动规律

顶煤在放出阶段已经完全破碎成散体，并认为散体顶煤的黏聚力 $C = 0$，即理想松散介质。

如图 3-32 所示，从漏孔放出煤量为 Q 时，煤体 Q 在冒落顶煤中原来占有的形体称为放出体。当无边界条件限制的情况下，根据实验得出，放出体为一近似椭球体，故称为放出椭球体（Q_f）。在矿岩堆中产生移动（松动）的部分称为松动体，它的形状也是一近似椭球体，故称之为松动椭球体（Q_s）。在松动范围内各水平层成漏斗状凹下，称之为放出漏斗。设放出体高度为 H_f，大于 H_f 的水平层上放出漏斗称为移动漏斗；等于 H_f 水平层上放出漏斗称为降落漏斗；小于 H_f 水平层上放出漏斗称为破裂漏斗。

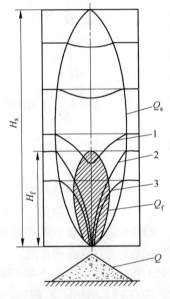

图 3-32 单口放煤时的煤岩移动规律
1—移动漏斗；2—降落漏斗；3—破裂漏斗；
Q_f—放出椭球体；Q_s—松动椭球体；
H_s—松动椭球体高度；H_f—放出
椭球体高度；Q—放出量

放出体具有如下三个基本性质：

（1）放出体形状为一近似椭球体，在体积相同的条件下，可将截头放出椭球体进一步简化为完全椭球体，忽略放煤口的尺寸影响，其计算式为：

$$Q_f = \frac{\pi}{6} H_f^3 (1 - \varepsilon^2) \tag{3-19}$$

式中　H_f——放出体高度，m；

　　　ε——放出椭球体偏心率，$0 \leq \varepsilon \leq 1$。

ε 值根据实验求得，它取决于散体顶煤的松散性质与放出条件。松散性好的 ε 值小，反之 ε 值大。放出条件指放出体高度与放煤口长边一半的比值 $(H_f/(2r))$，该比值小时，ε 值小，反之 ε 值大；当 $H_f/(2r)$ 比值增大到一定数值之后 ε 值趋于常值，接近于 1。

计算式中的 $(1-\varepsilon^2)$ 也可以写成指数型的回归方程式

$$1 - \varepsilon^2 = KH_f^{-n} \quad 或 \quad \varepsilon = \sqrt{1 - KH_f^{-n}} \tag{3-20}$$

式中，K，n 为实验常数。

据此得放出椭球体积计算式：

$$Q = \frac{\pi}{6}KH_f^{3-n} \tag{3-21}$$

（2）放出椭球体在被放出过程中，其表面仍保持近似椭球状，称此为移动椭球体。移动椭球体之间存在过渡关系，移动体 Q_0 表面颗粒点，随着放出散体下移到 Q_1 表面，再继续下移到移动体 Q_2 表面上，也就是说移动椭球体随着放出煤体最后移动椭球表面颗粒点同时被放出。

（3）移动椭球体表面上各颗粒点的高度相关系数 (x/H) 在移动椭球体的移动过程中保持不变，如图 3-33 所示。

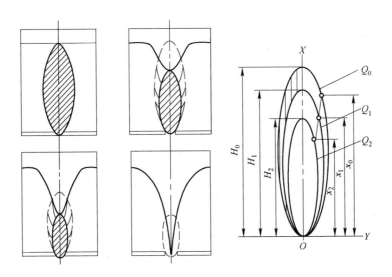

图 3-33 放出体的基本性质

$$高度相关系数 = \frac{x_0}{H_0} = \frac{x_1}{H_1} = \frac{x_2}{H_2} = \cdots\cdots$$

根据放出体三条件基本性质推导出放出漏斗曲面方程

$$Y^2 + Z^2 = K \frac{\sqrt[3-n]{\dfrac{\eta H_f^{3-n}}{\eta x_0^{3-n} - x^{3-n}} - 1}}{\left[\dfrac{\eta H_f^{3-n}}{\eta x_0^{3-n} - x^{3-n}}\right]^{\frac{n}{3-n}}} x^{2-n} \quad (3-22)$$

其中 η 为二次松散系数，其他符号意义同前。

当以 $x_0 > H_f$ 代入时，该式是移动漏斗的表达式；当以 $x_0 = H_f$ 代入时，该式是降落漏斗的表达式；当以 $x_0 < H_f$ 代入时，该式是破裂漏斗的表达式。用该式可以求算放出漏斗半径、凹进深度和体积等。

顶煤放出过程中岩石混入情况，取决于煤岩接触面条件。如图 3-34 所示，煤岩接触面为一水平面。当放出体高度小于散体顶煤高度时，放出的顶煤为纯煤，最大纯煤量等于顶煤高度的放出体体积。放出体高度大于顶煤高度时，岩石开始混入，混入岩石量等于进入岩石

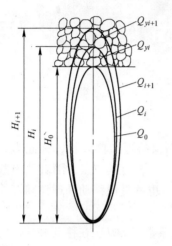

图 3-34 单口放出时岩石混入过程

中的椭球冠体积（Q_y）。

椭球冠体积与整个放出体体积的比率（%），等于体积岩石混入率。若继续放出，使放出体由 Q_i 增大到 Q_{i+1} 时，此段时间放出量为 $Q_{i+1} - Q_i$，设此量等于一个时段放出的煤量，其中岩石量为 $Q_{yi+1} - Q_{yi}$，岩石所占的比率为 $(Q_{yi+1} - Q_{yi})/(Q_{i+1} - Q_i)$，称为时段体积岩石混入率。

若当煤层高度足够大时，可取 ε 值为常值，此时体积岩石混入率

$$y = \frac{Q_{yi}}{Q_i} = \left(1 + \frac{2}{K} - \frac{3}{K^{\frac{2}{3}}}\right) \times 100\% \quad (3-23)$$

式中，$K = Q_i/Q_0$，Q_0 为高度等于散体顶煤高度 H_0 的放出体体积。

当侧面再有岩石接触面时，也是用类似方法求算岩石混入量。

3.4.2.2 多口放煤时煤岩移动规律

多口放煤理论研究的基本问题。如图 3-35 所示，首先从 No. 1 口放出煤量 Q_1 后，煤岩接触面形成漏斗状凹进 L_1，再从相邻

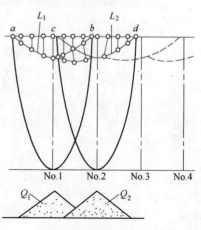

图 3-35 临近口放煤时的煤岩移动规律

No. 2 口放出煤量 Q_2。假设 No. 1 口未放出时 No. 2 口上方也形成漏斗状凹进 L_2，可是实际上 No. 2 口是在 No. 1 口放煤完毕并形成移动漏斗 L_1 后放出的，所以煤岩界面 cb 部分的移动产生叠加，使两口间一段的煤岩界面平缓下降。

多口放煤时煤岩移动界面如图 3-36，依此类推，放煤初期煤岩界面平缓下移，下移到某一高度（H_g）后，开始出现凹凸不平。随着煤岩界面下降，凹凸不平现象愈来愈明显。当煤岩界面到达放煤口水平时，在放煤口间形成脊部残留，称为脊部煤损，此时脊部残留高度为岩石开始混入高度（H_p）。接着再放出顶煤，就会开始混入岩石。

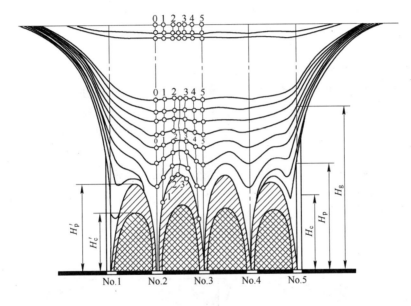

图 3-36　多口放煤时煤岩移动界面

从图 3-36 中可以看出，放煤口的间距越大，脊部煤损越多。目前广泛使用的低位放顶煤综采支架中，沿工作面方向支架的放煤口已经连在一起，形成了一道连续的放煤槽，因此沿工作方向已经不再有由于放煤口不连续而产生的脊背煤损。但由于各支架放煤顺序的差异和放煤过程中相邻支架和采空区矸石窜入等，必然也会产生一些顶煤损失。

3.4.2.3　有边界约束条件下的放煤规律

在放顶煤工作面内，顶煤的冒落壁、支架架型、顶煤高度等必然影响着顶煤放出量，如图 3-37 所示。无论对于什么样条件的煤层，边界约束条件对放煤的影响是不可避免的。

A　顶煤冒落角 α 对放出体形态的影响

散体放煤试验表明：

当 $\alpha > 90°$ 时，顶煤冒落面对放出体
基本没有影响，每一次放出的煤体原先
所在的空间都是一个完整的椭球体，其
放出规律与单口无边界约束放煤规律
相同。

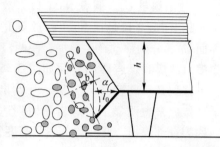

图 3-37　散体顶煤放出的剖面图
h—顶煤高度；l_0—支架掩护梁与尾梁放
煤时的水平投影长度；α—顶煤冒落角

当 $\alpha = 90°$ 时，放出体会受到顶煤冒
落面的影响，但在放煤起始阶段放出体
形态不受顶煤冒落面的影响，仍为一个
完整的椭球体，这是由于此时放出体短
半轴 b 小于煤壁到放煤口的距离（l_0），
即 $b < l_0$，放出体在发育过程中没有涉及
到稳定煤壁。若继续放煤，放出体高度增大，b 随之增大，当 $b > l_0$ 时，则放出
体不再是一个完整椭球体，并且放出体轴线与铅垂线间存在一个偏角 θ，此角
称为放出椭球轴偏角。由于椭球体发育不完整，纯煤最大放出量减少，相应的
煤岩分界线发育不对称。但一般而言，$b < l_0$，所以此时冒落煤壁对放出体没有
影响。

当 $\alpha < 90°$，特别是放煤口距顶煤冒落面较远的情况下，随着放出体高度增
加，当顶煤厚度 $h > l_0 \tan\alpha$ 时，放出体由最初的完整形态变为半椭球体形态，轴
偏角在逐渐增大。煤岩分界线发育过程也是不对称的，M 点以上煤岩分界线是平
行煤壁的。不同顶煤冒落角对放出体的影响见图 3-38。

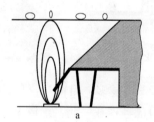 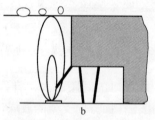 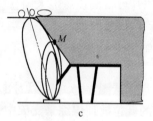

图 3-38　顶煤冒落角对放出体的影响
a—$\alpha > 90°$；b—$\alpha = 90°$；c—$\alpha < 90°$

图 3-39 是室内关于放出体纯煤煤量与顶煤冒落角的试验关系，结果表明，
当 $\alpha < 110°$ 时，随 α 增大，则纯煤放出量按指数函数规律递增，α 过小时，在采
空区处冒落顶煤堆积的角度若小于散体顶煤的自然安息角，散体顶煤处于自然稳
定状态，不会流动，则无法放出。

当 $\alpha > 110°$ 时，顶煤的冒落角 α 对顶煤的放出影响较小。

一般而言，大的顶煤冒落角，反映了煤层强度低，裂隙发育，因此也往往会

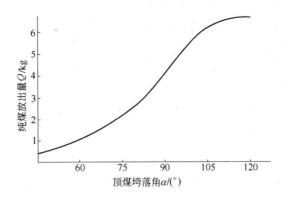

图 3-39　纯煤放出量与冒落角 α 的关系

带来工作面端面维护困难，易漏冒等问题。

B　支架掩护梁与尾梁的水平投影长度 l_0 对放煤效果的影响

试验结果表明，随着掩护梁与尾梁的水平投影长度 l_0 的增加，纯煤放出量呈线性增加，也可逐步减小顶煤冒落角 α 的影响。但是过大的 l_0 势必造成掩护梁和尾梁上方承托的散体顶煤与垮落的岩石质量增加，支架承受的载荷增大。一般说来，软煤层时，顶煤的冒落角大，甚至大于 90°，此时可选用较小的 l_0 型支架；硬煤层时，顶煤的冒落角较小，可考虑选用较大的 l_0 型支架。

C　顶煤最大放出高度确定

对于软煤层而言，由于顶煤的冒落角大，冒落块度小，易于流动和放出，因此其可行的顶煤最大厚度要大一些。但对于顶煤冒落角小于 90° 的中硬煤以及硬的厚煤层情况，放出椭球体的中心轴要发生偏转，且偏转角 θ 存在一个最大值 θ_{max}，见图 3-40。

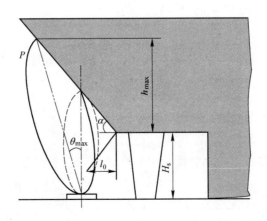

图 3-40　最大顶煤高度确定示意图

所能放出的顶煤中最高点为 P，所以 P 点以上的顶煤无法放出，据此可以求出最大顶煤放出高度 h_{max}。有关专家给出了 h_{max} 计算式：

$$h'_{max} = \frac{l_0 \tan\alpha}{\left[\dfrac{\theta_{max}}{\alpha}\right]^{\frac{1}{b}}} \tag{3-24}$$

试验中没有考虑到支架高度范围内的顶煤堆积，如果考虑到支架高度范围内顶煤的堆积以及冒落顶煤的松散系数 K_p，则：

$$h_{max} = (h'_{max} + H_s)/K_p \tag{3-25}$$

其中，$a = 0.52$，$b = -1.52$，为试验常数。

实际上，确定最大放出体高度还应考虑到上位的顶煤会冒落到放出体以外的采空区中，因此也同样无法回收，α 越小，冒落到放出体外的顶煤越多。

3.5　顶煤放出的散体介质流理论

散体介质流理论是于 2001 年首次提出来的，后来分别在煤炭学报 2002 年第 4 期、2005 年第 3 期上发表了相关文章。该理论是基于低位放顶煤开采大量的实验基础上提出来的，它充分考虑了放煤过程中支架尾梁的影响，由于支架倾斜尾梁的存在，放煤时顶煤的重力场与运动场不一致，这与漏斗放矿的重力场与运动场一致是有本质区别的；另外，放煤时是在完成一个放煤循环后，支架要前移，在移架过程中，顶煤会向下运动，下一个放煤循环是在顶煤向下移动后进行的，这和固定的漏斗放矿不同。基于上述两点的根本差异，进行了模拟现场的放煤实验，提出了顶煤放出的散体介质流理论。该理论实质是在由散体顶煤与散体顶板组成的复合散体介质中，支架放煤口成为介质流动和释放介质颗粒间作用力的自由边界，支架上部和后部的散体会以阻力最小的路径逐渐向放煤口移动，散体介质内形成了类似于牵引流动的运动场，见图 3-41。该理论是以顶煤流动放出的最终形态作为估计放出煤量，具有直观的特点。

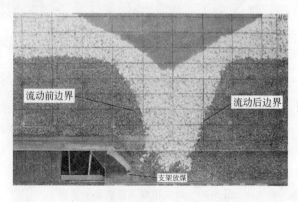

图 3-41　散体介质流理论模型

3.5.1 散体介质流理论的理论研究

3.5.1.1 顶煤放出过程描述

顶煤放出的实质是分成两个阶段,即初始放煤阶段和正常放煤阶段,由于放煤过程的差异,这两个阶段有很大区别。

A 初始放煤阶段

首次进行放煤时,支架固定不动,放煤口固定,打开放煤口后,散体顶煤自然流动放出,放煤停止时,形成的放煤漏斗,被顶板冒落的散体矸石充填,放煤漏斗的前后边界除在放煤口附近发生偏转外,呈对称状,见图3-42。放煤漏斗所容纳的煤量就是放出煤量,可由放煤漏斗的容积来计算。初始放煤阶段很短暂,随着支架的前移和第二个循环放煤而结束,并逐渐过渡到正常放煤阶段。

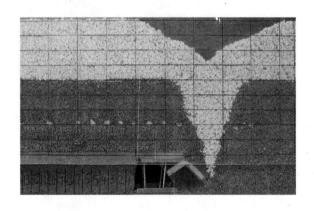

图 3-42 初始放煤阶段的放煤边界线

B 正常放煤阶段

正常放煤阶段是工作面放煤的主体,占工作面放煤的98%以上。这一阶段放煤与金属矿的放矿过程有着本质差异。该阶段放煤实质上是由移架和放煤两个过程完成的。

移架过程。初始放煤停止后,前移支架,支架上方的顶煤在移架过程中,向下移动,填补支架原有的部分空间,这就改变了上一个循环放煤停止时的煤矸边界线形状,此次放煤是在该煤矸边界线下进行的,该边界线称为放煤起始边界线,见图3-43。

放煤过程。支架前移后,散体顶煤形成起始放煤边界线,在此基础上打开放煤口,顶煤自然流出,进行放煤,待放煤停止时,形成了放煤终止边界线,见图3-44。

3.5.1.2 放出煤量计算

由图3-44可以看出,放出煤量等于放煤起始边界线、放煤终止边界线和煤

图 3-43　移架后的放煤起始边界线

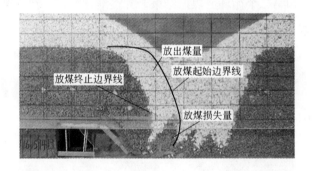

图 3-44　放煤终止时的状态

层底板所围成的面积减去在采空区的残留煤量。不同放煤步距时的放煤起始边界线和放煤终止边界线见图 3-45，连续推进放煤时的边界线变化见图 3-46。

　　放出煤量可由分块面积积分确定，见图 3-47，放出煤量 Q 为：

$$Q = \int_{y_N}^{y_K} F_1(y)\,\mathrm{d}y - \int_{y_N}^{y_K} F_2(y)\,\mathrm{d}y - \left(\int_{y_N}^{y_M} F_1(y)\,\mathrm{d}y - \int_{y_N}^{y_M} F_3(y)\,\mathrm{d}y \right) \quad (3\text{-}26)$$

　　根据试验情况，选择采放比为 1∶2、两刀一放的放煤步距试验结果与理论预测放出煤量结果进行对比，共进行了 4 个放煤循环，理论计算的放出煤量为 25782g，实际试验的四次放煤的放出煤量为 24970g，相对误差为：

$$\varepsilon = \frac{25782 - 24869}{24869} \times 100\% = 3.67\%$$

　　理论计算出的煤量要比实际的煤量要高，这是因为假设为平面问题，实际上放煤时在厚度方向上也会有矸石进入进而影响放出煤量。由上面计算结果可以看出，理论计算的结果与实际放出的误差较小，可以接受，证明了该理论预测放出煤量的正确性、实用性。

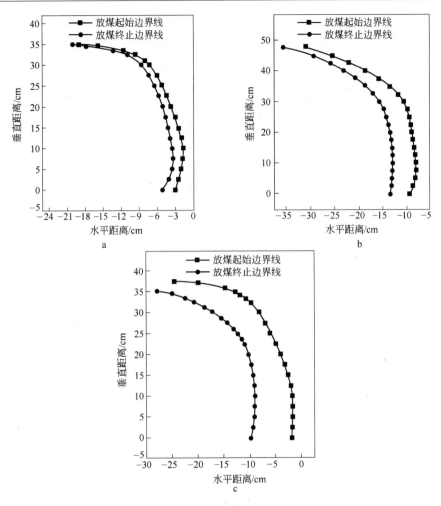

图 3-45　不同放煤步距时的煤矸边界线

a——一刀一放；b—两刀一放；c—三刀一放

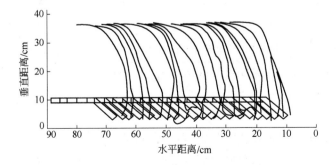

图 3-46　两刀一放时的连续放煤煤岩边界线变化

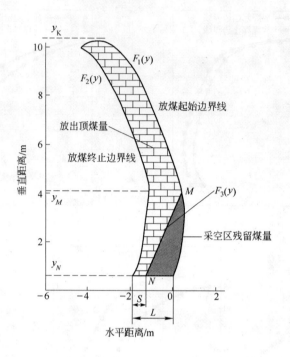

图 3-47 放出煤量的理论计算

S—放煤口水平投影长度；L—放煤步距

3.5.2 散体介质流理论的试验研究

针对不同采放比、不同放煤步距、不同煤矸粒度比的情况，进行试验，获得了有重要意义的结果。

3.5.2.1 不同采放比对顶煤放出的影响

煤层厚度分别5m、7.5m、10m，即采放比分别为1:1、1:2、1:3。煤矸粒度之比固定为1:2。采放方式为两刀一放。试验收集的主要数据是每刀放出煤量和混入矸石量，同时用照片记录整个放煤过程。试验结果见表3-8、图3-48。

表 3-8 不同煤层厚度（采放比）的试验结果   （%）

指　标	采放比		
	1:1	1:2	1:3
顶煤回收率	73.49	88.04	89.18
顶煤混矸率	13.7	6.81	8.22
工作面回收率	85.54	92.03	91.89
工作面混矸率	6.92	4.46	6.12

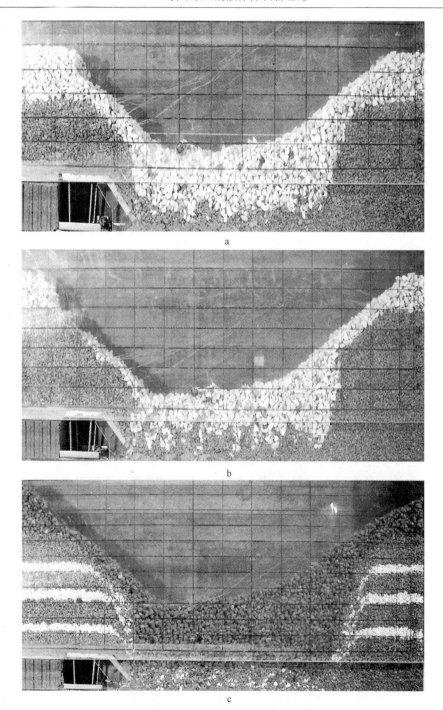

图 3-48 两刀一放不同采放比的残煤形态
a—采放比 1∶1；b—采放比 1∶2；c—采放比 1∶3

可以看出，采放比介于1∶2 ~ 1∶3（顶煤层厚度为5 ~ 8m）之间，具有较高的顶煤回收率和较低的含矸率，是合理的放顶煤开采的煤层厚度。

3.5.2.2 不同煤矸粒度之比对顶煤放出的影响

采放比为1∶2，工艺方式为二刀一放，煤矸粒度之比考虑1∶1，1∶2，1∶3三种情况。试验结果见表3-9、图3-49，随着煤矸粒度之比的增大，顶煤混矸率会降低，回收率略有提高。

表 3-9   不同煤矸粒度比的顶煤放出试验结果 （%）

煤矸粒度比 指　标	1∶1	1∶2	1∶3
顶煤回收率	76.86	79.72	80.86
顶煤混矸率	15.53	11.09	10.75
工作面回收率	84.57	86.48	87.24
工作面混矸率	9.84	7.03	6.81

3.5.2.3 不同放煤步距对顶煤放出的影响

试验采放比为1∶2时，不同放煤步距（一刀一放（0.6m）、两刀一放（1.2m）、三刀一放（1.8m））对顶煤放出的影响。试验结果见表3-10、图3-50，放煤步距为两刀一放（1.2m）时具有高的放出率和较低的含矸率，三刀一放的含矸率最低，但顶煤回收率也最低，因此合理的放煤步距为两刀一放。

表 3-10   不同放煤步距的顶煤回收率 （%）

指　标 放煤步距	顶煤回收率	顶煤含矸率
一刀一放	79.15	12.46
两刀一放	83.57	9.58
三刀一放	74.93	6.02

试验结果表明，采放比、煤矸粒度比、放煤步距等对顶煤放出率和含矸率均有影响，其中放煤步距的影响最大。

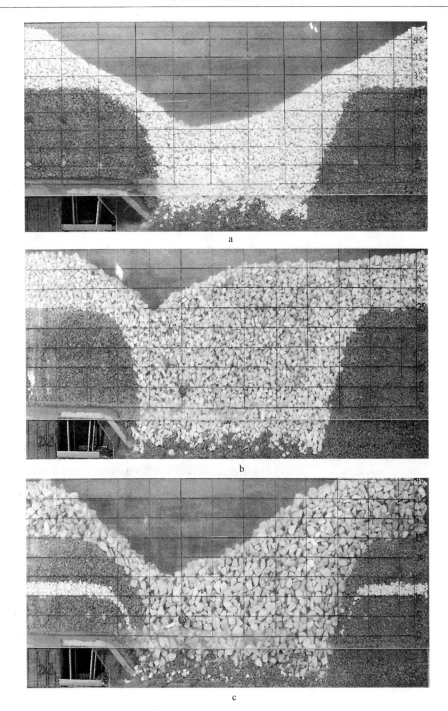

图 3-49　不同煤矸粒度放煤的残煤形态

a—煤矸粒度比 1∶1；b—煤矸粒度比 1∶2；c—煤矸粒度比 1∶3

图 3-50　不同放煤步距时的残煤形态

a——一刀一放；b—二刀一放；c—三刀一放

3.5.3　放煤过程的数值模拟

3.5.3.1　顶煤移动的位移场与速度场计算

运用 FLAC 数值软件，按连续介质模型模拟顶煤在重力场作用下的位移场和速度场，见图 3-51 ~ 图 3-53。从图中可以看出，支架后上方的顶煤会协调地向支架放煤口处移动，放煤口作为质点移动的出口，其位移场和速度场与模拟试验结果一致。

3.5.3.2　散体顶煤运动的离散元模拟

放出体形态是顶煤破碎与冒落状况、松散顶煤流动与放出的综合反映，它直

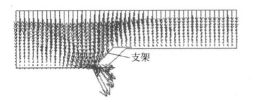

图 3-51 顶煤流动与放出的位移场

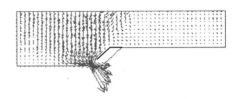

图 3-52 顶煤流动与放出的速度场

图 3-53 顶煤流动与放出的位移场等值线图

接影响到放煤工艺与参数的选择，计算结果表明，顶煤的放出体形态符合散体介质流理论模型。不同放煤阶段顶煤和矸石的流动状态如图 3-54 所示，不同放煤

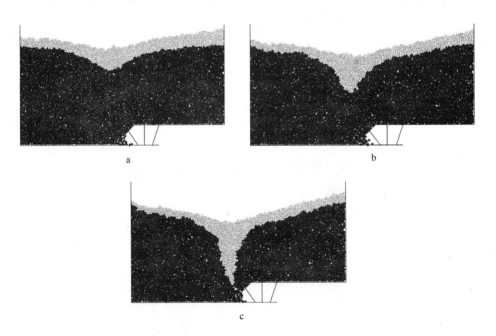

图 3-54 不同阶段顶煤和矸石的流动状态

阶段的煤矸分界面的移动状态如图 3-55 所示。由此可见，由于支架的存在，改变了散体顶煤和破碎矸石的运移规律。放煤口中心线两侧的放出体形态和矸石漏斗曲线是不对称的，偏向采空区，这与前述实验室散体模型试验和 FLAC 计算结果一致。在放煤口附近一定范围内，颗粒运动受支架尾梁和放出口倾斜的影响严

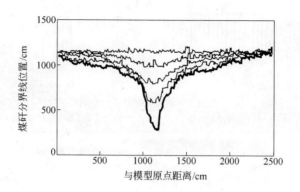

图 3-55   煤矸分界面的下沉状态

重，放出的顶煤往往是支架后上方的顶煤，其移动与放出符合在应力场作用下散体介质的流动规律。

单口放煤时松散顶煤内的接触力分布如图 3-56 所示。打开放煤口，随着顶煤的不断放出，在放煤口附近形成动态瞬时的压力拱，压力拱的前拱脚作用于支架尾梁上，后拱脚作用于后方低位煤体中，在拱内，待放出煤体内接触力明显减小，形成免压区。随着顶煤流动的继续，压力拱破坏、上移，整个放煤过程可以看做是压力拱的不断形成和不断破坏的过程。由于放煤口倾斜，接触力场的分布也表现出一定的向采空区侧偏转。模拟结果表明，不同放出高度，支架的受力位置不同。顶煤越厚、放出高度越大，支架的受力位置越靠前，相反则靠后。因此，在实际生产中，应考虑顶煤厚度和煤流对支架工作状态的影响，既要防止支架抬头减小后部放煤空间，影响放煤，又要防止支架低头，增加矸石混入的机会。同时为了减少顶煤成拱机会，放煤时尽量利用尾梁摆动功能。

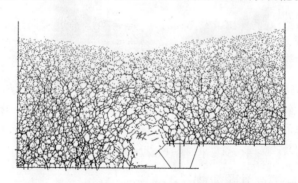

图 3-56   放出散体顶煤接触力场

采用离散元法对支架连续推进过程中顶煤的移动、放出全过程进行模拟，按"见矸关门"原则进行模拟和计算顶煤回收率，模拟结果见图 3-57 所示。

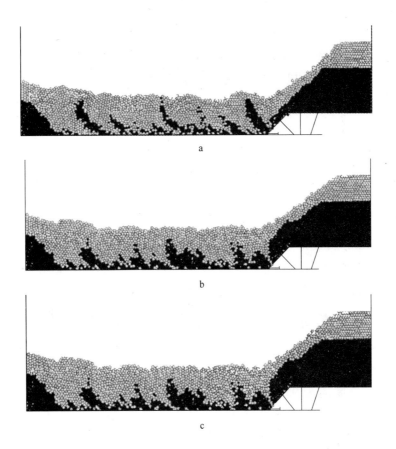

图 3-57　不同放煤步距顶煤损失状况

a—放煤步距 $L=0.6$m；b—放煤步距 $L=1.2$m；c—放煤步距 $L=1.8$m

　　采空区煤炭损失表现出两个特征，一是煤损形态是倾向采空区方向的条带状，二是煤损具有一定的周期性。通过对支架放煤口见矸石点位置的检测和分析，发现产生上述现象的原因是放煤口见矸石点位置的变化。由于支架放煤口见矸点随着工作面的推进，周期性上下浮动，造成了放出体之间的步距煤损也产生了一定周期性变化。针对淮北朱仙庄矿 8 煤层的具体计算条件，结合对复位放出体和见矸点位置的分析，平均周期步距 2.4m，预测煤损周期，从而在放煤工艺上加以注意，对提高煤炭资源回采率将大有好处。

3.6　顶煤放出率的现场观测

　　放顶煤开采的顶煤回收率的现场观测一直是一个技术难题，通常采用的办法是先探测顶煤厚度，计算顶煤量，开采过程中在顺槽运煤胶带上进行工作面运出煤量秤重，通过扣除工作面下部的割出煤量和混入的矸石量，得到顶煤放出量，然后与动用的顶煤量之比获得顶煤放出率。这种办法的优点是在理论上讲思路清楚、数据准确。确定时顶煤厚度往往有偏差，秤重设备的可靠性差，扣除工作面下部的割出煤量和混入的矸石量时人为的因素较大，使得真实结果没有理论上的真实。为此作者研制了专门的顶煤运移跟踪仪器，进行顶煤放出率的观测，通过在王庄煤矿 4331 工作面顶煤放出的观测证明其具有良好的实用性。

3.6.1　顶煤运移跟踪仪的基本原理

图 3-58 是顶煤运移跟踪仪的实物照片，主要由信号接收仪（机站）、RF 射频标签和射频标签编码器组成。其基本原理就是将 RF 射频标签埋入顶煤中的不同位置，随着顶煤放出而放出，将信号接收仪（机站）放置在运输顺槽的运输胶带上方，可以将放出射频标签的数量和位置自动记录，到地面后进行数据处理，可以获得放出的射频标签的数量和位置，以此进行顶煤放出煤量和位置计算。

3.6.2　工作面基本条件的观测

现场观测工作面为潞安王庄煤矿 4331 放顶煤工作面。4331 工作面地面标高为 924 ~ 927m，工作面标高为 675 ~ 740m。工作面运巷长 1067m，风巷长 1104m，风运巷可采长度均为 955m，切眼长 154.4m，总面积 167601.2m²。煤层厚度7.18m，割煤高度 3m，放煤步距 0.8m，单轮顺序放煤。煤体容重为 13.5kN/m³。柱状图如图 3-59。煤层的普氏硬度系数 1 ~ 3，夹矸的普氏硬度系数 2 ~ 3，直接

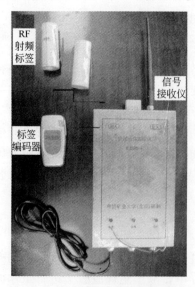

图 3-58　顶煤运移跟踪仪

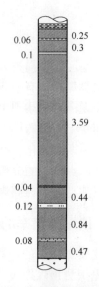

图 3-59　4331 工作面煤层柱状图

顶的普氏硬度系数 3 ~ 8。

3.6.3 顶煤运移跟踪仪的现场安装

在 4331 工作面运巷超前 60m 布置钻场,向顶煤的不同层位安放 RF 射频标签(一个 RF 射频标签控制 0.5m 的煤层厚度),伴随着工作面的推进,RF 射频标签和顶煤一起冒落,并被支架后部刮板输送机运出工作面,通过离钻场 200m 的皮带上方安放的信号接收仪(机站)的自动记录,可以准确记录放出射频标签数量和编号,从而确定放出顶煤的数量和位置。顶煤运移跟踪仪整体布置平面如图 3-60 所示。

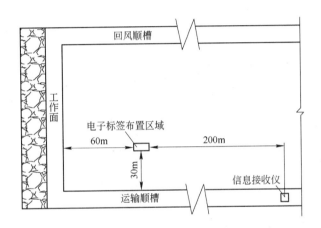

图 3-60 顶煤运移跟踪仪整体布置平面图

在 4331 工作面运巷内通过向顶煤钻孔安放射频标签,记录安放的射频标签编号及安放位置,具体数据及安放层位如图 3-61 所示。

3.6.4 观测结果

现场观测中共在顶煤不同的层位安设了 23 个射频标签,信号接收仪(机站)共接收到了 16 个不同层位放出的射频标签,因此可以保守地确定顶煤放出率约为 16/23 = 69.6%,因为有的放出的射频标签可能在放出与运输过程中破损,导致无法记录。从放出层位上看,距煤层底板 4m、5m、5.5m、6m、7m 的射频标签均有放出,说明 4m 厚的顶煤完全可以放出,但是下位顶煤反而难以放出,这与放煤工艺和参数有关,前期的室内放煤实验也说明了这种现象,由于目前还没有确定的规律,所以暂时不做规律性总结和介绍,下一步将进行专门的研究。在煤层 6.5m 及 7m 处共布置 5 个射频标签,但只放出来一个,说明上部顶煤也难以放出,结合工作面煤层具体情况,由工作面柱状图可知,在 6.2m 处有一层 200mm 的夹矸,可能会影响上部顶煤的放出,或者放煤工会误认为这层夹矸就是

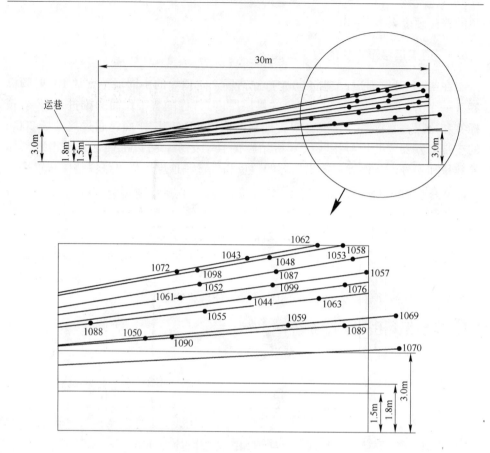

图 3-61　射频标签在顶煤中的层位示意图
（图中的数据是射频标签的编号）

直接顶而关闭放煤口。如果工作面割煤的回收率按 100% 计算，则放顶煤工作面的回收率为 82.3% 。

4 放顶煤开采矿山压力显现与煤壁稳定控制

自从 1984 我国安装第一个综放工作面以来，其矿山压力显现规律研究就一直是放顶煤开采研究的重要内容，先后进行了大量的工作面矿山压力现场观测和室内相似模拟试验以及数值计算分析，许多学者也进行了相关的理论分析、建立了一些模型等工作，总结出了综放开采矿山压力显现的一些基本特点，如与单一煤层或顶分层开采相比，工作面前方支承压力区前移、支架工作阻力没有增大、来压强度没有增加、支架前柱工作阻力较后柱大等特点。

4.1 综放采场围岩力学系统

放顶煤开采与单一煤层开采的差异就是支架上方存在着一层破碎的、强度低的顶煤，因此采场上覆岩层及其结构所形成的载荷需要通过直接顶传递给顶煤，然后再施加到支架上，顶煤起到了传递上覆岩层载荷的媒介作用。作为一个采场围岩系统而言，老顶岩层及其结构所产生的载荷需要由直接顶和后方已垮落的矸石共同承担，而其中直接顶的支撑基础则主要是工作面前方的煤体和支架上方的破碎顶煤，并且直接顶的变形和载荷又经由顶煤传递到支架上。因此，老顶活动对采场及支架的影响程度取决于直接顶与顶煤的性质、顶煤破坏的发展程度，以及支架的刚度。综放采场围岩支撑系统见图 4-1。

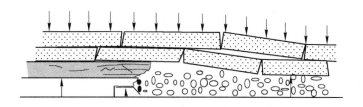

图 4-1　综放采场围岩支撑系统

4.1.1 煤体的力学性质

煤体的力学性质主要为两部分，进入塑性区以前，即支承压力峰值区以前，煤体仍然处于弹性阶段，可以按理想的弹性介质进行简化。进入塑性区以后，顶煤的破坏处于发展变化之中，愈靠近煤壁的煤体破坏愈严重，承载能力愈低。进入到支架上方时，顶煤的破坏更加严重，并且随着顶煤的放出，对顶煤的侧向约束逐渐减弱，甚至消失，破裂的顶煤承载能力进一步下降，可按理想的弹塑性体描述塑性区的顶煤，由弹簧元件与摩擦元件串联组成的圣维南体描述，见图 4-2，但圣维南体的变形模量 E 随着靠近冒落面的距离减小而减小。

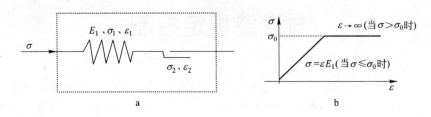

图 4-2　圣维南体

a—物理模型；b—应力-应变关系

4.1.2　垮落矸石的力学性质

随着顶煤冒落以后，直接顶垮落，由于一次采出高度增大，因此必然导致顶板的不规则垮落带高度增加，有下述关系成立：

$$K(\Sigma h + M) = K_\mathrm{p}[\Sigma h + (1 - \eta)M] \tag{4-1}$$

$$\Sigma h = \left[\frac{K + \eta - 1}{K_\mathrm{p} - K}\right]M \tag{4-2}$$

式中　Σh——不规则垮落带高度，m；

　　　K——采空区充填系数，$K \leqslant 1$；

　　　M——煤层厚度，m；

　　　K_p——垮落矸石的碎胀系数；

　　　η——全煤层的煤炭采出率，%。

当采空区充填系数 $K = 1$ 时，说明垮落的矸石充满采空区，此时，其上面老顶岩层的弯曲下沉量较小。

随着老顶岩层下沉，将与采空区的垮落矸石相接触，对垮落矸石施加载荷。垮落矸石在老顶载荷作用下，逐渐压缩变形，且变形具有不可恢复性，随着变形增加，矸石对老顶岩层的阻力逐渐增大，矸石的变形模量逐渐增加，并逐渐趋于稳定。考虑到矸石的逐渐压实过程，在距工作面较近处，变形模量较小。随远离工作面，变形模量逐渐增大。为了反映垮落矸石的逐渐压实过程，可采用由弹簧元件和阻尼元件并联而成的凯尔文体加以描述，见图 4-3。

凯尔文体的应变方程为：

$$\varepsilon = \frac{\sigma_0}{E_1}(1 - \mathrm{e}^{-\frac{E_1}{\eta_2}t}) \tag{4-3}$$

式中　σ_0——老顶刚下沉触矸时对矸石施加的载荷，kN；

　　　　E_1——弹簧元件的弹性模量，GPa；

　　　　η_2——阻尼元件的黏性系数。

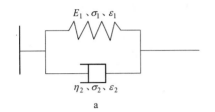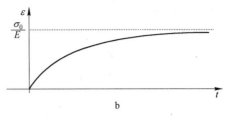

图 4-3　凯尔文体

a—物理模型；b—应变与时间的关系

4.1.3　直接顶的力学性质

直接顶为老顶及其上覆岩层载荷的主要承担者，上覆载荷由直接顶将载荷传至顶煤，因此直接顶对顶煤具有介质和载荷的双重作用，并且以介质作用为主，而直接顶的传力效果则取决于直接顶的变形模量大小。若直接顶处于弹性变形状态，可用弹性模型加以描述，若直接顶进入塑性区以后，则直接顶转化成塑性介质，可用前述的圣维南体所表述的理想弹塑性模型加以描述。

4.1.4　综放支架的力学性质

支架的受力大小及载荷分布取决于顶煤的力学性能以及与支架的相互作用关系，当破碎顶煤的残余强度小于支架的支护强度时，顶煤必然无法承受大的载荷，导致岩层压力向煤壁前方转移，此时支架承受了较小的载荷，支架表现为降阻或恒阻工作特性，可用弹性元件描述支架的力学关系。当破碎顶煤的残余强度大于支架的支护强度时，顶煤就会有较好的传递顶板岩层载荷的能力，支架上的作用力较大，支架具有增阻或恒阻工作特性，可用由弹簧元件和摩擦元件串联组成的圣维南体描述其力学性能。

根据上述分析可得出如下综放采场的围岩力学模型，见图 4-4。

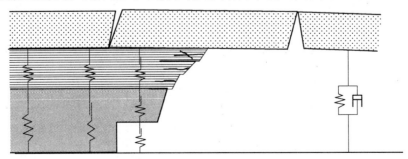

图 4-4　综放采场围岩力学模型

该力学模型表明：

（1）采场上位围岩仍能形成结构，断裂后形成砌体梁结构，承担着自身及以上岩层的载荷；

（2）由工作面前方煤体、顶煤与支架、采空区垮落的矸石共同承担直接顶与老顶的载荷；

（3）对于不同的支撑介质具有不同的承载特性，支承压力峰值区以前的煤体与直接顶可简化为弹性介质；支承压力峰值区以后的顶煤、煤体、直接顶可简化为弹塑性介质；当顶煤残余强度小于支架的支护强度时，支架可简化为弹性介质；当顶煤残余强度大于支架支护强度时，支架可简化为弹塑性介质；采空区垮落的矸石，由于老顶触矸后是一个逐渐压密、收缩不可逆变形的过程，所以可简化为黏弹性介质。

4.2　工作面矿山压力显现基本规律

4.2.1　支承压力分布

支承压力分布规律是反映采场矿山压力的重要内容之一。目前研究支承压力的方法主要是现场实测、室内模拟试验和近年来广泛使用的数值模拟计算方法。也可进行必要的理论分析，但需简化处理，可以获得一些定性的规律，但尚难以量化。所以一般而言，现场实测的结果更具有说服力。有时由于观测设备的质量、施工质量以及工程条件的限制，也会导致观测结果有偏差，因此在现场观测中，一般要求观测的点要多一些，比如不少于4个观测点等。

我国关于综放工作面的支承压力分布规律进行了许多观测与研究。所得到的基本结论是与单一煤层开采相比，在顶板以及煤层条件、力学性质相同情况下，综放开采的支承压力分布范围大，峰值点前移，支承压力集中系数显著变化。表4-1是我国部分综放工作面的支承压力实测结果。

表 4-1　放顶煤工作面实测支承压力分布

矿　名	工作面	煤厚/m	煤的 f 值	峰值点/m	支承压力分布范围/m
王庄矿	4309	7.02	1.5 ~ 2.5	7	30
王庄矿	6102	6.41	1.5 ~ 2.5	11	35
古书院矿	13306	6.0	3.9	8	21
忻州窑矿	8916	8.29	>3.5	7	25
忻州窑矿	8914	7.9	>3.5	7.3	24
石圪节矿	2311	6.52	1.5 ~ 2.0	15	50
五阳矿	7056	7.0	0.6 ~ 1.0	9	40
魏家地矿	110	12	0.5 ~ 1.0	20	50
旗山矿	3110	4.5	<1.0	22	40
旗山矿	8415	9.1	<0.5	25	50

　　综放工作面支承压力的分布同时受到煤层强度、煤层厚度等影响。

　　（1）煤层愈软，支承压力分布范围愈大，峰值点距煤壁愈远。一般来说，对于软煤层，峰值点为 15～25m，分布范围 40～50m；对于硬煤层，峰值点为 5～8m，分布范围 20～30。

　　（2）煤层愈厚，支承压力分布范围愈大，峰值点距煤壁愈远。放顶煤工作面支承压力峰值点前移的原因是由于较低强度顶煤存在引起的。

　　（3）顶煤中的夹矸影响。如果顶煤中存在一层较厚的强度较大夹矸层，夹矸层除了影响到顶煤冒落形态外，还会影响到支承压力分布。见图 3-14 所示，为顶煤中含有夹矸的模拟试验结果。对比图 3-14a 与图 3-14b 的试验研究结果，可以看出，顶煤中较厚的夹矸层改变了顶煤的运移特性及力学行为，支承压力区窄而峰值大，且靠近煤壁，这些现象反映出了较硬煤层的特点。

　　由于顶煤强度低，因此在直接顶与老顶载荷作用下，靠近工作面的顶煤首先发生破坏，进入塑性区，破坏的顶煤刚度迅速降低，顶煤变成弹塑性介质，当载荷继续增加，大于顶煤残余强度时，顶煤不再具有抗载能力，致使顶板载荷向远处逐渐转移。由于顶煤强度较低，因此煤体内形成塑性区的范围大，载荷向前方转移的距离较远。煤层强度越低，转移的距离越大，所以支承压力峰值处越远离工作面，见图 4-5。

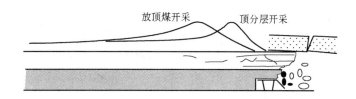

图 4-5　放顶煤开采与顶分层开采的支承压力分布对比

4.2.2　工作面矿压显现的基本规律

　　放顶煤工作面也具有单一煤层采煤工作面的一般矿压显现规律，如初次来压，周期来压等。但由于一次采高增大，对直接顶和老顶的扰动范围增大，顶板对工作面支架的载荷势必会成倍增加，为此我国进行了大量的现场观测与理论研究，基本结论如下。

4.2.2.1　放顶煤工作面支架工作阻力不大于顶分层工作面的工作阻力

　　表 4-2 为兖州矿业集团公司所属煤矿的放顶煤工作面与顶分层工作面矿山压力显现的主要指标对比，其他局矿的矿压观测结果也有类似规律。

表 4-2　综放工作面与顶分层工作面矿压显现指标对比

煤　矿	采煤方法	直接顶初次垮落步距/m	老顶初次来压步距/m	老顶周期来压步距/m	动载系数	支护强度/kPa		顶板下沉量/mm		煤壁片帮/mm	
						平时	来压	平时	来压	平时	来压
兴隆庄	顶分层	14.7	38.6	22.2	1.33	479	622	6.63	12.6	356	634
	放顶煤	11.1	45.0	13.2	1.33	461	605	10.80	30.0	150	280
鲍　店	顶分层	14.0	46.0	26.5	1.61	330	460	9.00	10.0	542	882
	放顶煤	11.4	49.0	16.0	1.15	557	638	13.60	18.5	69	105
东　滩	顶分层	18.2	64.7	19.6	1.39	510	707			410	662
	放顶煤	13.8	55.3	15.7	1.34	438	588			150	250

通过分析表中数据及相关研究成果，可得出如下基本规律：

（1）根据我国数十个综放工作面的实测结果，直接顶的垮落过程均为逐层垮落，同时顶煤也要冒落，故老顶初次来压前，支架阻力会出现多次波动，但在老顶来压前均会出现一次较大的波峰，此即为直接顶初次垮落。

（2）综放工作面的初次来压、周期来压规律同样存在，来压强度与顶分层的大体相当，有时甚至小于顶分层的情况。综放采场矿压显现程度不仅取决于上覆岩层的活动，更主要地取决于顶煤的破碎状况及其刚度大小。支架上方破碎的顶煤，由于进入了塑性状态，具有较小的刚度，岩层活动压力向煤壁前方迁移，同时也可缓冲老顶来压时的动载作用，因此，虽然放顶煤开采的一次采高增大，但工作面矿压显现并不强烈。由于上覆岩层的压力向煤壁前方迁移，所以相对于顶分层工作面而言，煤壁片帮程度轻一些。由于放顶煤开采的一次采高增大，直接顶垮落高度大，但其对采空区充填程度相对差一些，即使满充填，在老顶压力作用下，垮落矸石的压实下沉量也较大。因此，老顶的回转下沉变形量较大，导致采场的顶底板移近量较大。

图 4-6 ~ 图 4-8 分别是淮北朱仙庄矿 8415 综放工作面的矿压观测结果，来压情况，片帮情况，顶板破碎度情况。

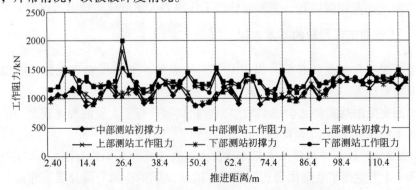

图 4-6　8415 工作面支架工作阻力与推进距离的关系

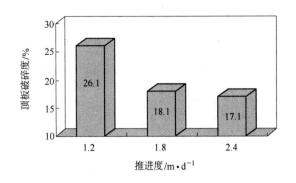

图 4-7 工作面顶板破碎度与推进度的关系

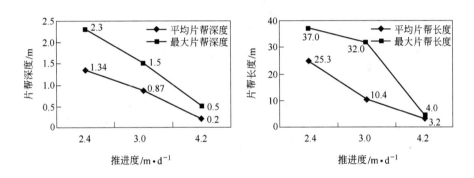

图 4-8 8415 工作面片帮深度、长度与工作面推进度的关系

4.2.2.2 支架前柱的工作阻力大于后柱工作阻力

放顶煤工作面综采支架前柱的工作阻力普遍大于后柱，一般为 10% ~ 15%，最高的可达到 37%。具体情况与顶煤的硬度和冒落形态有关。对于软煤而言，顶煤破碎和放出较充分，支架顶梁后部上方的顶煤较少，不利于传递上覆岩层的作用，因此相对硬煤而言，支架前柱的工作阻力大于后柱工作阻力这一特点表现得更加明显。

综放工作面支架前柱阻力大于后柱阻力这一特点对于支架选型、设计尤其重要，支架的工作阻力作用线尽可能要与顶板载荷的作用线一致，以保持支架稳定、不发生偏转等。

4.2.2.3 下分层综放时的矿压显现规律

有时为了排放瓦斯的需要，或是由于煤层厚度过大，不利于提高煤炭采出率等原因，采取了先用综采方法预采顶分层，然后剩余的下部煤层采取综放开采技术。下分层综放开采时的矿压显现仍然具有一般开采的矿压规律，但矿山压力显现程度有所减弱，如图 4-9 和表 4-3 所示。

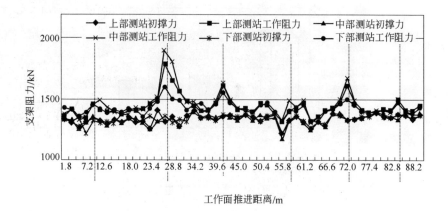

图 4-9　8413 下分层综放工作面支架阻力与推进距离之间的关系

表 4-3　预采顶分层（8413^{-2}）和一次采全高（8415）轻放面矿山压力显现比较

工作面	初次来压		周期来压		平均初撑力 /kN	工作阻力 /kN
	步距/m	增载系数	步距/m	增载系数		
8413^{-2}面	26～28	1.22	7～8	1.08～1.20	1332	1438
8415 面	26～28	1.37	8～10	1.11～1.28	1118	1305

4.2.2.4　综放工作面的端面控制

综放开采过程中，由于支架上方为破碎的顶煤，尤其对于中硬以软的厚煤层而言，顶煤十分破碎，这时工作面机道上方以及支架间顶煤的漏冒等是综放工作面岩层控制的重要内容之一。一旦发生漏冒，工作面生产受到影响，支架无法很好的接顶，失去了对直接顶、老顶岩层的力学控制，支架稳定也受到影响。目前对支架架间顶煤的控制主要采取支架顶梁与掩护梁上设计有长侧护板的方法加以解决。机道上方端面顶煤的控制可以采取割煤过程中的及时移架，及时伸出顶梁前的伸缩梁或活动挑梁等方法。事实上，端面的漏冒很大程度与支架的工作阻力以及架型有很大关系。大的支架工作阻力有利于防止煤壁片帮和端面漏冒。图 4-10 为支架能否提供水平力和及时支护时的模拟计算结果，当支架不能提供水平力和不及时支护时，工作面端面会出现拉应力破坏区（图 4-10a）。

4.2.2.5　综放支架工作阻力

对于目前正常采高的放顶煤工作面来说（煤层厚度 6～12m，割煤高度 2～3.5m），从理论分析和综放面现场实测的结果来看，直接顶（含顶煤）厚度成倍增加以后，由于直接顶为可变形体，可以全部或部分吸收老顶的给定变形压力，因此支架的工作载荷并没有因采高的增加而增加，甚至小于相似地质条件下采高

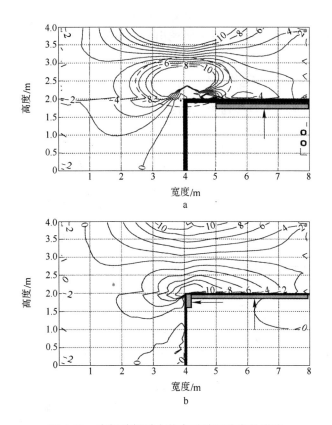

图 4-10　支架端部受力状态对端面稳定的影响
a—支架无水平力时；b—支架有水平力时

较小的综采面。因此在支架设计时应考虑这一特点，以及支架前柱阻力大于后柱阻力，能提供水平力的支架有利于控制顶煤等因素。

综放工作面岩层控制的重点是端面顶煤的稳定性，其影响因素有顶煤自身的力学性质、块度大小、端面距的大小以及支架工作阻力等。在设计综放支架时，由于在综放面实测支架载荷没有因采高增加而增加，甚至小于相似地质条件下采高较小的一般综采面，因此出现了可以降低综放支架工作阻力的观点。虽然这对于工作面的顶板下沉量的影响不大，但对于端面顶煤的冒落却有很大影响。在综放面，一方面我们希望顶煤有良好可放性，同时不希望发生冒落影响生产，从这点考虑，应适当增加综放支架工作阻力，至少不应小于类似条件下顶分层综采面的支架工作阻力。

4.3　支架工作阻力对煤壁稳定的影响

对于极软煤层放顶煤开采，支架的合理工作阻力既要能够支撑顶板、抵抗住顶板的来压、保护工作面作业安全，又要能够缓解煤壁的压力，减缓甚至消除煤壁片帮和端面漏冒。从支撑顶板的要求出发，煤层极软、顶板和底板软的煤层，所需要的支架工作阻力并不大，但是从缓解煤壁片帮而言，高的工作阻力可以减小煤壁处的压力，有利于缓解煤壁片帮。

4.3.1　支架工作阻力对煤壁压力影响的理论分析

4.3.1.1　顶板在采空区断裂

对顶板的运动进行适当的简化，当顶板在采空区断裂时，可简化成如图 4-11 所示的模型。

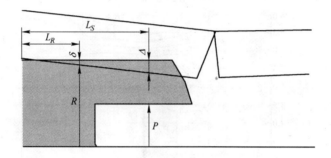

图 4-11　顶板在采空区断裂模型

R—煤壁所受的压力；P—支架的工作阻力；Δ—支架处的顶板下沉量；

δ—煤壁处的顶板下沉量；L_R—煤壁处到顶板下沉起始点的距离；

L_S—支架处到顶板下沉起始点的距离

设煤壁处的综合刚度为 K_m，支架处的综合刚度为 K_S。煤壁处的顶板变形量 δ 转变成了施加给煤壁的压力 R，则：

$$R = K_m\delta \tag{4-4}$$

支架的工作阻力 P 是限制顶板的下沉变形，因此当工作阻力大时，支架处的煤壁下沉量 Δ 就减小，则：

$$\Delta = \frac{K}{PK_S} \tag{4-5}$$

式中，K 是支架处的变形系数。

由几何关系，有：

$$\frac{\delta}{L_R} = \frac{\Delta}{L_S} \tag{4-6}$$

$$R = \frac{L_R K_m}{L_S}\Delta = K_m K \frac{L_R}{L_S K_S P} \tag{4-7}$$

上式表明煤壁处的压力和支架的工作阻力及支架处的工作阻力成反比，大的支架工作阻力可以减缓煤壁处的压力。

4.3.1.2 顶板在煤壁处断裂

老顶在煤壁处断裂时，可以形成"砌体梁"平衡结构，见图4-12。

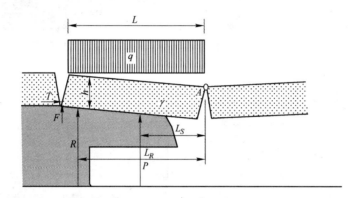

图 4-12　顶板在煤壁处断裂形成的"砌体梁"平衡结构示意

R—煤壁所受的压力；P—支架的工作阻力；L_R—煤壁处到顶板破断的 A 点距离；
L_S—支架处到顶板破断的 A 点距离；L—老顶破断岩块的长度；γ—老顶破断
岩块的容重；h—老顶破断岩块的高度；q—老顶上部岩层的载荷；
T—老顶破断岩块受到的水平力；F—提供给老顶破断岩块的摩擦力
（$F = T\tan\phi$，ϕ 为破断岩块间的摩擦角）

由对 A 点的矩平衡方程，有：

$$RL_R + PL_P + T\tan\phi L - Th - \frac{1}{2}qL^2 - \frac{1}{2}h\gamma L^2 = 0$$

$$R = \frac{L^2(q + h\gamma) + 2(Th - T\tan\phi L - PL_S)}{2L_R} \tag{4-8}$$

上式表明煤壁处的压力随着支架的工作阻力 P 增大而减小。

4.3.2　支架工作阻力对煤壁片帮与端面漏冒的数值模拟计算

4.3.2.1　FLAC 模拟计算

图4-13为根据煤层的具体情况，运用 FLAC 模拟软件计算的不同支架工作阻力时煤壁的破坏情况。图4-14为煤壁片帮面积与片帮深度与支架工作阻力的关系。

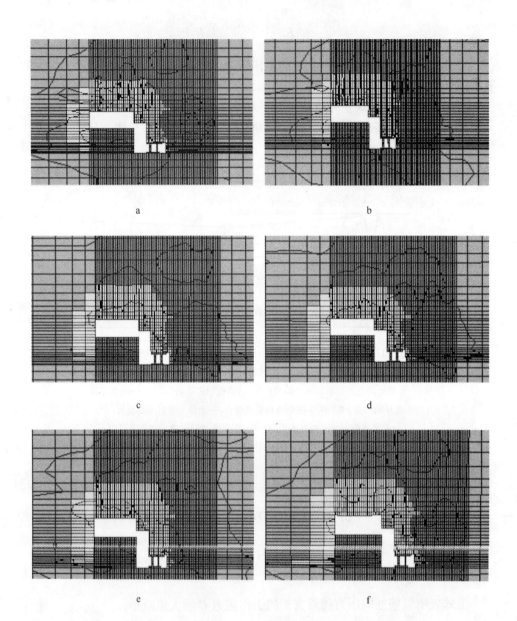

图 4-13　不同支架工作阻力时煤壁破坏的 FLAC 模拟

支架工作阻力: a—6000kN; b—4800kN; c—3600kN; d—3200kN; e—3000kN; f—2400kN

图 4-13 ~ 图 4-15 表明, 较大的工作阻力有利于防止煤壁片帮, 小的工作阻力会导致煤壁片帮的面积和深度迅速增大。当支架工作阻力达到 3600kN 以上时, 对煤壁片帮的面积和深度改善幅度不大, 因此, 模拟计算的结果表明, 3600kN 的支架工作阻力是防止煤壁片帮较好的选择 (是指某一具体工作面的模拟结果)。

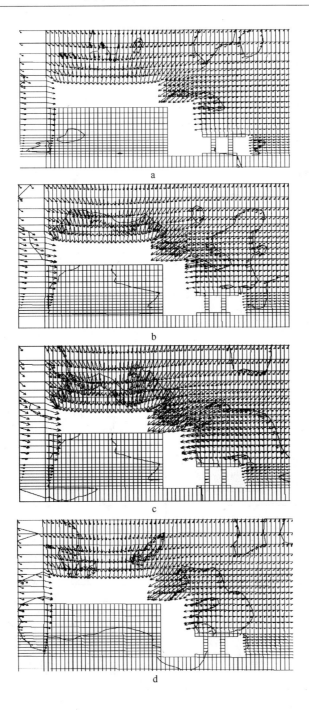

图 4-14 不同工作阻力时采场围岩位移矢量场

工作阻力：a—2400kN；b—3200kN；c—3600kN；d—6000kN

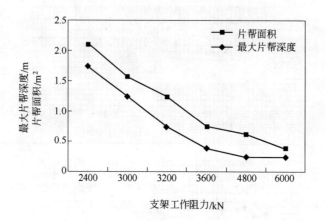

图 4-15   片帮面积与深度和支架工作阻力的关系

4.3.2.2   端面漏冒的数值模拟计算

运用 UDEC 离散元计算软件，模拟计算不同工作阻力时的端面漏冒情况，见图 4-16 所示。

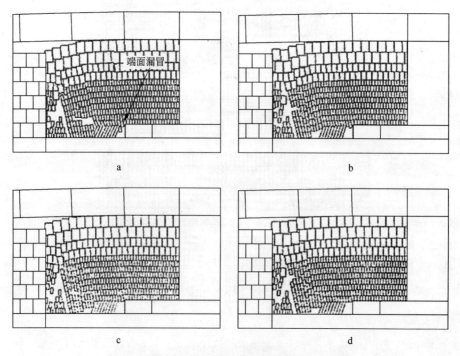

图 4-16   支架不同工作阻力与顶煤端面漏冒关系

a—支护强度 0.18MPa；b—支护强度 0.3MPa；c—支护强度 0.36MPa；d—支护强度 0.54MPa

图 4-16 表明，当端面空顶距为 0.5～1m 时，端面冒落情况和支架工作阻力及支护角度密切相关。当支护强度 ≤0.3MPa 时，端面块体发生冒落，当支护强度 ≥0.36MPa 时，端面块体能够保持住暂时的平衡。这说明，加大支架工作阻力，有利于保持端面稳定。

在相同支护力的条件下，水平力的增加，也有利于端面顶煤稳定，见图 4-10。图 a 中支架无水平力时，在端面顶煤内形成了拉应力区，煤体不能承受拉应力，端面顶煤破坏、漏冒。图 b 中，支架能够提供水平力，则端面顶煤内的拉应力区消失，有利于端面顶煤稳定。

上述研究成果表明，适当增加支架的工作阻力，有利于减小煤壁压力和防止煤壁片帮破坏、端面漏冒，对于极软煤层放顶煤开采具有重要的现实意义。

4.4 煤壁片帮机理分析

煤壁在自重和顶板压力作用下，主要表现出两种破坏形式：一种是拉裂破坏，另一种是剪切破坏，见图 4-17。

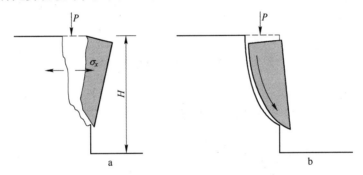

图 4-17 煤壁片帮破坏的两种形式
a—煤壁拉裂破坏；b—煤壁剪切破坏

4.4.1 煤壁拉裂破坏

见图 4-17a，对于脆性硬煤而言，煤壁的容许变形量小，片帮破坏主要原因是由于在顶板压力作用下，煤壁内产生了横向拉应力，而横向拉应力不能通过煤体的变形释放掉或者缓解，因此当其大于煤体的抗拉强度时，煤壁拉裂破坏，并常伴有破裂声响。其破坏准则如下：

$$R_t \leqslant K \frac{2P}{\pi H} \tag{4-9}$$

式中 R_t ——煤体的抗拉强度，kPa；

　　　K ——应力修正系数；

　　　P ——煤壁压力，kPa；

　　　H ——煤壁高度，m。

4.4.2 煤壁剪切破坏

对于软煤层而言，在煤体自重及顶板压力作用下，在煤壁内也会产生横向的拉应力，但是软煤层的横向及蠕动变形会释放掉由于压缩而产生的横向拉应力，最终由于煤壁内的剪应力大于抗剪强度而发生剪切滑动破坏。剪切滑动面可简化为圆弧，见图 4-18。

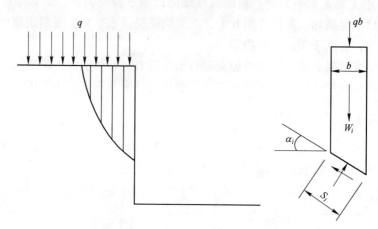

图 4-18　煤壁剪切破坏分析计算图

其破坏准则如下：

$$SM = \Sigma\left[\,(W_i + qb)\cos\alpha_i\tan\phi + CS_i\,\right] - \Sigma(W_i + qb)\sin\alpha_i \leqslant 0 \qquad (4\text{-}10)$$

式中　SM——安全余量，kN；

q——煤壁上的载荷集度，kN/m；

W_i——分条质量，kg；

b——分条宽度，m；

α_i——分条底面倾角，(°)；

ϕ——煤体的内摩擦角，(°)；

C——煤体的黏聚力，kPa。

煤壁片帮的剪切破坏准则表明，软煤层的煤壁片帮破坏主要与煤体的抗剪强度、煤壁压力有关，提高煤体的抗剪强度、减小煤壁压力是防止软煤层煤壁片帮的主要科学途径。

4.5　煤体注水提高煤壁与端面稳定性机理分析

4.5.1　煤体注水强度的测定及分析

采用应变控制式三轴仪进行松散煤体不同含水率的压缩试验，所用仪器为南京土壤仪器厂生产的 TSZ10 型台式三轴仪，见图 4-19。

图 4-19　TSZ10 型台式三轴仪

　　本次试验煤岩样共 5 组，每组 4 个煤样。试验所用煤样全部取自芦岭煤矿 8 煤层。根据试验要求和试验器材的允许条件，试验所用试样直径为 61.8mm，高度为 150mm，其基本参数如表 4-4 所示。不同含水率的试样质量见表 4-5 所示。制备的试样见图 4-20。

表 4-4　试样基本物理参数表

半径/mm	高度/mm	体积/mm³	容重/kN·m⁻³	质量/g
30.9	150	449715.5	13	584.6

表 4-5　不同含水率的试样质量

含水率/%	天然（2.72）	4	8	12	16	20
相应质量/g	519.2	540	560.8	581.5	602.3	623.1

图 4-20　制备完毕待试验的一组试样

三轴压缩试验步骤严格按照土工试验原理和要求进行，具体如下：

（1）试样安装。先把乳胶薄膜装在承膜筒内，用吸气球从气嘴中吸气，使乳胶形膜贴紧筒壁，套在制备好试样外面，将压力室底座的透水石与管路系统并放上一张滤纸，然后再将套上乳胶膜的试样放在压力室的底座上，翻下乳胶膜的下端与底座用橡皮筋扎紧，翻开乳胶膜的上端与土样帽用橡皮筋扎紧，最后装上压力筒，并拧紧密封螺帽，同时使传压活塞与土样帽接触。

（2）施加周围压力。周围压力的大小根据煤样的埋深和应力历史来决定，对于该试验我们分别施加 100kPa、200kPa、300kPa 和 400kPa 的压力。

（3）调整量测轴向变形的位移计和轴向压力测力计的初始"零点"读数。

（4）施加轴向压力。启动电动机，剪切应变速率取每分钟 0.1mm。轴向应变为 3%~4% 时，测记一次测力计和轴向变形读数。测力计的读数将随下盒位移的增大而增大，当测力计读数不再增加或开始倒退时，即出现峰值，认为试样已破坏，记下破坏值，并继续剪切位移为 0.5mm 停机；当剪切过程中测力计读数无峰值时，应剪切至剪切位移为 2.9mm 时停机。

（5）实验结束即停机。卸除周围压力并拆除试样，描述试样破坏时形状。试样破坏后的形状和破坏情况如图 4-21 所示。

a　　　　　　　　　　　　　　　　　b

图 4-21　试件破坏前后对比图

a—破坏前；b—破坏后

4.5.1.1　含水率的测定

在制样的时候，要按一定的含水率给试样加水，然而在制样过程中会使含水率的值改变，所以在实验完毕后，必须要重新测其水率。最后测得精确含水率的值见表 4-6。

表 4-6 精确含水率值

试验前估计含水率/%	盒号	盒质量/g	(盒＋湿样)/g	(盒＋干样)/g	含水率/%	含水率平均值/%
4	265	16.47	58.29	56.89	3.46	3.48
	169	16.24	66.51	64.82	3.49	
8	74	15.96	46.23	43.78	8.80	8.73
	68	16.61	54.90	51.85	8.65	
12	293	16.72	48.46	44.94	12.47	12.27
	194	17.10	54.62	50.58	12.07	
16	54	16.26	45.40	41.19	16.90	16.84
	130	16.21	57.33	51.42	16.77	
20	161	16.43	56.10	50.09	18.30	18.32
	218	16.80	56.05	50.41	18.34	

最终测得的含水率分别是：3.48%、8.73%、12.27%、16.84%、18.32%。根据实验情况进行适当换算，可得试验结果见表4-7。

表 4-7 不同含水率下三轴压缩试验结果

含水率/%	围压/kPa	位移（0.01mm）	进程（0.01mm）	主应力/kPa
3.48	100	1700	153	969
	200	2000	177	1182
	300	2500	192	1471
	400	2400	213	1806
8.73	100	2000	150	772
	200	1300	165	1000
	300	2500	189	1365
	400	2400	206	1624
12.27	100	2500	146.5	718
	200	2500	165	999
	300	2500	189	1274
	400	2500	195	1456
16.84	100	2500	143	665
	200	2500	157.5	886
	300	2500	171	1091
	400	2500	182	1259
18.32	100	2500	140	630
	200	2500	155	853
	300	2500	169	1042
	400	2500	176	1173

4.5.1.2 不同含水率的极限莫尔圆与强度曲线

对表4-7中的各数据进行分析处理，由莫尔-库仑强度准则可以得到不同含水率下的极限莫尔圆和莫尔-库仑强度曲线，见图 4-22~图 4-26。

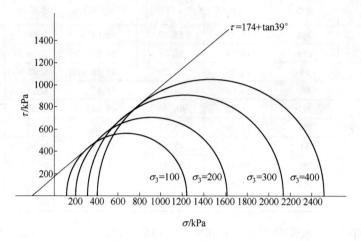

图 4-22　含水率为 3.48% 时的莫尔圆和强度曲线

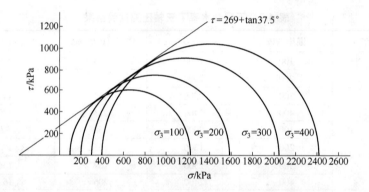

图 4-23　含水率为 8.73% 时的莫尔圆和强度曲线

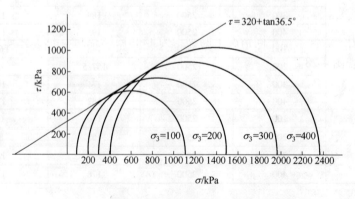

图 4-24　含水率为 12.27% 时的莫尔圆和强度曲线

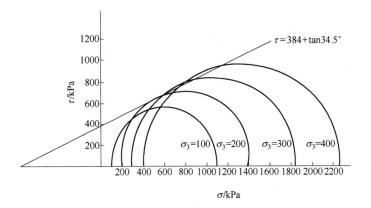

图 4-25 含水率为 16.84% 时的莫尔圆和强度曲线

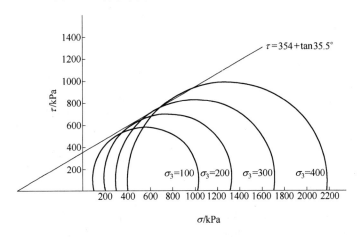

图 4-26 含水率为 18.32% 时的莫尔圆和强度曲线

4.5.1.3 抗剪强度分析

根据图 4-22 ~ 图 4-26 可得，直线的倾角为内摩擦角 φ，直线在纵坐标上的截距为黏聚力 C。含水率不同情况下的黏聚力 C 和内摩擦角 φ 的变化趋势见表 4-8 和图 4-27、图 4-28。

表 4-8 不同含水率下的黏聚力 C 和内摩擦角 φ

含水量/%	C 值/kPa	$\varphi/(\degree)$	含水量/%	C 值/kPa	$\varphi/(\degree)$
3.48	174	39	16.84	384	34.5
8.73	269	37.5	18.32	354	35.5
12.27	320	36.5			

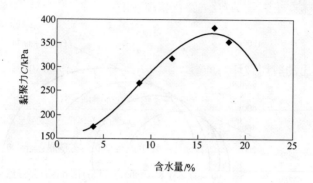

图 4-27　黏聚力随含水率变化趋势图

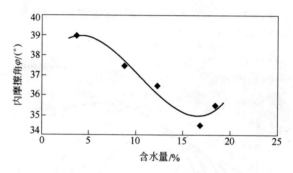

图 4-28　内摩擦角随含水率变化趋势图

由图 4-27 和图 4-28，可以分别求得黏聚力 C 和内摩擦角 φ 随含水率的变化趋势。黏聚力 C 随含水率的增加而增大，在含水率 $w = 16.84\%$，黏聚力 C 取得极大值，为 384kPa，增加了 120%，增大幅度明显；内摩擦角总体上随含水率的增加而减小，在含水率 $w = 16.84\%$ 时，内摩擦角 φ 取极小值，为 34.50°，只降低了 12%，降低幅度较小。合理的注水后，煤体黏聚力 C 的大幅度增加对于防止煤壁片帮有相当大的作用。

煤体的抗剪强度与黏聚力 C 和内摩擦角 φ 有关，其中黏聚力 C 是煤体的纯抗剪强度，即与其他因素无关，是防止煤壁片帮的最有效参数。考虑到煤体的内摩擦角及应力条件，则煤体的综合抗剪强度分析如下。

根据莫尔-库仑强度准则可知，剪切破坏面与最大主应力的夹角（即剪切破坏角）$\alpha = 45° - \varphi/2$。图 4-29 是煤体破坏的应力分布示意图。

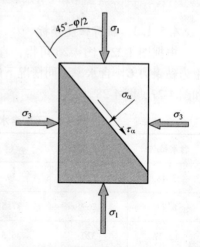

图 4-29　煤体破坏的应力分布示意图

根据最大主应力表示的莫尔-库仑强度准则：

$$\sigma_1 = 2C\sqrt{\frac{1 + \sin\varphi}{1 - \sin\varphi}} + \frac{1 + \sin\varphi}{1 - \sin\varphi}\sigma_3 \tag{4-11}$$

由上式得出的剪切破坏时的最大主应力见表4-9与图4-30。

表 4-9　三轴抗压强度随含水率的变化

含水率/%	C 值/kPa	φ/(°)	不同围压下剪切强度值/kPa			
			100	200	300	400
3.48	174	39	1169.145	1608.694	2048.243	2487.792
8.73	269	37.5	1502.152	1913.348	2324.545	2735.741
12.27	320	36.5	1663.347	2056.957	2450.568	2844.178
16.84	384	34.5	1820.988	2182.249	2543.509	2904.77
18.32	354	35.5	1751.654	2128.643	2505.631	2882.619

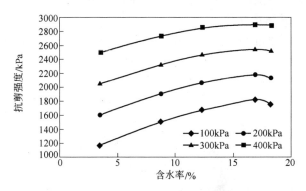

图 4-30　不同围压、不同含水率的三轴抗压强度变化规律

从图中可以看出，抗剪强度在含水率介于12%～18%时处于较大值。

4.5.1.4　抗压强度分析

根据表4-7（不同含水率下三轴压缩试验结果），可以得出在三轴应力状态下，抗压强度随围压和含水率变化的规律，见图4-31和图4-32。

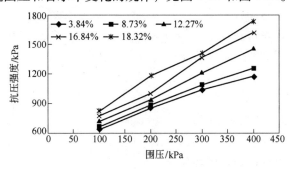

图 4-31　抗压强度随围压变化规律

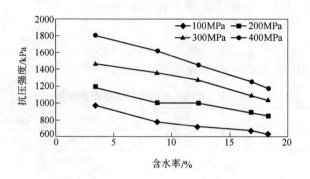

图 4-32   抗压强度随含水率的变化规律

从图中可以看出,在三轴的状态下,在含水率一定的情况下,抗压强度随着围压的增大而随之增大;在围压一定的情况下,抗压强度随着含水率的增大而单调下降。

4.5.1.5   抗拉强度分析

由莫尔-库仑强度准则,抗拉强度是在负轴与强度曲线相切过原点的极限莫尔圆的最小主应力值,见图 4-33。

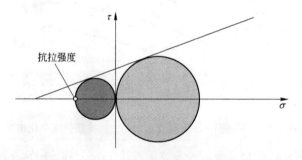

图 4-33   抗拉强度推导示意图

由图 4-22 ～ 图 4-26,可以计算出在不同含水率下的抗拉强度,见图 4-34、表 4-10。

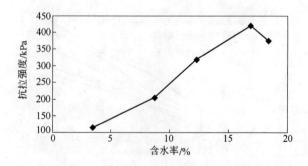

图 4-34   抗拉强度随含水率的变化规律

表 4-10 抗拉强度随含水率的变化

含水率/%	3.48	8.73	12.27	16.84	18.32
抗拉强度/kPa	112.21	203.39	316.84	420.21	374.01

由图 4-34 可以看出，随着含水率的逐渐加大，抗拉强度也随之加大，当含水率达到 16.84% 左右时，抗拉强度取得极大值。

实验结果表明，黏聚力 C 随含水率的增加而增大，在含水率 $w = 16.84\%$，黏聚力 C 取得极大值，增加了 120%，增大幅度明显；内摩擦角总体上随含水率的增加而减小，在含水率 $w = 16.84\%$ 时，内摩擦角 φ 取极小值，只降低了 12%，降低幅度较小。含水率介于 12%~17% 时，综合抗剪强度处于较大值，增加了 30%~60%。合理的注水后，煤体黏聚力 C 的大幅度增加和综合抗剪强度的提高对于防止煤壁片帮有相当大的作用。随着含水率的逐渐加大，抗拉强度也随之加大，当含水率达到 16.84% 时，抗拉强度取得极大值。煤体抗压强度随着含水率增加而降低，降低幅度可达 60% 以上。煤体抗压强度的降低可使支承压力前移，有利于缓解煤壁压力。合理的注水量是使煤体的含水率为 12%~17%。

4.5.2 煤体强度变化对支承压力分布影响的理论分析

对于采场前方煤体，其任一点的受力状态如图 4-35 所示。

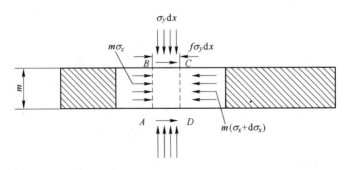

图 4-35 煤体单元受力分析

根据图 4-36 中所示的关系建立极限平衡方程

$$m(\sigma_x + \mathrm{d}\sigma_x) - m\sigma_x - 2\sigma_y f\mathrm{d}x = 0 \qquad (4\text{-}12)$$

式中 σ_x——采场前方任一点处的水平应力，MPa；

　　　σ_y——采场前方任一点处的垂直应力，即采场前方支承压力，MPa；

　　　f——层面间的摩擦系数；

　　　m——采高，m。

根据极限平衡区条件有：

$$\sigma_y = R_c + \frac{1 + \sin\varphi}{1 - \sin\varphi}\sigma_x \tag{4-13}$$

式中　R_c——煤体单向抗压强度；

　　C、φ——煤体的内聚力和内摩擦角。

由此可得

$$\frac{\mathrm{d}\sigma_y}{\mathrm{d}\sigma_x} = \frac{1 + \sin\varphi}{1 - \sin\varphi}$$

将上式代入平衡方程中，求解可得

$$\ln\sigma_y = \frac{2f \cdot x}{m}\left(\frac{1 + \sin\varphi}{1 - \sin\varphi}\right) + C \tag{4-14}$$

当 $x = 0$，$\sigma_y = N_0$ 时

$$C = \ln N_0$$

式中　N_0——煤壁的支撑能力，kN。

$$\ln\sigma_y - \ln N_0 = \frac{2f \cdot x}{m}\left(\frac{1 + \sin\varphi}{1 - \sin\varphi}\right)$$

$$\frac{\sigma_y}{N_0} = \mathrm{e}^{\frac{2f \cdot x}{m}\left(\frac{1 + \sin\varphi}{1 - \sin\varphi}\right)}$$

$$\sigma_y = N_0\mathrm{e}^{\frac{2f \cdot x}{m}\left(\frac{1 + \sin\varphi}{1 - \sin\varphi}\right)} \tag{4-15}$$

通过煤体强度三轴压缩试验我们知道，工作面前方煤壁注水后，使得煤体的内摩擦角 φ 降低；同时使得煤体抗压强度降低，亦即前方煤壁的支撑能力 N_0 降低。

由上述式可知，支承压力 σ_y 随着 N_0 的降低而降低。

再令 $\sigma_y = K\gamma H$，则可以求得煤壁前方支承压力峰值点距煤壁的距离 x_0 为：

$$x_0 = \frac{m}{2f \cdot x}\left(\frac{1 - \sin\varphi}{1 + \sin\varphi}\right)\ln\frac{K\gamma H}{N_0} \tag{4-16}$$

式中　x_0——极限平衡区半径，m；

　　K——侧向应力系数；

　　γ——上覆岩层的平均体积力，kN/m³；

　　H——单元体距离地表的深度，m。

由上式可知，前方支承压力的峰值点距煤壁的距离 x_0 随着 C、φ 的变化而变化。在煤壁注水以后，煤体的内聚力 C 增大，内摩擦角 φ 减小，此时，前方支承

压力的峰值点远离煤壁，峰值相对较低，有利于煤壁与端面稳定。

图4-36、图4-37为煤体不同含水率的条件下，支承压力峰值与峰值到煤壁的距离变化情况。从中可以看到，当煤体的含水率为16.84%时，支承压力峰值取得极小值，而峰值到煤壁的距离取得极大值。16.84%是一个最优的含水率。

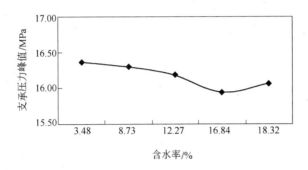

图4-36　支承压力峰值随含水率的变化

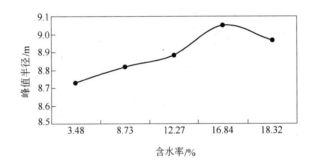

图4-37　峰值到煤壁的距离随含水率的变化

4.5.3　煤体注水对煤壁及端面稳定的 FLAC 模拟计算分析

为了研究和掌握工作面开采过程中采场矿压分布、围岩控制、顶煤应力分布与破坏以及支架对工作面的力学作用等，我们采用合理的数值方法与软件进行计算、分析和预测。本项目研究中采用国际上目前最为先进、最为流行的三维数值模拟软件 FLAC^{3D}（三维拉格朗日有限差分法）对芦岭煤矿 8 煤层预采顶分层综放开采工作面进行计算分析，主要是：

（1）研究芦岭煤矿 Ⅱ824^{-2} 工作面注水前后工作面支承压力分布规律和注水前后煤壁稳定性情况。

（2）研究芦岭煤矿极软预采顶分层厚煤层（8 煤层）综放开采注水后三维矿山压力显现规律。

（3）研究极软厚煤层预采顶分层综放开采工作面顶煤、顶板的三维移动与破坏规律，以及支架与围岩相互作用关系，合理工作阻力对缓解煤壁压力的模拟等。

（4）研究极软厚煤层预采顶分层综放开采采场前方煤体、上方顶煤的变形和破坏等煤壁稳定性特征。

通过上述模拟研究获得到极软厚煤层预采顶分层综放工作面从开切眼开始直至末采的整个过程，在采动影响下沿走向和倾向方向上采场顶煤、顶板和前方煤壁的破坏区域和破坏剧烈程度以及应力分布规律，顶煤与顶板相互作用形成的支承压力的分布范围和形态等，以期为保证综放工作面的正常推进和高产高效开采提供必要的理论依据。

图 4-38 是三维 FLAC 数值计算模型的网格划分情况。为了消除边界效应，三维计算模型的长、宽、高设置为 280m、300m 和 200m。由于计算模型主要考察采场煤壁和顶板的变形破坏情况以及工作面支承压力，再由计算模型的大小和计算机性能所限，对计算模型单元采用不等划分（图 4-39），对工作面开挖部分细化，单元格为 5m×5m×2m；对工作面以外的外部围岩边界尺寸最大可达 10m×25m×30m。同时为了消除不同煤岩层边界的影响，我们对模型单元格采用非均匀划分，使分界面有一定的梯度。计算模型共划分有 36176 个长方体单元，共 39585 个结点。

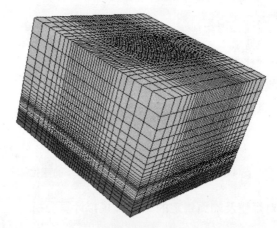

图 4-38　三维计算模型

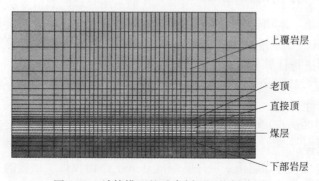

图 4-39　计算模型的垂直剖面网格划分图

随着工作面的不断向前推进，顶煤和直接顶逐渐垮落，破裂单元的强度符合虎克-布朗强度准则，即单元破裂后承载能力降低很多。本研究将垮落单元强度降低为原有强度的20%。破裂垮落后的单元符合莫尔-库仑屈服准则。模型计算从形成原始应力场开始，开切眼、顺槽时记录下应力达到平衡状态时的单元破坏及应力、变形情况，以后工作面每推进5m记录一次，图4-40为沿开采方向剖面计算模型示意图。图中N记录应力、变形时的推进距离。

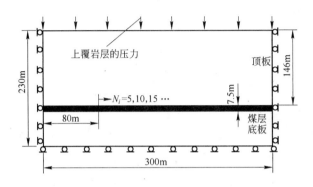

图4-40 模型沿工作面推进方向计算剖面示意图

随后工作面每推进5m记录一次计算结果，通过对各个记录图的分析，我们认为当老顶第一次出现大面积的剪切破坏和张拉破坏时，就是老顶的初次来压。结果显示当工作面推进到距离开切眼25m时，老顶初次来压。图4-41、图4-42为工作面的初次来压时垂直剖面的应力场，由图可知注水前后在采场的前方和后方均出现明显的应力集中现象，且分布规律大致相同；如图4-41所示，煤壁注

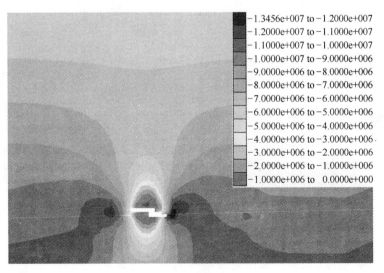

图4-41 工作面初次来压时煤层注水前的垂直应力分布

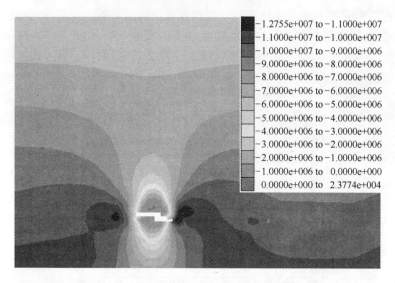

$$-1.2755\text{e}+007 \text{ to } -1.1000\text{e}+007$$
$$-1.1000\text{e}+007 \text{ to } -1.0000\text{e}+007$$
$$-1.0000\text{e}+007 \text{ to } -9.0000\text{e}+006$$
$$-9.0000\text{e}+006 \text{ to } -8.0000\text{e}+006$$
$$-8.0000\text{e}+006 \text{ to } -7.0000\text{e}+006$$
$$-7.0000\text{e}+006 \text{ to } -6.0000\text{e}+006$$
$$-6.0000\text{e}+006 \text{ to } -5.0000\text{e}+006$$
$$-5.0000\text{e}+006 \text{ to } -4.0000\text{e}+006$$
$$-4.0000\text{e}+006 \text{ to } -3.0000\text{e}+006$$
$$-3.0000\text{e}+006 \text{ to } -2.0000\text{e}+006$$
$$-2.0000\text{e}+006 \text{ to } -1.0000\text{e}+006$$
$$-1.0000\text{e}+006 \text{ to } 0.0000\text{e}+000$$
$$0.0000\text{e}+000 \text{ to } 2.3774\text{e}+004$$

图 4-42　工作面初次来压时煤层注水后的垂直应力分布

水前的采场前方支承压力峰值约为 14MPa，出现位置为煤壁前方 10m 左右，支承压力影响范围为 40m 左右。煤壁注水以后其前方支承压力峰值约 12MPa 左右，明显低于注水前的峰值，但是其峰值位置在煤壁前方 15～20m，且其影响范围波及煤壁前方 50m 以外。图 4-43 为工作面初次来压时采场围岩的破坏情况，由图我们可以看出，注水前后采场上方顶煤、顶板均出现大面积的剪切破坏和张拉破坏，采场前方煤壁也都出现剪切破坏。

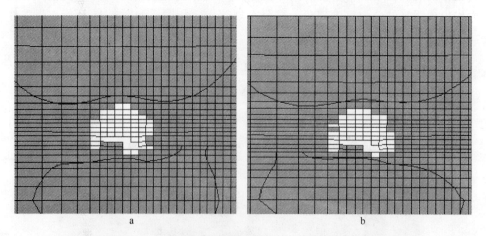

图 4-43　工作面初次来压时垂直剖面单元的破坏情况

a—注水前；b—注水后

　　图 4-44 为工作面初次来压时采场围岩的位移矢量分布图。由图可以看出，工作面初次来压时注水前后的采场围岩位移矢量分布并无明显的差异和变化，采

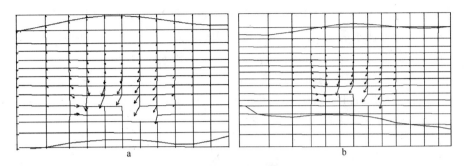

图 4-44　初次来压时采场围岩位移矢量分布图（局部放大）
a—注水前；b—注水后

场上部顶板和工作面前方煤壁的位移均指向采空区，采空区上方位移指向工作面推进方向，在工作面前方围岩位移矢量背离推进方向而指向采空区，且其大小随着远离采空区而减小。

图 4-45 为工作面周期来压时的垂直应力分布。可以看出，煤壁注水前的采

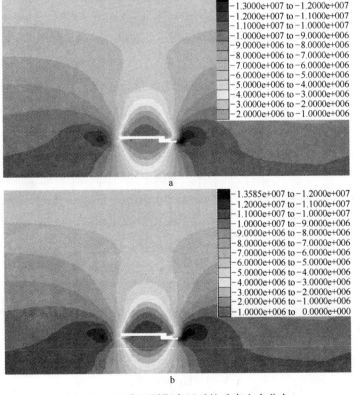

图 4-45　工作面周期来压时的垂直应力分布
a—注水前；b—注水后

场前支承压力峰值约为 15MPa，出现位置为煤壁前方约 10m 左右，影响范围为 40m 左右。煤壁注水后支承压力峰值约 14MPa 左右，低于注水前的峰值，其峰值位置在煤壁前方 15～20m，影响范围为煤壁前方 50m。

图 4-46 为工作面周期来压时垂直剖面的单元破坏情况。在注水前后采场上部顶板和岩层均发生不同程度的大面积剪切破坏和张拉破坏。且注水后的上部顶板和前方煤壁破坏程度不如注水前的剧烈。

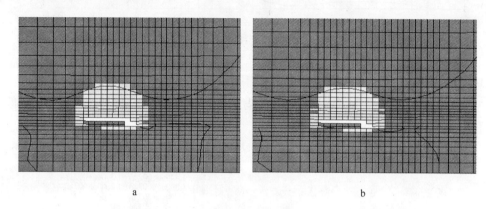

图 4-46　工作面周期来压时垂直剖面的单元破坏情况
a—注水前；b—注水后

图 4-47 为工作面周期来压时围岩位移矢量分布图。其位移矢量分布规律与顶板初次来压时的围岩位移矢量分布规律大致相同。其围岩矢量也是指向采空区，且其大小随着远离开挖空间而减小。

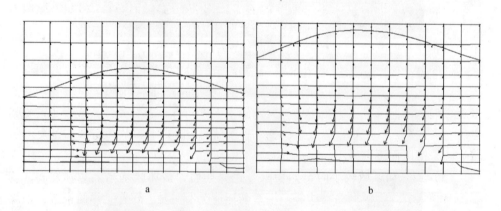

图 4-47　工作面周期来压时围岩位移矢量分布图（局部放大）
a—注水前；b—注水后

表 4-11、图 4-48 为煤层注水前后的支承压力对比情况。

表 4-11 煤壁注水前后支承压力参数汇总表

项 目	初次来压			周期来压		
参 数	峰值/MPa	位置/m	范围/m	峰值/MPa	位置/m	范围/m
注水前	14	10	40	15	10	40
注水后	12	12	50	14	15	55
变 化	-2	2	10	-1	5	15

注: 变化表示注水前后参数的变化情况, 正值表示注水后比注水前增大, 负值表示注水后参数降低。

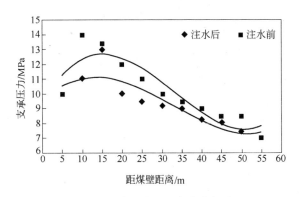

图 4-48 工作面支承压力变化规律图

数值计算结果表明:

(1) 煤壁注水前后, 其支承压力的峰值大小、峰值出现位置以及影响范围明显不同。注水前煤壁支承压力峰值大小约为 14MPa, 其位置大约在煤壁前方 10m 左右, 影响范围大约 40m; 注水后支承压力峰值大小降低了 1MPa 左右, 其出现位置在煤壁前方 15 ~ 20m, 影响范围 50m 以上。

(2) 注水前后, 采场围岩位移矢量分布呈现出相似的规律, 其方向均指向采空区, 采空区上方位移指向工作面推进方向, 在工作面前方围岩位移矢量背离推进方向而指向采空区。由于位移矢量沿水平方向有一定的分量, 这就要求支架必须有一定的水平阻力, 以维持支架的平衡状态。同时, 围岩位移矢量的大小随着远离采空区而逐渐减小。

(3) 当采动区域较小时, 如切眼开挖完毕后, 破坏区基本上对称发展, 切眼上方顶煤和顶板破坏略占优势。煤壁破坏情况不明显。随着工作面推进, 顶煤及上部围岩破损的发展逐步呈现出不均衡发展趋势, 但切眼上方仍为破坏半径最大区域。这是因为在老顶垮落之前切眼附近的围岩承受着较大的应力。

(4) 从计算结果来看, 在工作面推进过程中顶煤的破坏区域很大, 工作面前方和上方顶煤都发生了大量的破坏, 上方已穿过直接顶深入到老顶, 前方 5m

左右的顶煤已发生剪切破坏，底板也部分发生破坏。这从侧面也说明了芦岭煤矿的煤岩强度十分低，在支承压力作用下容易压裂破碎，顶煤在工作面支架上方已经形成散体状态。

（5）注水前后的顶煤和顶板的破坏程度和破坏范围大致相同，均出现大面积的剪切破坏和张拉破坏。但是采场前方煤壁的破坏程度和破坏范围不尽相同，注水以后由于支承压力降低和其峰值点的前移，煤壁的破坏程度有所降低，并且破坏范围也与注水前不同，煤壁正前方的破坏范围明显减小。

5 综放开采顶板宏观移动的离散元模拟

离散单元法最早是由 Cundall 提出的，这种方法适用于模拟节理系统或离散颗粒组合体在准静态或动态条件下的变形过程。由于岩体是一种多裂隙体，在岩体内部有很多的不连续面，因此用有限元方法不能很好地模拟岩体的各种反应。有限单元法的理论基础是表述最小总势能的变分原理，它是将连续求解域离散为一组有限个单元组合体，并且利用每一单元内假设的近似函数来表示求解区域上待求的未知场函数，由于有限元需要很大的存储量，在相邻界面上又只能位移协调，对于应力间断问题，处理很困难。离散元处理有间断的问题就是这种方法的特点所在。边界元在处理裂隙岩体上也是不行的，因为边界元的理论基础是表述 Betti 互等定理的积分方程，它是把求解区域的边界分为若干个单元，将解析解简化为求单元结点上的数值解，通过求解一组线性代数方程实现求解积分方程。在处理节理裂隙发育的岩体和颗粒状的散体，特别是岩体运动、分离、垮落形态的模拟，离散元显示出巨大的优越性。

离散元法由于能够处理裂隙岩体和颗粒状散体，因此自 80 年代传入我国之后，许多学者都将这种数值方法应用到放顶煤的研究当中。王泳嘉教授较早地运用离散元法进行了放顶煤实例分析研究；刘明远、邢纪波采用离散元模拟了放顶煤放出特征；富强博士改进了 Ball 程序，对顶煤的放出过程进行了模拟；卫建清博士利用 PFC^{2D} 程序对顶煤放出过程进行了模拟；还有众多的学者利用离散元程序对顶煤的破坏规律、矿压显现规律等进行了研究。

离散元在放顶煤中的应用通常可以分为两类：一是侧重于力学的研究，主要应用于矿压研究、上覆岩层宏观运动与破坏研究；二是侧重于运动学的研究，主要研究散体颗粒的运动情况。UDEC 程序主要应用力学方面的分析，一般应用于放顶煤研究中顶煤的破坏情况和上覆岩层的整体运动情况和应力分布模拟。PFC^{2D} 和 PFC^{3D} 主要用于研究颗粒的运动规律和散体力学分析，能够研究散体的力学行为，该程序主要研究放顶煤过程中顶煤的运动规律，另外通过改进早期离散元 Ball 程序也对顶煤的运动规律进行了类似的模拟。运动学方面的离散元模拟研究随着程序的改进，目前在二维方面的模拟效果已经能够说明一般的问题，各种模拟程序模拟出来的效果大同小异。

5.1　离散单元法基本原理及 UDEC^{2D}简介

5.1.1　离散单元法基本原理

离散元法假定介质由多个刚性块体或多个可变形块体组成。对于刚性块体，在计算过程中，其形状与大小均不改变，而可变形块体则不受这一限制。离散元的基本方程由块体运动方程与物理方程组成。

5.1.1.1　运动方程

将块体离散化为有限差分三角形，网点即由三角形的顶点所组成，每个网点的运动方程为：

$$\ddot{U}_i = \frac{\int \sigma_{ij}\eta_j\mathrm{d}s + F_i}{m} + g_i \tag{5-1}$$

式中　$\ddot{U}_i$——网点 i 的运动加速度，m/s^2；

σ_{ij}——应力张量；

η_j——对 s 面的单位法向矢量；

F_i——作用于网点 i 上的外部载荷，kN；

m——网点的质量，kg；

g_i——点 i 的重力加速度，m/s^2。

网点上的作用力 F_i 为式（5-2）中的三项力的综合：

$$F_i = F_i^z + F_i^C + F_i^l \tag{5-2}$$

式中　F_i^z——围绕 i 网点的各分带的内部应力贡献；

F_i^C——沿块体边界网点的接触力；

F_i^l——外部载荷。

式（5-2）中 F_i^z 力的具体计算公式为：

$$F_i^z = \int_C \sigma_{ij}\eta_j\mathrm{d}s \tag{5-3}$$

式中　σ_{ij}——分带中的应力分量；

η_j——垂直于轮廓线 C 的外法线方向单位矢量；

C——轮廓线，由围绕网点角度的二等分线构成的多边形闭合线。

在每个网点的力矢量 ΣF_i 中也包括重力作用下的体力

$$F_i^g = g_i \cdot m_g \tag{5-4}$$

式中，m_g 为连接网点 i 的各三角形质量的 1/3 的总和。

5.1.1.2　物理方程

物理方程表示块体间接触点（面）的力-位移关系，各块体间的接触 Cundall

归纳为角-边和边-边接触。力与位移的关系用增量表示，设法向力增量为 ΔF_n，切向力增量为 ΔF_s，与它们对应的位移增量分别为 ΔU_n 与 ΔU_s，且：

$$\begin{cases} \Delta F_n = K_n \cdot \Delta U_n \\ \Delta F_s = K_s \cdot \Delta U_s \end{cases} \tag{5-5}$$

式中，K_n，K_s 分别为不连续面接触面上的法向刚度与切向刚度。

对于弹性刚度，设块体接触边长为 l，块体间裂隙宽度为 b，弹性模量为 E，剪切模量为 G，则有：

$$K_n = \frac{El}{2b}, \quad K_s = \frac{Gl}{2b} \tag{5-6}$$

利用式（5-5）还可以计算它们相应的应力分量与应力增量值：

$$\begin{cases} \sigma_n = F_n/l, & \Delta \sigma_n = K_n \cdot \Delta U_n \\ \tau_s = F_s/l, & \Delta \tau_s = K_s \cdot \Delta U_s \end{cases} \tag{5-7}$$

块体间的相互作用还包含有阻尼力，在本次计算中阻尼力被设置成自动施加。

离散元法本质上属于动力平衡法，据牛顿第二定律：

$$\frac{\partial \dot{u}}{\partial t} = \frac{F}{m} \tag{5-8}$$

式中　$\dot{u}$——网点的速度值，m/s；

　　　F——作用力，kN；

　　　m——质量，kg；

　　　t——时间，s。

利用对时间的中心差分，式（5-8）成为：

$$\frac{\partial \dot{u}}{\partial t} = \frac{\dot{u}(t + \Delta t/2) - \dot{u}(t - \Delta t/2)}{\Delta t} \tag{5-9}$$

综合式（5-8）、式（5-9）对于 i 网点，可得到：

$$\dot{u}(t + \Delta t/2) = u(t - \Delta t/2) + \frac{\sum F_i^{(t)}}{m} \cdot \Delta t \tag{5-10}$$

对于每一时步，在正常情况下网点的变形、振动及其对应的变形速度、转动速度与该点的位移及位移速度有关，且不局限于小应变问题，并可处理非线性问题。

5.1.2　UDEC 简介

5.1.2.1　UDEC 的发展

UDEC（Universal Distinct Element Code）有近四十年的发展历史，最先是

Cundall P. A. 在 1971 年为解决岩块系统的运动问题而提出来的，并在那时有了 DEM（Discrete Element Method），1978 年，Cundall P. A. 和 Strack O. D. L 开发出了二维圆心块体的 Ball 程序。1985 年，Cundall P. A. 与 Itasca 咨询集团公司合作完成了二维 UDEC 程序的开发。目前，UDEC 已广泛应用于岩土工程和采矿工程。UDEC 从 1985 年到 1992 年完成了由 UDEC1.0 版本到 UDEC1.8 版本的升级，1993 年有了 UDEC2.0 版本，在 1996 年推出了最新的 UDEC3.0 版本。

5.1.2.2　UDEC 的基本原理

UDEC 是针对非连续介质模型的二维离散元数值计算程序，它应用于计算机计算主要包括两方面的内容：一是离散的岩块允许大变形，允许沿节理面滑动、转动和脱离冒落；二是在计算的过程中能够自动识别新的接触。

在 UDEC 中块可以是刚性的或者是变形的，接触是变形的。二维的 UDEC 既可以用于解决平面应变问题也可以用于解决平面应力问题；UDEC 既可以解决静态问题也可以解决动态问题。

UDEC 应用基于拉格朗日的显示差分法求解运动方程和动力方程，UDEC 的运动方程和动力方程如下：

根据牛顿第二定律，并由中心差分格式得速度方程

$$\dot{u}^{(t+\Delta t/2)} = \dot{u}^{(t-\Delta t/2)} + \frac{F^{(t)}}{m}\Delta t \tag{5-11}$$

当考虑体力时，对于二维块体，根据牛顿第二定律，并由中心差分得速度方程

$$\left.\begin{array}{l} \dot{u}_i^{(t+\Delta t/2)} = \dot{u}_i^{(t-\Delta t/2)} + \left(\dfrac{\sum F_i^{(t)}}{m} + g_i\right)\Delta t \\[3mm] \dot{\theta}^{(t+\Delta t/2)} = \dot{\theta}^{(t-\Delta t/2)} + \left(\dfrac{\sum M^{(t)}}{I}\right)\Delta t \end{array}\right\} \tag{5-12}$$

式中　$\dot{\theta}$——块体质心角速度，rad/s；

$\quad\quad I$——块体的转动惯量，kg·m²；

$\quad\quad \sum M$——块体上的转动惯量和，kg·m²

$\quad\quad \dot{u}_i$——块体质心的速度，m/s；

$\quad\quad g_i$——重力加速度（体力），kg。

将式（5-12）进行积分，可得块体新的状态

$$\left.\begin{array}{l} x_i^{(t+\Delta t)} = x_i^{(t)} + \dot{u}_i^{(t+\Delta t/2)}\Delta t \\[2mm] \theta^{(t+\Delta t)} = \theta^{(t)} + \dot{\theta}^{(t+\Delta t/2)}\Delta t \end{array}\right\} \tag{5-13}$$

式中　θ——块体质心的转动角，rad；

x_i——块体的质心坐标，m。

5.1.2.3 UDEC 的应用领域

UDEC 多应用于与采矿工程有关的研究。使用 UDEC 对于地下深部开挖巷道已经进行了静态和动态分析。断层滑落导致在开挖巷道周围失效是运用 UDEC 进行分析的事例之一。运用动态应力或速度波研究了在模型边界的爆破效果；运用连续节理模型进行了断层滑落诱导受震程度的研究；运动结构元素模拟各种岩石加固系统，如灌浆岩石锚杆和喷射混凝土加固系数。

UDEC 已用于有限的计算设计工具，但是该程序更适合研究与节理岩块有关的潜在失效机理。节理岩块性质是一个"data-limited"系统，即内部结构和应力状态在很大程度上是未知和不可知的。因此，原则上构造一个岩块系统的完整模型是不可能的。尽管这样，如果将工程问题简化为平面应变问题，运用 UDEC 可了解有节理岩层地下巷道的响应。这种方法寻求改进各种现象对岩石力学设计的工程理解。这样，工程师通过识别可能导致地下巷道不可接受的变形状态来预计潜在的问题区域。

5.2 综放采场软煤条件下 UDEC 数值模型的建立

综采放顶煤相比于其他开采方式最大的优点就是高产高效，对综放工作面进行的各种研究都是为了实现综放的高产高效与安全开采。放煤规律的研究是为了掌握顶煤在放出过程中的移动和放出规律，尽量提高顶煤放出率；综放工作面支架与围岩关系研究为综放工作面选择合适的液压支架提供了依据，选择合适的支架能使工作面处于良好的状况，为生产奠定良好的基础；上覆岩层运移规律研究使人了解放顶煤条件下上覆岩层的宏观运动规律，使支架和工作面生产适合岩层宏观运动。以往在利用离散元软件研究放顶煤已经做了很多工作，本数值模拟将在结合相似试验的基础上，对软煤条件下适合的割煤高度和软煤极限采高下不同采放比上覆岩层的宏观运动规律进行模拟。在软煤条件下，工作面的煤壁稳定性是个大问题，因此要找出一个较合适的采煤高度，在此高度下煤壁能够保持稳定状态，发生片帮的可能小，有利于工作面生产条件的控制；在适合的采高下，需考虑不同的采放比放煤过程中上部岩层和顶煤的宏观运动规律。

5.2.1 模型的物理尺寸与边界条件

综放开采计算模型的长度为 210m，高度为 40m，模拟采深为 300m。模型煤层的高度范围为 6~10m，直接顶厚 6m，老顶厚度为 7m。见图 5-1。

模型计算边界条件：上部边界条件为应力边界条件，垂直应力为采深 300m 的情况所产生的应力，水平应力取垂直应力的 1/5；两边边界为速度边界条件，x 方向的速度为零，为简支；底部边界为固支，x、y 方向的速度都为零。

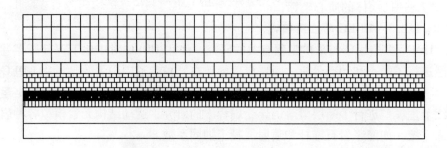

图 5-1　原始围岩结构模型

　　模型块体的本构关系选为莫尔-库仑模型，节理的本构模型选为面接触的库仑滑移模型。由块体和节理的本构关系确定数值计算所需要的属性参数，根据已有的实验室测得数据和类似的模拟计算中所取得数值作参考，取煤层、直接顶和老顶块体属性参数。

5.2.2　模型的本构关系与属性参数

　　模型块体的本构关系选为莫尔-库仑模型，该本构关系适合于处理一般的土与岩石力学问题，例如边坡稳定和地下工程开挖。本模型模拟采场是沿工作面前进的方向，属于地下开挖问题，而且要考虑块体产生的塑性区范围，因此用莫尔-库仑模型较为合适。节理的本构模型选为面接触的库仑滑移模型，该模型可以模拟岩石中的节理、断层、层理等，主要应用于一般的岩石力学问题，如地下开挖。

　　由块体和节理的本构关系确定数值计算所需要的属性参数，根据已有的实验室测得数据和前人在模拟试验中所取得数值取煤层、直接顶和老顶块体（直接底和老顶上覆岩层属性与直接顶一样）属性参数如表 5-1 和表 5-2 所示。

表 5-1　各层块体所取力学物理参数

岩 层	密度 /kg·m⁻³	摩擦角 /(°)	内聚力 /Pa	抗拉强度 /Pa	杨氏模量 /Pa	泊松比 /Pa	体积模量 /Pa	剪切模量 /Pa
老　顶	2760	33	1.63×10^7	9.5×10^6	2.87×10^{10}	0.18	1.36×10^{10}	1.25×10^{10}
直接顶	2700	32	9.0×10^6	4.0×10^6	1.87×10^{10}	0.22	9.76×10^9	7.94×10^9
煤　层	1300	30	2.52×10^6	2.0×10^6	9.8×10^9	0.30	5.44×10^9	4.08×10^9

表 5-2　各层节理的力学参数

岩 层	法向刚度/Pa	切向刚度/Pa	内摩擦角/(°)	内聚力/Pa	抗拉强度/Pa	膨胀角/(°)
老　顶	1.25×10^{10}	5.5×10^9	10	4.0×10^4	0	0
直接顶	3.5×10^9	2.0×10^9	8	1.0×10^4	0	0
煤　层	1.3×10^9	1.0×10^9	3	0	0	0

由于数值模拟在本质上仍然属于定性分析，因此其模拟的结果只有相对的比较意义，即在其他条件固定的情况下，评价某一因素的影响。本数值模拟主要是通过比较，找出在软煤条件下合适的割煤高度和在采放比不同的情况下上覆煤岩层的宏观运动规律。在参数合理和模型理想的情况下，利用 UDEC 软件计算出的结果是有一定可信度的，这也为一些工程实践所证明。

5.3 不同采高情况下工作面煤壁稳定性模拟计算

在煤层极软条件下，开采过程中，工作面煤壁与端面稳定与否是制约高效开采的关键问题，如果不能很好的维护工作面的状态很难实现放顶煤的优势，发挥其高效特点。为了模拟得出合理的采高，应尽可能地避免煤壁片帮，将割煤高度分为 2.0m、2.2m、2.5m、2.8m、3.2m 五种情况进行离散元计算。模拟计算的其他参数按工作面实际给出。计算中，对煤壁的一些特征点的位移和速度进行监测，以此判断煤壁的稳定状况。

5.3.1 采高 2.0m 的工作面煤壁状况

模型首先执行开挖，开挖距离为 10m，开挖之后进行支护。模型运算 8000 步之后达基本平衡状态。由运算之后的煤壁位移矢量图也可以看出，煤壁内煤体没有发生明显的离层，煤壁内 0.5m 出现破坏。根据监测煤壁中点的位移和速度可以得出煤壁处于稳定状态，其中垂直方向最大位移为 2.8mm，水平方向最大位移为 4.8mm。位移矢量分布图见图 5-2。

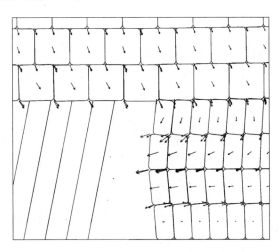

图 5-2 割煤高度 2.0m 的煤壁位移矢量分布图

5.3.2 采高 2.2m 的工作面煤壁状况

采高为 2.2m 情况下，经计算模型也可以很快达到初始平衡状态，开挖之后进行支护，通过监测点的速度也可以看出煤壁在运动一定距离之后停止运动，模型中块体已经发生离层，煤壁往里0.5m范围内已经出现了破坏。由于本模型块体划分不是很规则，上部有一较小块体，因此经计算之后该块体在压力作用下变形，影响了下面块体的稳定性使得整个工作面煤壁更容易失稳。这也说明了保持顶板部分煤体的完整性是比较重要的，如果该部分顶板比较破碎，则端面的稳定性就难以维护，同时煤壁片帮发生的可能性也要大的多。煤壁处位移矢量分布见图5-3，由图可以看到在煤壁中上部已经发生了一定程度的离层。

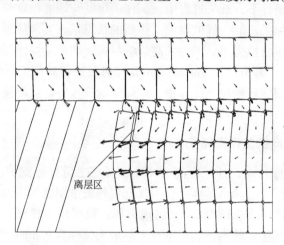

图5-3　割煤高度2.2m的煤壁位移矢量分布图

5.3.3　采高2.5m的工作面煤壁状况

通过计算可以发现2.5m采高情况下，工作面煤壁破坏区发展到煤壁内0.75m，见图5-4，煤壁中部已经发生明显的离层。在计算相同的步数情况下，

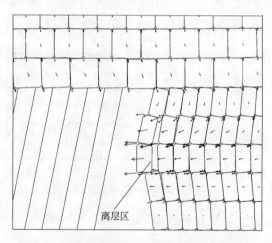

图5-4　割煤高度2.5m的煤壁位移矢量分布图

工作面煤壁没能达到平衡状态，这说明 2.5m 采高煤壁失稳的可能性比较大。由位移曲线图 5-5 可以看出，监测点在水平 x 方向、垂直 y 方向位移一直处于增加状态，因此在经过一定时间之后煤壁将会失稳。据此，采高 2.5m 可以看做是一个极限高度，在生产中采高不应该超过这个高度。

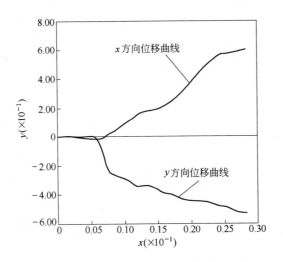

图 5-5　煤壁中点的水平及垂直方向位移曲线

5.3.4　采高 2.8m 工作面煤壁状况

割煤高度 2.8m 的煤壁位移矢量分布见图 5-6，在采高为 2.8m 的情况下，破坏的范围仍然是 0.75m，但是破坏的严重程度大大增加，煤壁处已经发生了破坏，说明采高 2.8m 的工作面煤壁是无法保持稳定的，离层区域的范围为煤壁内 0.75m。

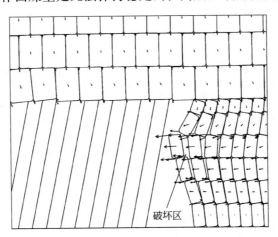

图 5-6　割煤高度 2.8m 的煤壁位移矢量分布图

速度曲线表明，水平和垂直方向的速度在波动之后并没有归零，而是越来越大，说明煤壁监测点发生了失稳，该监测点的位移越来越大，最终脱离煤壁而形成片帮。

5.3.5 采高 3.2m 的工作面煤壁状况

在采高为 3.2m 的情况下，煤壁的破坏区扩展到了 1.5m。煤壁破坏范围大，破坏程度严重，煤壁中部往里 2.0m 的范围内都发生了不同程度的错位。可见在采高过大的情况下破坏区的范围增加速度很快，煤壁内部较深处的破坏比较严重，这样对工作面顺利推进会造成很大的困难，见图 5-7。

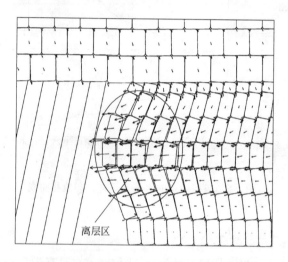

图 5-7　割煤高度 3.2m 的煤壁位移矢量分布图

将不同割煤高度的煤壁稳定状况汇总成表 5-3

表 5-3　不同割煤高度的煤壁稳定状况

割煤高度/m	2.0	2.2	2.5	2.8	3.2
煤壁破坏情况	煤壁内煤体没有发生明显离层，煤壁内 0.5m 范围内出现局部破坏，煤壁处于稳定状态	煤壁 0.5m 范围内出现了破坏，有离层发生，煤壁整体处于稳定状态	煤壁破坏区发展到煤壁内 0.75m，煤壁中部已经发生明显的离层。煤壁整体失稳	破坏区 0.75m，破坏严重，煤壁发生了破坏，离层区域为煤壁内 0.75m，煤壁整体失稳	破坏区 1.5m，破坏范围大，破坏严重，煤壁中部 2.0m 范围内发生破坏，煤壁整体失稳
综合评价	煤壁稳定	煤壁整体稳定	煤壁整体失稳	煤壁整体失稳	煤壁整体失稳

5.4 不同煤层厚度情况下顶板岩层的宏观运动规律

模拟计算中，割煤高度按 2.5m 计算，计算的煤层厚度分别为 5m、7.5m 和

10m。老顶的周期来压步距按 10m 计算，数值模拟首先模拟开切眼 10m，然后再连续进行开挖—支护—放煤—开挖这个循环过程，一次开挖距离为 10m，开挖总长度为 50m，连续开挖和放煤模型如图 5-8 所示。

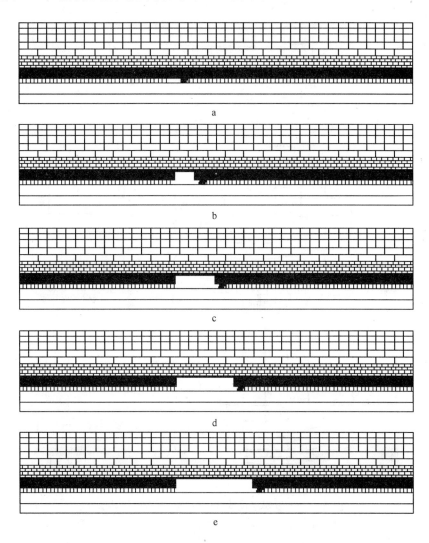

图 5-8 连续开挖和放煤模型示意图
a—开切眼；b—第一次放煤；c—第二次放煤；d—第三次放煤；e—第四次放煤

5.4.1 5m 厚煤层的顶板岩层宏观运动规律

图 5-9 为连续推进后的上覆岩层运动情况。由图中可以看出，由于煤层高度比较低，上覆岩层没有发生明显的离层，开切眼处老顶和直接顶发生比较明显的离层破断；支架后方直接顶的结构处于即将失稳的状态，老顶破断产生于工作面

前方约6m处；虽然采空区上覆岩层破断为块，但在一定区域内仍然能排列整齐，在岩层移动过程中相互牵制，随着工作面的推进有的会失稳后重新形成新的结构。

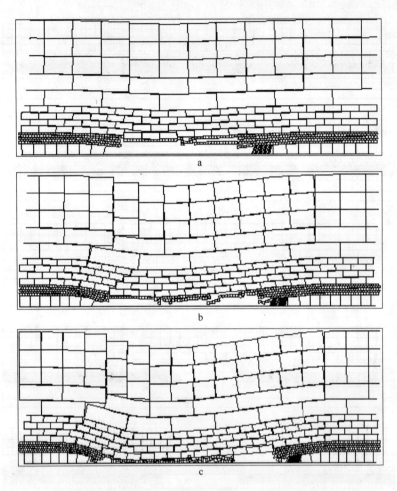

图 5-9　5m厚煤层连续推进后的上覆岩层运动情况
a—工作面推进30m；b—工作面推进40m；c—工作面推进50m

图5-10为垂直应力等值线图，垂直应力峰值为原岩垂直应力的2.5倍，应力增高区的范围为14m。由图a可以看出，在开采距离较小的情况下，岩块相互支撑形成结构，在开采两端形成应力集中；图b可以看出开采一定距离后，岩块形成的结构遭到破坏，梁结构的中部垂直应力由于结构失稳没有明显的集中区；图c开采距离更大之后，采空区重新压实，压实区形成了新的垂直应力集中区，在压实区和工作面之间上部岩层形成了新的结构，支架处于这个结构之下。

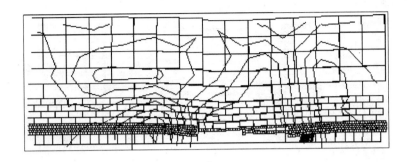

图 5-10　5m 厚煤层连续推进后的上覆岩层中的垂直应力分布
a—工作面推进 30m；b—工作面推进 40m；c—工作面推进 50m

　　图 5-11 为主应力分布图，由图中主应力的分布可以看出在工作面推进过程中，上覆岩层宏观的运动规律。上部岩层就是处在形成结构和失稳的动态过程中，在开挖 50m 的时候，后部采空区重新压实，从工作面向后 30m 形成一个新的结构，这也说明现场中工作面支架处于卸压带，由图 c 可以看出工作面再推进一定距离，直接顶形成的结构就会破断，这会对工作面造成冲击，因此支架虽然大部分时间处于上部岩层形成的结构之下，但是支架的支护强度是不能降低的。

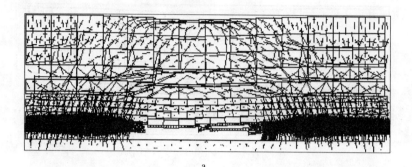

图 5-11   5m 厚煤层连续推进后的上覆岩层中的主应力分布
a—工作面推进 30m；b—工作面推进 40m；c—工作面推进 50m

5.4.2 7.5m 厚煤层的顶板岩层宏观运动规律

模拟煤层厚度为 7.5m，放煤厚度为 5.0m，对比图 5-12 和图 5-10 可以发现，上部岩层的宏观运动有了新的特点，在开挖距离 30m 时，二者没有明显的差别，都在端面处发生直接顶的离层，只是离层的程度有一些差别；在开挖距离超过 40m 之后可以发现，7.5m 的情况下，老顶失稳发生在采空区的接近于中部处，而 1:1 则发生在端面处；由于煤层较厚，整个上部岩层的运动范围比较大，上部岩层也形成了明显的破断结构。

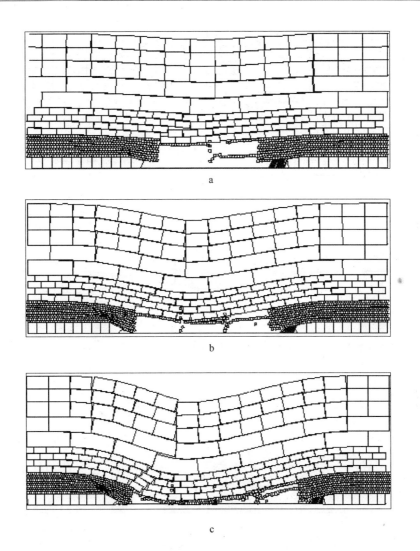

图 5-12 7.5m 厚煤层连续推进后的上覆岩层运动情况

a—工作面推进 30m; b—工作面推进 40m; c—工作面推进 50m

图 5-13 为垂直应力分布图，垂直应力峰值为原岩垂直应力的 2.25 倍，应力增高区的范围为 20m。在煤层厚度增加的情况下，应力反而减小了一些，但是应力增高区范围加大了。由图 a 和图 b 的垂直应力分布可以看出，其应力分布与 5m 厚煤层的不同，在煤层厚度增大的情况下，上部形成的结构也加大。图 c 显示了在大结构失稳之后，采空区重新压实的垂直应力分布。通过比较图 5-13 和图 5-10 的垂直应力图可以发现，垂直应力变化的尖角处也是上部岩层破断处。

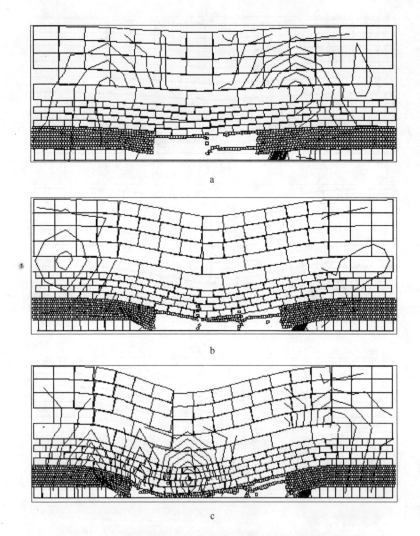

图 5-13　7.5m 厚煤层连续推进后的上覆岩层中的垂直应力分布

a—工作面推进 30m；b—工作面推进 40m；c—工作面推进 50m

　　图 5-14 为主应力分布图，主应力的分布在宏观上没有太大变化与 5m 煤层十分类似；通过与 5m 煤层的比较可以发现工作面附近的直接顶稳定性要更好一些，虽然煤层厚度增大，但直接顶并不像想象的那样更容易失稳。由图可以假设上覆岩层形成的结构为简支梁，主应力在梁的两端集中，指向工作面前面的煤岩。由图可以看出，工作面支架范围处于梁结构的保护之下，这可以在一定程度上解释为何放顶煤工作面压力显现不是很明显，反而比一般的工艺方式要弱一些。

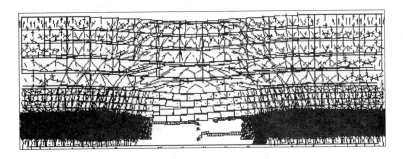

a

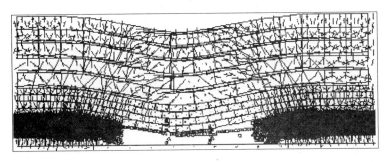

b

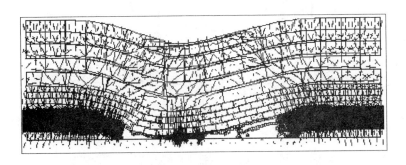

c

图 5-14 7.5m 厚煤层连续推进后的上覆岩层中的主应力分布

a—工作面推进 30m；b—工作面推进 40m；c—工作面推进 50m

5.4.3 10m 厚煤层的顶板岩层宏观运动规律

模拟煤层厚度为 10m，放煤厚度为 7.5m，见图 5-15。由图 b 可以看出，直接顶多处发生了失稳，老顶失稳的距离基本上也在采空区的中部；从图 c 可以看出，上部岩层多处发生了破断，由于开采空间过大，上部岩层相互错动相对前面两种情况更加厉害，工作面上部岩层有两处发生了破断。

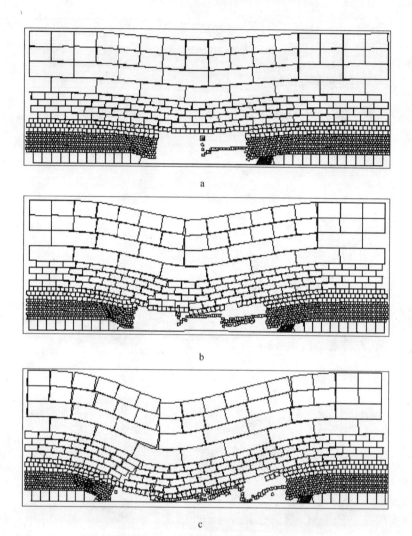

图 5-15　10m 厚煤层连续推进后的上覆岩层运动情况

a—工作面推进 30m；b—工作面推进 40m；c—工作面推进 50m

　　图 5-16 为垂直应力图，垂直应力峰值为原岩垂直应力的 2.25 倍，应力增高区的范围为 25m。图 c 中可以看出，在工作面处形成了两处垂直应力集中区，两个集中区分别对应上部两处破断。采空区上覆岩层的破断处与 7.5m 煤层时基本相似，整个岩层的运动规律基本上是由老顶左右的。通过三组数值模拟可以发现，由初始的垂直应力分布大体可以推断上部岩层可能发生断裂和错位处，一般都是在垂直应力曲线拐弯尖角所指方向或其附近。因此，如果能够得到现场较详细的原始资料，就可以通过计算得出现场上覆岩层的运动规律，从而指导现场的围岩控制。

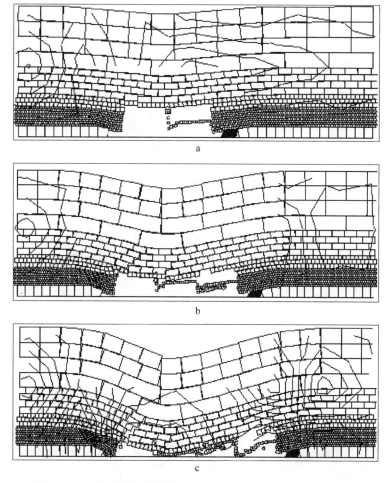

图 5-16　10m 厚煤层连续推进后的上覆岩层中的垂直应力分布
a—工作面推进 30m；b—工作面推进 40m；c—工作面推进 50m

图 5-17 为主应力分布图，主应力的分布在宏观上没有太大变化也与 5m、7.5m 厚煤层相似，虽然煤层厚度增大，但直接顶并不像想象的那样更容易失稳。由于煤层较软，在高应力的作用下发生较大变形，产生了比较大的位移，直接顶与老顶有一定的下移空间使积聚的弹性能得到了释放，因此整体结构比较完整，直接顶和老顶所形成的结构能够起到支撑上覆岩层的作用，这样工作面的压力不是很大，这与前面分析的结果基本一致。在煤层较软、较厚的情况下，上覆岩层的运动不是很剧烈。

上述模拟计算结果表明：三种不同煤层厚度情况下，顶板岩层的宏观运动规律有所差异。5m 煤层厚度时，由于煤层厚度较小，上覆岩层离层范围较小，老顶在开切眼端面处发生破断，而后两种情况由于煤层厚度较大，老顶都是在开切

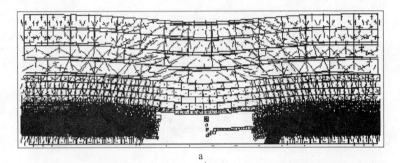

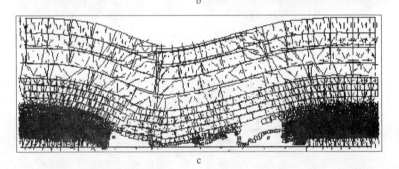

图 5-17　10m 厚煤层连续推进后的上覆岩层中的主应力分布

a—工作面推进 30m；b—工作面推进 40m；c—工作面推进 50m

眼的中部位置发生了破断，由于煤厚较大，上覆岩层的离层与错动比较严重，向下整体位移较大；通过比较三种情况主应力的分布和放煤后上覆岩层的形态，可以发现上覆岩层基本上处在失稳与重新形成结构的动态平衡之间；工作面所在范围基本上在上覆岩层形成的岩梁结构之下，梁的一端在采空区内压实部分，另一端在煤壁前方一定距离，因此放顶煤支架并没有受到很大压力。

6 工作面支架工作阻力确定

工作面液压支架工作阻力确定是综采工作面岩层控制研究的核心内容之一。其目标就是使工作面顶板控制在经济合理的前提下达到良好效果。满足工作面安全生产与高效开采。对于普通采高工作面，支架工作阻力确定的理论和方法基本成熟，但对于厚及特厚煤层的放顶煤开采与大采高开采的支架工作阻力确定仍处于摸索阶段，而且往往是基于现场开采经验进行类比确定。在支架工作阻力摸索的过程中，有些矿山也付出了相当沉重的代价。如某放顶煤工作面 30 余个支架一次性压死，支架前柱穿透顶梁、后柱拉断，顶煤与顶板台阶下沉等，又如某些大采高工作面开采过程中支架经常出现压死、压坏等现象，这给支架工作阻力确定带来了新的课题。其实目前在支架工作阻力确定方面，主要有三类问题：一是特厚煤层放顶煤开采的支架工作阻力确定（指煤层厚度 ≥12m 的煤层）；二是大采高开采支架工作阻力确定；三是浅埋深工作面支架工作阻力确定。这三类问题是目前高产高效开采工作面迫切需要解决的重要问题。

支架的工作阻力是通过直接顶来平衡老顶岩层压力的，尤其是老顶岩层结构失稳时对支架产生的压力。为了保持对老顶岩层的良好控制，支架需要保证直接顶与老顶之间不产生离层。即支架要有足够的初撑力。

6.1 按"砌体梁"理论确定支架工作阻力

6.1.1 "砌体梁"结构模型

通过对以往大量采动岩层内部移动观测，以及在总结铰接岩块假说及预成裂隙假说的基础上，钱鸣高院士于 20 世纪 70 年代末和 80 年代初提出了岩体结构的"砌体梁"结构理论模型，见图 6-1。

宏观上讲，采场上覆岩层的"砌体梁"结构模型将开采工作面的上覆岩层自下而上分为三个带，即垮落带 I，裂隙带 II，弯曲下沉带 III。自工作面前向后分的三个区，即煤壁支撑区 A，离层区 B 和重新压实区 C。从受力角度讲，煤壁支撑区也称高应力区，离层区为卸压区，重新压实区为应力恢复区。

6.1.1.1 垮落带 I

垮落带是指煤层开采以后直接顶呈不规则垮落的部分。煤层开采后，回采工作面从开切眼开始向前推进，直接顶悬露面积增大，当达到其极限垮距时，开始

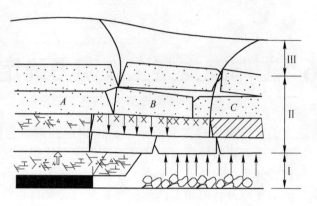

图 6-1　采场上覆岩层中的"砌体梁"结构模型

垮落，一般说来，直接顶具有一定的稳定性，但与老顶相比其稳定性较差，刚度较小，所以直接顶初次垮落前，其变形相对老顶变形大，容易出现直接顶与老顶的离层。若按连续的弹性介质分析（见图 6-2），由材料力学可得老顶的最大挠度为：

$$y_{\max} = \frac{(\gamma_1 h_1 + q) L_1^4}{384 E_1 J_1} \qquad (6-1)$$

直接顶的最大挠度为：

$$(y_{\max})_n = \frac{\Sigma h \gamma_2 L_1^4}{384 E_2 J_2} \qquad (6-2)$$

式中　q——老顶上的载荷集度，kN/m；

γ_1——老顶的容重，kN/m^3；

h_1——老顶的厚度，m；

L_1——直接顶的初次垮落步距，m；

Σh——直接顶厚度，m；

γ_2——直接顶的容重，kN/m^3；

E_1、E_2——老顶、直接顶的弹性模量，MPa；

J_1、J_2——老顶、直接顶的断面惯性矩，$J_1 = \dfrac{bh_1^3}{12}$，$J_2 = \dfrac{b \cdot (\Sigma h)^3}{12}$；

b——分析研究的模型厚度，一般取 $b = 1$。

直接顶与老顶之间不形成离层的条件为：

$$y_{\max} \geqslant (y_{\max})_n$$

即：

$$\frac{(\gamma_1 h_1 + q) L_1^4}{384 E_1 J_1} \geqslant \frac{\Sigma h \gamma_2 L_1^4}{384 E_2 J_2}$$

$$\frac{\Sigma h}{h_1} \geqslant \sqrt{\frac{E_1}{E_2} \cdot \frac{h_1 \gamma_2}{\gamma_1 h_1 + q}} \qquad (6\text{-}3)$$

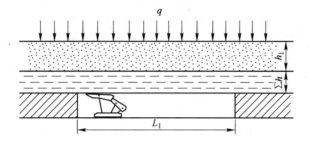

图 6-2 直接顶初次垮落前的离层分析

式（6-3）表明，若直接顶与老顶不产生离层，直接顶必须有一定的厚度。若考虑到直接顶初次垮落前工作面支架的支撑作用，则不形成离层的条件为

$$\frac{(\gamma_1 h_1 + q) L_1^4}{384 E_1 J_1} \geqslant \frac{(\Sigma h \gamma_2 - p) L_1^4}{384 E_2 J_2} \qquad (6\text{-}4)$$

式中 p——支架支护强度，即单位面积的支撑力。

直接顶初次垮落后，随着工作面推进，直接顶会连续地在采空区垮落，杂乱堆积下来，垮落直接顶总体力学特性类似于散体，形成垮落带。直接顶垮落破碎后，体积增大，用碎胀系数 K_p 反映体积增大程度。直接顶垮落后，体积膨胀，见图 6-3。

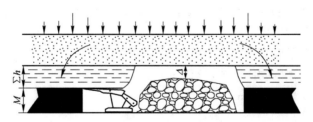

图 6-3 直接顶初次垮落后采空区情形

垮落后的直接顶与老顶间的空隙 Δ 为

$$\Delta = \Sigma h + M - K_p \Sigma h = M - \Sigma h (K_p - 1) \qquad (6\text{-}5)$$

若垮落后的直接顶能够充填满采空区，即 $\Delta = 0$，则所需的直接顶厚度为：

$$\Sigma h = \frac{M}{K_p - 1} \qquad (6\text{-}6)$$

垮落带高度 H_1 为：

$$H_1 = \Sigma h + M \tag{6-7}$$

式中　M——工作面采高。

　　式（6-6）中，直接顶厚度 Σh 是指按直接顶垮落后能够充填满采空区来计算的，与顶板的岩性组成无关。而实际开采和分析研究中，有时根据顶板的岩性组成来确定直接顶厚度，如将直接顶定义为煤层上方的一层或几层性质相近的岩层称为直接顶，它通常由具有一定稳定性且易于随工作面推进而垮落的页岩、砂岩或粉砂岩等组成。

　　由式（6-6）与式（6-7）可得垮落带高度 H_1 为：

$$H_1 = \frac{M}{K_p - 1} + M = M\left(\frac{1}{K_p - 1} + 1\right) = \frac{K_p M}{K_p - 1} \tag{6-8}$$

　　式（6-8）表明，垮落带高度 H_1 随采高增大而增大。

6.1.1.2　裂隙带 Ⅱ

　　A　老顶断裂的极限垮距计算。从总体上讲，裂隙带居于垮落上覆岩层中老顶的范畴。随着工作面自开切眼向前推进，直接顶发生初次垮落，由于老顶的强度较大，因而直接顶初次垮落后，老顶继续呈悬露状态，见图6-3。对于工作面上方第一层老顶而言，可以将其简化为两端固支的梁，见图6-4。第一层老顶之上的岩层重量可简化为作用在第一层老顶上的载荷，用载荷集度 q 表示。

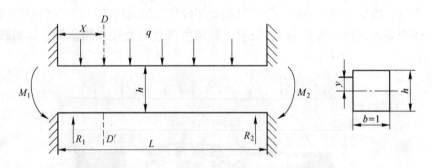

图 6-4　老顶岩梁受力分析

　　因为是对称梁，所以梁端的反力 $R_1 = R_2$，弯矩 $M_1 = M_2$，其中 $R_1 = R_2 = \dfrac{qL}{2}$，梁上的最大剪力发生在梁的两端，

$$Q_{max} = R_1 = R_2 = \frac{qL}{2} \tag{6-9}$$

最大弯矩发生在梁的两端，即

$$M_{max} = \frac{qL^2}{12} \tag{6-10}$$

　　随着工作面推进，老顶悬露的面积逐渐加大。作为岩梁分析时，岩梁的长度

L 逐渐增大，当达到岩梁初次断裂时的岩梁长度时，称为初次断裂跨距。

见图 6-4，由材料力学方法有，在梁的两端梁内任意一点的正应力 σ 为：

$$\sigma = \frac{M_{max} y}{J_z}$$

式中　M_{max}——梁的两端弯矩，由式（6-10）计算；

　　　　y——该点离断面中性轴的距离，m；

　　　　J_z——对中性轴的断面距，m^3，$J_z = h^3/12$；

　　　　h——老顶岩梁的高度，m。

当 $y = h/2$ 时，梁内任一点的正应力达到该断面的最大值，则

$$\sigma_{max} = \frac{M_{max} \cdot \dfrac{h}{2}}{J_z} = \frac{\dfrac{qL^2}{12} \cdot \dfrac{h}{2}}{\dfrac{h^3}{12}} = \frac{qL^2}{2h^2} \tag{6-11}$$

当 $\sigma_{max} = R_T$ 时，即老顶岩梁在该处的正应力达到该处的极限抗拉强度 R_T 时，老顶在该处将断裂。由式（6-11），

$$\frac{qL^2}{2h^2} = R_T$$

则老顶岩梁断裂时的极限跨距 L_T 为：

$$L_T = h \sqrt{\frac{2R_T}{q}} \tag{6-12}$$

若以最大剪应力作为老顶岩梁断裂的依据，最大剪应力发生在梁的两端，

$$\tau_{max} = \frac{3Q_{max}}{2h}$$

由式（6-9），则

$$\tau_{max} = \frac{3QL}{4h}$$

当 τ_{max} 达到老顶岩梁的极限抗剪强度 R_S 时，老顶岩梁断裂，形成的极限跨距 L_S 为：

$$L_S = \frac{4hR_S}{3q} \tag{6-13}$$

一般来说按剪切破坏计算出的极限跨距 L_S 远大于按抗拉破坏计算出的极限跨距 L_T，实际计算中通常使用式（6-12）的抗拉破坏准则计算老顶岩梁的极限跨距。

B　老顶载荷计算。式（6-12）与式（6-13）中，R_T、R_S 可由试验确定，h

可通过钻孔资料确定，老顶之上的载荷 q 是指第一层老顶之上的所有岩层对第一层老顶的载荷，其计算如下，见图6-5。

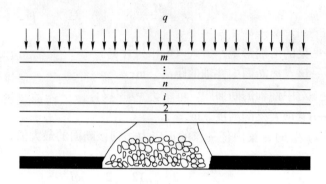

图 6-5　岩层载荷计算图

$$(q_n)_1 = \frac{E_1 h_1^3 (\gamma_1 h_1 + \gamma_2 h_2 + \cdots + \gamma_n h_n)}{E_1 h_1^3 + E_2 h_2^3 + \cdots + E_n h_n^3} \tag{6-14}$$

式中　E_i——上覆岩层第 i 层的弹性模量，MPa；

　　　h_i——上覆岩层第 i 层的厚度，m；

　　　γ_i——上覆岩层第 i 层的容重，kN/m³。

$(q_n)_1$ 表示工作面之上 n 个岩层对第一层老顶的载荷，计算中，由工作面自下而上逐层计算岩层载荷 $(q_n)_1$，当 $(q_{n+1})_1 < (q_n)_1$ 时，则不再继续计算，以 $(q_n)_1$ 作为作用于第一层岩层的单位面积上的载荷号 q。

　　C　老顶断裂后的"砌体梁"结构稳定分析。随着工作面推进，直接顶垮落，老顶岩层暴露跨距逐渐增大，达到极限跨距后，老顶岩层破断，见图6-6。

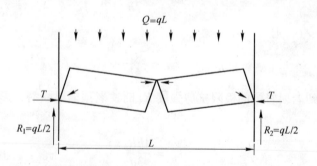

图 6-6　破断岩块拱式平衡分析

由前面分析可知，在岩梁的两端，剪力与弯矩均达到最大值，因此在岩梁的两端上部首先产生拉裂破坏，而后在梁中间的底部拉裂破坏。岩梁破断成块体后，岩块将产生转动，随着岩块转动，形成了强大的水平挤压力，在岩块的接触点形成了相互咬合关系，以及由于水平挤压力形成的摩擦力，从力学关系上形成了三铰拱式平衡（三铰拱是指由两根曲杆、三个铰接点形成的结构，可以承受上部铅垂力的作用），从外形上看似乎是一种梁的平衡，这种表面上似梁、实质上是拱的裂隙体梁的平衡结构称之为"砌体梁"。

"砌体梁"结构主要是存在于离层区的裂隙带内，随着工作面推进，老顶破断岩块逐渐形成"砌体梁"结构，在工作面来压前，"砌体梁"平衡结构达到相应条件下的最大跨度。此时梁的前咬合点在工作面煤壁上方，工作面支架在"砌体梁"的保护之下只承受直接顶重量，当"砌体梁"失稳时，破裂的岩块垮落在采空区，支架上方的老顶载荷突然作用在支架上，形成工作面来压。

见图6-6，根据三铰拱的平衡原理，岩块成拱且使岩块保持平衡的水平推力 T 为：

$$T = \frac{qL^2}{8h} \tag{6-15}$$

式中　q——成拱岩块的载荷集度；

L——跨距，m；

h——成拱岩块（老顶岩层）的厚度，m。

上式说明，岩块越薄，跨距越大，三铰拱结构平衡所需的水平力 T 越大。

见图6-7，一般情况下，老顶岩块断裂时，断裂面与垂直面成一断裂角 θ，对于图6-7a的情况，沿断裂面 a—a 建立平衡方程，岩块稳定的条件为：

$$(T\cos\theta - R\sin\theta) \cdot \tan\phi \geq R\cos\theta + T\sin\theta$$

则

$$\frac{R}{T} \leq \tan(\phi - \theta) \tag{6-16}$$

式中　ϕ——破断岩块的摩擦角。

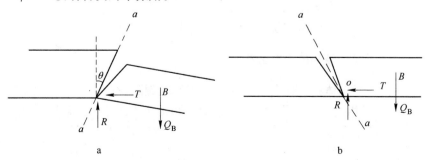

图 6-7　岩块咬合点处的平衡

对于图6-7b的情况，结构稳定的条件为

$$\frac{R}{T} \leq \tan(\phi + \theta) \tag{6-17}$$

式（6-16）与式（6-17）表明，水平挤压力 T 越大，破断岩块越容易取得平衡。

岩块在破断平衡过程中，将发生回转变形，由于回转挤压，在岩块的咬合点处由于局部挤压应力集中，致使咬合点处的岩块局部进入塑性状态，或者压坏，甚至促使岩块进一步回转，从而导致平衡结构失稳，见图6-8。

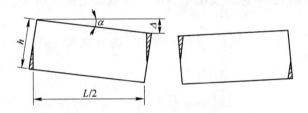

图 6-8　岩块回转分析

由岩块回转变形与局部挤压应力分析，可求得岩块平衡时的最大回转角为：

$$\sin\alpha = \frac{2h}{L}\left(1 - \sqrt{\frac{1}{3nk\bar{k}}}\right) \tag{6-18}$$

由 $\Delta = \dfrac{L\sin\alpha}{2}$ 可得岩块回转变形时的最大下沉变形量为：

$$\Delta = h\left(1 - \sqrt{\frac{1}{3nk\bar{k}}}\right) \tag{6-19}$$

式中　h——岩块的厚度，m；

　　　$L/2$——破断岩块的长度，m；

　　　n——岩块的抗压强度 R_C 与抗拉强度 R_T 的比值；

　　　k——岩梁的固支或简支状态系数，$k = 1/2 - 1/3$；

　　　$\bar{k}$——岩块间的挤压强度与抗压强度之比。

6.1.2　"砌体梁"结构的力学分析

如前所述，"砌体梁"结构是指存在于离层区裂隙带内由破断岩块组成的表面似梁，实质是拱的一种结构，通常整个结构可能由多组岩层的破断组成的，见图6-9，可以从中任取一组结构来分析"砌体梁"结构的受力特点。

在进行"砌体梁"结构受力分析之前，有如下几个基本假设：

（1）采场上覆岩层岩体结构的骨架是覆岩中的坚硬岩层，可将上覆岩层划

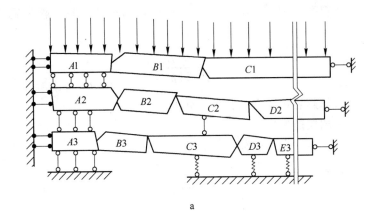

a

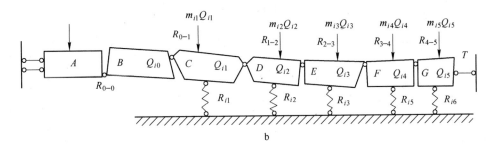

b

图 6-9 采场上覆岩层"砌体梁"结构的力学分析

分为若干组,每组以坚硬岩层为底层,其上部的软弱岩层可视为直接作用于骨架上的载荷,同时也是上层坚硬岩层与下部骨架连接的垫层。

(2)随着工作面推进,采空区上方坚硬岩层在裂隙带内将断裂成排列整齐的岩块,由于回转变形而产生水平挤压力作用使岩块间形成铰接关系。

(3)由于垫层传递剪切力的能力较弱,因而两层骨架间的连接能用可缩性支杆代替。

见图 6-9。从图 a 结构中任选一组,见图 b,并设有一岩块 B 处于悬露状态,图中每个符号有两个脚标,第一个脚标表示岩层的层位,第二个脚标表示沿走向方向岩块的位置。例如 L_{i1},表示此岩块是第 i 分组中第 C 块岩块的长度。以图 6-9b 为例,对每个岩块的前后两个铰接点分别列矩平衡方程,可得:

$$\{M_i\} = [F_i]\{R_i\} \tag{6-20}$$

式中　$\{M_i\}$ ——力矩列阵;

　　　$[F_i]$ ——系数矩阵;

　　　$\{R_i\}$ ——力列阵。

为了对此结构间力的关系作一粗略估算,根据岩层移动曲线的特点,可将相邻两块岩块的斜率近似地视为相等，则可求得形成此结构平衡所需的水平推力 T_i 为：

$$T_i = \frac{L_{i0}Q_{i0}}{2(h_i - S_{i0})}　　　　　　　(6-21)$$

式中　L_{i0}——悬露岩块的破断长度，m；

　　　　h_i——岩层的厚度，m；

　　　　Q_{i0}——悬露岩块上的荷载，kN；

　　　　S_{i0}——悬露岩块的下沉量，m。

在结构平衡条件下，并设岩块的回转下沉变形量与破断岩块的长度相比是一个很小的量，可求得各铰接点的铅垂作用力为：

$$(R_i)_{0-1} = 0$$

$$(R_i)_{0-0} = Q_{i0}$$

$$R_{i1} = m_{i1}Q_{i1}$$

$$R_{i2} = m_{i2}Q_{i2}$$

$$\vdots$$

$$R_{in} = m_{in}Q_{in}$$

式中　Q_{ij}——i 层岩梁 j 岩块的重量，kN；

　　　　m_{ij}——i 层岩梁 j 岩块的载荷系数。

由上述分析可得出此结构的特征为：

（1）离层区悬露岩块（B）的重量及上覆载荷几乎全部由前支撑点承担；

（2）岩块 B 与 C 之间剪切力接近于零，此咬合点相当于半拱的拱顶；

（3）此结构的最大剪切力发生在岩块 A 与 B 之间，等于岩块 B 本身的重量及其载荷；

上述分析表明，形成"砌体梁"结构必须具备一定的水平推力 T_i。见式 (6-21)，老顶岩层越厚（h_i 越大）、回转下沉变形量越小（S_{i0} 越小），则形成"砌体梁"结构所需水平推力 T_i 也越小。当 $S_{i0} = h_i$ 时，T_i 将趋近于 ∞，这种结构将无法形成。因此在上覆岩层中，只有具有一定厚度的岩层才能形成此结构。小的回转下沉变形量 S_{i0} 有以下几种情况：直接顶较厚，冒落后能够充满采空区，与老顶岩层接触，可限制老顶破断岩块的回转下沉变形；采空区采用充填法处理，也可限制老顶破断岩块的回转下沉变形；采高较小的煤层以及远离开采煤层的岩层。

从岩块间的滑落失稳分析，见式（6-16），则要求结构平衡必须满足的条件为：

$$T_i \tan(\phi - \theta) > (R_i)_{0-0} \tag{6-22}$$

式中 ϕ——岩块间的摩擦角，（°）；

θ——破断面与垂直面的夹角，（°）。

在岩块咬合处未遭破坏的情况下，可将式（6-21）中的 T_i 带入式（6-22），从而可得：

$$\frac{L_{i0} Q_{i0}}{2(h_i - S_{i0})} \cdot \tan(\phi - \theta) > (R_i)_{0-0} \tag{6-23}$$

6.1.3 支架工作阻力确定

工作面来压前，支架在"砌体梁"所形成的结构保护下，见图6-10，此时结构的前拱脚在工作面煤壁内，随着工作面推进，"砌体梁"的前拱脚到达工作面支架上方，此时支架要承担着"砌体梁"前拱脚的作用力及上部直接顶的载荷。因此，由"砌体梁"理论，防止 B 岩块及上部岩层沿煤壁切落，避免老顶滑落失稳，见图6-11，则支架的工作阻力

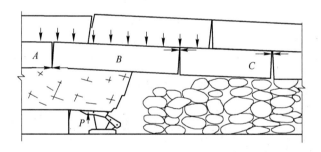

图 6-10 工作面来压前，支架在"砌体梁"结构保护之下

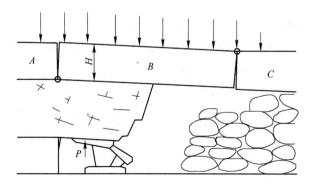

图 6-11 工作阻力计算的"砌体梁"模型

$$P = Q_{A+B} - \frac{L_B Q_B}{2(H - S_B)}\tan(\phi - \theta) + Q_D \tag{6-24}$$

式中　Q_{A+B}——岩块 $A+B$ 的重量及其上部载荷，kN；

　　　L_B——B 岩块（悬露岩块）的长度，m；

　　　Q_B——B 岩块的重量及其上部载荷，kN；

　　　H——老顶岩层的厚度，m；

　　　S_B——B 岩块的下沉量，m；

　　θ、ϕ——岩块中的破断角与内摩擦角，(°)；

　　　Q_D——作用在支架上的直接顶重量，kN。

　　直接顶载荷 Q_D 与煤层上覆岩层的结构有关，作为估算，可以认为冒落的直接顶高度主要与采高有关，岩块 B 在回转过程中触矸，否则不易形成"砌体梁"结构，因此直接顶的高度为

$$\Sigma h = \frac{M}{K_P - 1}$$

式中　M——开采高度，m；

　　　K_P——直接顶的碎胀系数。

$$Q_D = L_D \cdot \Sigma h \cdot \gamma \tag{6-25}$$

式中　L_D——支架上方的直接顶岩梁长度，m；

　　　Σh——按冒落的直接顶与老顶接触计算的直接顶厚度，m；

　　　γ——直接顶的容重，kN/m^3。

　　对于煤层顶板岩层分界明显时，可按实际情况确定直接顶高度。

　　放顶煤开采时，

$$Q_D = Q_T + L_D \cdot \Sigma h \cdot \gamma \tag{6-26}$$

式中　Q_T——顶煤的重量，kN。

6.2　按"传递岩梁"理论计算支架工作阻力

6.2.1　"传递岩梁"理论

　　"传递岩梁"理论认为，随采场推进上覆岩层悬露，悬露岩层在重力作用下弯曲沉降。随跨度进一步增大，沉降发展到一定限度后，上覆岩层便在伸入煤壁的端部开裂和中部开裂形成"假塑性岩梁"，其两端由煤体支承，或一端由工作面前方煤体支承，一端由采空区矸石支承，在推进方向上保持力的传递。当其沉降值超过"假塑性岩梁"允许沉降值时，悬露岩层即自行垮落。把每一组同时运动（或近乎同时运动）的岩层看成一个运动整体，称为"传递力的岩梁"，简称"传递岩梁"。采场上覆岩层中"传递岩梁"结构模型，如图 6-12 所示，该结构模型是由宋振骐院士提出来的。

根据节理面的摩尔库仑准则和岩层沉降的最大曲率（ρ_{max}）和最大挠度（W_{max}），判断各岩层是否同时运动或是否离层，当 $\rho_{max_上} \geq \rho_{max_下}$ 或 $W_{max_上} \geq W_{max_下}$ 时，两岩层组合成一个传递岩梁同时运动。反之，两岩层将形成两个传递岩梁分别单独运动。由以上判据可将采场到地面划分为"冒落带"、"裂隙带"和"弯曲下沉带"。其中，对采场矿压显现有明显影响的是垮落带和裂隙带中的下位1～2个传递岩梁。一般情况下，把垮落带称为直接顶；对采场矿压显现有明显影响的1～2个下位传递岩梁称为老顶，直接顶与老顶的全部岩层为采场需控岩层范围。

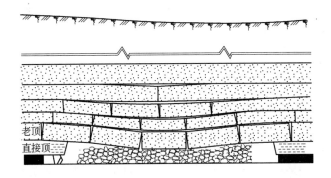

图 6-12　采场上覆岩层中"传递岩梁"结构模型

由此可见，"传递岩梁"的岩层控制理论强调的是控制岩层运动。在确定液压支架工作阻力时，首先要找到需要控制直接顶和老顶的范围及其运动的发展规律，然后确定达到控制要求的程度所需要的支架工作阻力。其中直接顶是指随着工作面推进在采空区垮落，并在采场支架支撑作用下形成的悬臂梁，结构特点是在工作面推进方向上不能持续传递水平力，这就要求支架能够承担直接顶运动时的全部重量。老顶是指运动时对采场矿压显现有明显影响的传递岩梁的总和。在初次来压后，老顶是一组在工作面推进方向上能传递水平力的裂隙梁。其力学特性是无论在稳定状态还是回转下沉中，始终能将载荷（自重和上覆岩层作用力）传递到煤壁、支架和采空区矸石上，这一过程是通过岩梁本身产生变形来实现的。所以，支架承担压力的大小与所控制的岩梁位态有关。因此，顶板给支架作用力来自于直接顶"给定载荷"作用力和老顶岩梁"给定变形"作用力。

6.2.2　支架—围岩关系

采场来压时支架—围岩关系的研究，是采场矿压显现与上覆岩层运动关系理论中的重要组成部分，同时也是确定液压支架工作阻力的重要依据。

6.2.2.1　支架对直接顶的工作状态

直接顶在初次垮落后，在煤壁和采场支架支撑下呈悬臂梁状态，随工作面推进悬臂加长，当达到极限强度时在煤壁前方裂断。工作面继续推进，直接顶以煤壁为支点作回转运动，此时，作用力将完全由液压支架承担。理论和实践证明，在对直接顶载荷进行计算时，按最危险状态，即按直接顶在煤壁处切断考虑是合理的，并且在顶板岩层沉降过程中，对直接顶的工作状态按"给定载荷"考虑是接近实际的。其值可表示成：

$$p_z = \Sigma h \gamma f_z = A \tag{6-27}$$

式中　p_z——直接顶给支架的载荷，kN；

    Σh——直接顶厚度，m；

    γ——直接顶体积力；

    f_z——直接顶悬顶系数；

    A——直接顶载荷，kN。

由公式（6-27）可以知道，直接顶给支架的载荷与支架所处位置无关，该值可近似看成一恒定值。

6.2.2.2　支架对老顶的工作状态

老顶岩梁的结构特点是组成老顶的各"传递岩梁"无论是在相对稳定阶段，还是进入端部迅速回转下沉运动的过程中，始终保持着能将其自重及上方岩层作用力传递到煤壁和采空区矸石上的力学性质。对于控制老顶各岩梁的基本要求是把老顶岩梁运动结束时顶板下沉量控制在要求的范围，防止老顶运动形成的动压冲击和老顶大面积切顶事故。支架对老顶的工作状态分为以下两种情况：

A　"给定变形"工作状态

支架对老顶岩梁的运动处于"给定变形"状态是指：在岩梁由端部到沉降至最终位置过程中，支架只能在一定范围内降低岩梁运动速度，而不能阻止梁的运动。岩梁运动稳定时的最终位置由岩梁强度决定，所以在岩梁运动这一全过程中，并无法直接建立支架与顶板之间的力学关系方程。直接顶与老顶的下沉量示意见图6-13。

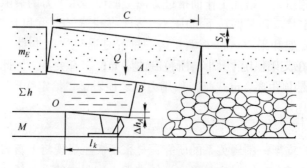

图 6-13　直接顶与老顶下沉量

在"给定变形"状态下岩梁最终状态下沉量（即岩梁无阻碍最终沉降值）为：

$$\Delta h_A = \frac{M - \Sigma h(k_A - 1)}{C} \cdot l_k \tag{6-28}$$

式中　Δh_A——岩梁无阻碍时最终沉降值，即岩梁处于最低位态条件下最大控顶距处的顶板下沉量；

　　　M——煤层采出厚度，m；

　　Σh——直接顶厚度，m；

　　　k_A——直接顶岩石碎胀系数；

　　　l_k——控顶距长度，m；

　　　C——老顶岩梁运动步距，m。

式（6-28）中不考虑直接顶等的压缩变形量。

此种状态下，为了防止支架在岩梁运动过程中不被压死，所要求最大缩量必须大于岩梁无阻碍最终沉降值（Δh_A）与支柱钻顶底的压缩量（$\Sigma \xi$）之差，即

$$\xi_{max} > \Delta h_A - \Sigma \xi \tag{6-29}$$

岩梁运动结束时采场支架实际受力值（R_T），在不发生钻顶和钻底时

$$R_T = E_T \cdot \Delta h_A \tag{6-30}$$

式中　E_T——支架综合刚度。

由式（6-30）可知，支架受力由支架的刚度（支架力学特性）和老顶岩块下沉量所决定。

B　"限定变形"工作状态

支架对岩梁运动采取"限定变形"，是指在支架作用下，岩梁不能沉降至最低位置，支架对岩梁运动进行了必要的限制。岩梁进入稳定时的位态由支架工作阻力所限定。在"限定变形"工作状态，采场顶板下沉量小于岩梁无阻碍时最终沉降值，岩梁显著运动结束时，悬顶距离大于周期来压步距，即有：

$$\Delta h_i < \Delta h_A$$

$$l_i > C_i$$

式中　Δh_i——在支架限定下采场顶板下沉量，m；

　　　l_i——悬顶距离，m；

　　　C_i——周期来压步距，m。

不同于"给定变形"工作状态，支架在"限定变形"状态下，可以建立支架阻力与取得平衡的岩梁位置之间的力学关系方程。

$$P_T = f(\Delta h_T) \tag{6-31}$$

式中　P_T——控制岩梁运动在某一位态的支架强度，kN/m^2；

　　Δh_T——需求控制的顶板下沉量，m。

　　支架对顶板的作用力由岩梁的位态决定。只要支架合理作用点不变，控制岩梁在同一位态所需要的力是恒定的，要求控制的位态越高，所需支架的阻抗力越大。

6.2.3　直接顶载荷计算

　　无论是直接顶还是老顶，在处于相对稳定状态时，对工作面威胁很小，支架受力也不会有明显变化，一旦平衡破坏，进入显著运动，就会发生一系列明显的矿压显现，所以，在确定液压支架工作阻力时，应考虑支架阻力与顶板破坏的位置状态间的力学关系。支架与直接顶力学关系模型见图6-14。

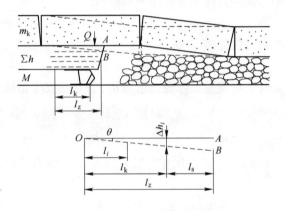

图 6-14　支架与直接顶力学关系模型

　　如图所示，直接顶在自重 G 及老顶岩梁外载荷 Q 作用下，由 OA 位置开始逐渐沉降，当沉降量达到 Δh_i 时静止，此时直接顶处于 OB 位置。此时直接顶给支架最大作用力 R_{z_i} 满足力矩平衡方程：

$$R_{z_i}l_i = G \cdot \frac{l_z}{2}\cos\theta \tag{6-32}$$

　　由图可知 $G = \Sigma h\gamma l_z$

$$\tan\theta = \frac{\Delta h_i}{l_k}$$

　　因此

$$R_{zi} = \frac{\Sigma h\gamma l_z^2}{2l_i}\cos\left(\tan^{-1}\frac{\Delta h_i}{l_k}\right) \tag{6-33}$$

　　其中沿工作面倾斜方向，每米支架受力为：

$$P_{zl} = \frac{R_{zi}}{l_k} \text{ 且 } l_z = l_k + l_s$$

式中 l_s——直接顶悬顶距，m。

则有

$$P_{zi} = \frac{\Sigma h\gamma(l_k + l_s)^2}{2l_i l_k}\cos\left(\tan^{-1}\frac{\Delta h_i}{l_k}\right) \tag{6-34}$$

由图 6-14 所示几何关系可知，

$$\Delta h_i \ll L_k$$

因此，可以证明在 Δh_i 的可能变化范围内

$$\cos\left(\tan^{-1}\frac{\Delta h_i}{l_k}\right) \approx 1$$

由此得到关系式：

$$P_{zi} = \Sigma h\gamma f_z = A \tag{6-35}$$

式中 f_z——直接顶悬顶系数。该值与空顶距大小和采场支架合力点有关。

$$f_z = \frac{(l_k + l_s)^2}{2l_i l_k} = \frac{1}{2n_i}\left(1 + \frac{l_s}{l_k}\right)^2$$

式中 n_i——控顶区内支护反力合力作用位置 l_i 与控顶距 l_k 的比值，$n_i = \dfrac{l_i}{l_k}$。

显然，从上式可以看出，直接顶给支架的作用力可近似看成是与直接顶位态无关的常数，直接顶的悬顶情况对该值的大小将有明显影响。

当直接顶在采空区内随采随冒无悬顶条件时，即 $l_s = 0, l_i = l_k/2$ 时，$f_z = 1$。

此时

$$P_{zi} = \Sigma h\gamma = A \tag{6-36}$$

此时直接顶对支架的作用力仅取决于直接顶的厚度即岩石容重。

当直接顶由厚层砂质页岩、钙质砂岩、石灰岩等较硬岩层组成时，悬顶距多大于零，即 $l_s > 0$，此时，直接顶悬顶系数 $f_z > 1$。高出的数值与控顶距 l_k 大小和支架合力作用点位置选择关系极大，即有：$f_z \propto (l_k^{-1}, n_i^{-1}, l_s)$

6.2.4 老顶载荷计算

在进行老顶对支架载荷计算时，岩梁运动状态及受力分析见图 6-15。

图6-15中，Q 为岩梁载荷，为岩梁裂断块自重与其上软弱层作用力之和，即：

$$Q = (m_1 + m_2)\gamma_E C \tag{6-37}$$

式中　m_1——老顶岩梁支托层厚度，m；

　　　　m_2——老顶岩梁上的软弱层厚度，m；

　　　　C——岩梁运动步距，m。

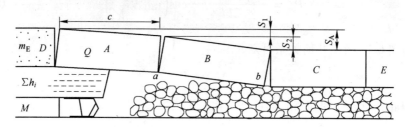

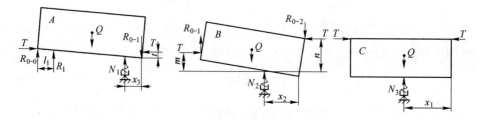

图 6-15　岩梁运动状态及受力分析

R_1—老顶岩梁与直接顶之间作用力的合力，主要取决于采场支护强度和直接顶的作用力；l_1—R_1 距前咬合点的距离，主要取决于采场内支护反力分布及直接顶的稳定状况；t—A 和 B 两岩块之间咬合处咬合点距岩块下边缘的距离，m；ξ—顶板下沉系数，$\xi = \Delta h_i / \Delta h_A (0 \leq \xi \leq 1)$；$\Delta h_i$—岩梁任一状态下采场内顶板下沉量，m；$\Delta h_A$—岩梁无阻碍最终沉降值；$R_{0-0}$—岩块 A 左端所受剪力；R_{0-1}—A、B 两岩块咬合处所受剪力；R_{0-2}—B、C 两岩块咬合处所受剪力；N_1、N_2、N_3—矸石反力，取决于矸石支撑范围 L_S、支撑刚度 K 等因素。

$N_1 \approx Q$、$R_{0-2} \approx 0$，N_2、N_3 随岩梁沉降而增加

老顶岩梁端部断裂后，脱离整体。以"载荷"形式作用于煤壁，支架及采空区矸石上，由于岩梁与上方岩层产生离层。在一定范围内运动呈现独立性。此时支架作用是提高反向弯矩，用以阻止老顶发生回转下沉运动。岩梁运动状态线性简化模型，如图6-16所示。

当老顶岩梁下沉至最终位态（无阻控力作用）时，A、B 两岩块铰接点 a 有最大下沉值 S_A，岩梁悬跨度接近 L_A（近似为老顶运动步距 C），此时，控顶距 l_k 处的顶板下沉量为 Δh_i，由几何关系：

$$\Delta h_i = \frac{S_A}{L_A} \cdot l_k \approx \frac{S_A}{C} \cdot l_k \tag{6-38}$$

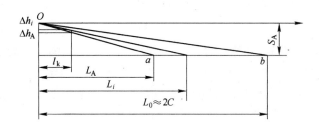

图 6-16 岩梁运动状态线性简化模型

在此位态下,岩梁给支架最大载荷(按防切顶考虑)为

$$P_{EA} = \frac{m_E \gamma_E L_i}{K_T l_k} \tag{6-39}$$

式中 K_T——支架承担岩梁重量的比例系数, $K_T \leqslant 2$。

当岩梁未达到最终位态时,即处于 II 位态时,岩梁跨度为 L_i,此时控顶距 l_k 处顶板下沉量为 Δh_i,由几何关系得

$$\Delta h_i = \frac{S_A}{L_i} \cdot l_k \tag{6-40}$$

岩梁可能最大载荷

$$P_{Ei} = \frac{m_E \gamma_E L_i}{K_T l_k} \tag{6-41}$$

由式(6-39)与式(6-40)得:

$$\Delta h_A \cdot L_A = \Delta h_i \cdot L_i$$

即

$$L_i = \frac{\Delta h_A}{\Delta h_i} \cdot \Delta h_A \approx \frac{\Delta h_A}{\Delta h_i} \cdot C$$

将上式代入式(6-41)得

$$P_{Ei} = \frac{m_E \gamma_E C}{K_T l_k} \cdot \frac{\Delta h_A}{\Delta h_i} = K_A \cdot \frac{\Delta h_A}{\Delta h_i} \tag{6-42}$$

式中 K_A——岩梁位态常数,即当顶板下沉量为 Δh_A 时单位面积岩梁作用力。

一般在开采条件一定时,$\frac{m_E \gamma_E C}{K_T l_k} \cdot \Delta h_A$ 是一常数,记为 B,则式(6-42)可写成

$$P_{Ei} = \frac{B}{\Delta h_i}$$ (6-43)

由式（6-43）可知，"限定变形"工作状态下老顶岩梁给支架载荷与要求控制的顶板下沉量之间成双曲线关系。所以综合考虑"限定变形"工作状态下，支架与围岩的关系。在控顶距 l_k 处产生 Δh_i 下沉量时，合理支护强度分为两部分，即直接顶作用力和老顶岩梁作用力，可表示为：

$$P_T = P_{zi} + P_{Ei} = A + K_A \cdot \frac{\Delta h_A}{\Delta h_i}$$ (6-44)

式中　P_T——控制顶板下沉量在 Δh_i 时顶板给支架的作用力；

　　$P_{Ei} = A$——与控制位态无关的常数，前面已做讨论。

　　式（6-44）反映了岩梁运动与支架间的相互作用关系。即在支护强度 P_T 作用下，岩梁显著运动将发展到位态 Δh_i 形成稳定结构。由于岩梁处于某一位态时，采场内不同控顶距处顶板下沉量是不同的，因此，式（6-44）应当看成岩梁运动稳定时状态（位态）与支架间的相互作用关系方程，即式（6-44）为"岩梁位态方程式"。两者间的关系是以 $\Delta h_i = 0$ 及 $P_T = A$ 为渐近线的双曲线，如图6-17所示。

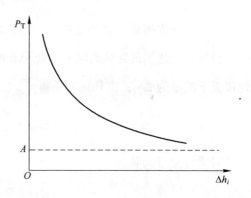

图 6-17　合理支护强度与顶板下沉之间的关系

式（6-43）中位态常数因岩梁所处位态不同表达式不同，当已知岩梁运动参数 m_E 和 C 时，位态常数 K_A 可以直接用岩梁运动参数表示为：

$$K_A = \frac{m_E \gamma_E C}{K_T l_k}$$ (6-45)

这时位态方程又称为极限位态方程，K_A 称为极限位态常数。

6.3　浅埋深开采液压支架工作阻力确定

　　近年来随着神府、东胜等煤田的开发，逐渐遇到了一些浅埋深煤层的开采问题，我国的一些专家就这一问题进行了较深入研究，现将其中一些成果做简要介绍。

　　浅埋煤层通常指具有埋藏浅、基岩薄、上覆厚松散层赋存条件的煤层。这类煤层在我国神府、东胜、灵武、黄陵煤田大量赋存，其中神府、东胜煤田探明储量占全国探明储量的三分之一。浅埋煤层赋存特点是：煤层埋深一般小于 150m；基岩一般为单一坚硬岩层，且基岩与载荷层厚度之比（基载比）J_z 小于 1；基岩之上为松散表土层。

通过对神东矿区典型工作面实测结果表明，浅埋煤层工作面矿压显现和覆岩运移规律主要体现为：浅埋煤层长壁工作面主要矿压特征是，老顶破断步距短、顶板难形成稳定结构，采场覆岩很难形成"三带"，破断运动多直接波及地表，来压存在明显动载现象，支架处于给定失稳载荷状态。下面具体分析浅埋煤层长壁工作面顶板结构、失稳特点以及液压支架工作阻力确定依据。

浅埋煤层长壁开采过程中，老顶将产生周期性破断，破断后的岩块互相铰接成砌体梁结构。但由于浅埋煤层顶板单一，其破断后铰接成砌体梁结构不同于一般普通长壁工作面，而是多铰接成"短砌体梁"和"台阶岩梁"两种结构。

6.3.1 "短砌体梁"结构及稳定性分析

"砌体梁"理论认为悬露岩层在极限跨距下产生破断，破断的岩块由于回转相互挤压形成水平力，从而在岩块间产生摩擦力，在合适的水平挤压力条件下可形成三铰拱形式的裂隙体梁的平衡。这种拱结构的平衡可以保护回采工作空间，使其不必承受上覆岩层的全部荷载。在浅埋深条件由于基岩薄、上覆厚松散层表土，老顶岩层多形成"短砌体梁"结构，见图 6-18。

如图 6-18 所示，在浅埋深条件下，老顶周期性破断后形成的铰接岩梁呈现"短砌体梁"结构，此时岩块块度 i（岩块厚度与长度的之比）接近于 1。

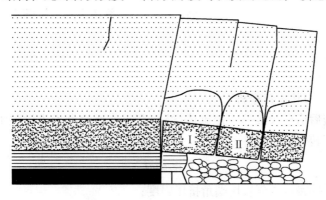

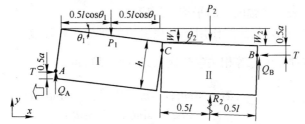

图 6-18 "短砌体梁"结构关键块的受力

P_1，P_2—块体承受的载荷；R_2—Ⅱ块体的支承反力；θ_1，θ_2—Ⅰ、Ⅱ块体的转角；

a—接触面高度；Q_A，Q_B—A、B 接触铰上的剪力；l—Ⅰ、Ⅱ岩块长度

根据岩块回转的几何接触关系，并分别对 I 、II 两岩块 A、C 两点求矩平衡，可以求出岩块水平力 T 和老顶岩块受的剪切力 Q_A。

$$T = \frac{4i\sin\theta_1 + 2\cos\theta_1}{2i + \sin\theta_1(\cos\theta_1 - 2)}P_1 \tag{6-46}$$

$$Q_A = \frac{4i - 3\sin\theta_1}{4i + 2\sin\theta_1(\cos\theta_1 - 2)}P_1 \tag{6-47}$$

式中　i——老顶岩块块度，$i = h/l$；

　　　h——老顶厚度，m；

　　　l——老顶岩块长度，m；

　　　θ_1——I 岩块回转角度，(°)；

　　　P_1——老顶岩块载荷，kN，$P_1 = P_G + P_Z$；

　　　P_G——老顶岩层重量，kN；

　　　P_Z——载荷层传递的重量，kN。

由式（6-46）和式（6-47）可以看出，顶板稳定性取决于岩块的水平力 T 和剪切力 Q_A 的大小。水平力 T 随着岩块块度 i 的增大而减小，随着回转角度 θ_1 增大而减小。"短砌体梁"结构的一个突出特点是，如当 $i = 1.0 \sim 1.4$ 时，剪切力 $Q_A = (0.93 \sim 1)P_1$，此时，工作面上方岩块的剪切力几乎全部由煤壁之上的前支撑点承担。

通过对顶板"短砌体梁"结构的稳定性分析，周期来压期间顶板结构失稳可以分为滑落失稳和回转失稳。

6.3.1.1　回转失稳分析

老顶断裂后形成铰接的"短砌体梁"，在工作面逐渐推进过程中，保证顶板结构不发生回转失稳的条件为：

$$T \geqslant a\eta\sigma_c^* \tag{6-48}$$

式中　$\eta\sigma_c^*$——表示老顶岩块端角挤压强度；

　　　T/a——表示接触面上的平均挤压应力。

$\eta = 0.4$，令 h_1 为载荷层作用于老顶岩块的等效岩柱厚度，并将 $P_1 = \rho g(h + h_1)l$、$a = \frac{1}{2}(h - l\sin\theta_1)$ 等相关参数代入式（6-48）得：

$$h + h_1 \leqslant \frac{[2i + \sin\theta_1(\cos\theta_1 - 2)](i - \sin\theta_1)\sigma_c^*}{5\rho g(4i\sin\theta_1 + 2\cos\theta_1)} \tag{6-49}$$

按照神府浅埋煤层厚梁特点，分别取块度 $i = 1.0$、1.4，基岩强度 σ_c^* 分别取 40MPa、60MPa，得到 $h + h_1$ 与 θ_1 的关系，只要载荷层厚度小于 180m，就不会出现回转失稳。表明老顶"短砌体梁"结构难以出现回转失稳。

6.3.1.2 滑落失稳分析

防止结构在 A 点发生滑落失稳的条件是：

$$T\tan\varphi \geqslant Q_A \tag{6-50}$$

式中 $\tan\varphi$——岩块间的摩擦系数，由实验确定为 0.5。

将式（6-46）、式（6-47）代入式（6-50）可得：

$$i \leqslant \frac{2\cos\theta_1 + 3\sin\theta_1}{4(1 - \sin\theta_1)} \tag{6-51}$$

i 值一般在 0.9 以内顶板不会出现滑落失稳。浅埋煤层工作面周期来压期间 i 一般在 1.0 以上，顶板易于出现滑落失稳。

6.3.2 老顶"台阶岩梁"结构模型及其稳定性分析

根据现场实测和相似模拟实验发现，浅埋煤层顶板破断岩块块度比较大（为 1.0 ~ 1.4），顶板结构将形成"短砌体梁"结构，该结构难以保持稳定，将出现滑落失稳。当顶板块度小于 1 或强度比较弱且回转角大于 10°时，都容易导致架后切落，如图 6-19 所示。

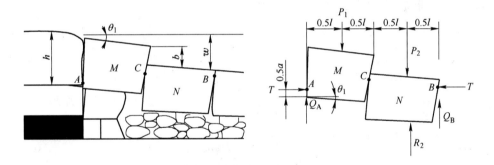

图 6-19 老顶"台阶岩梁"结构模型及受力分析

根据浅埋煤层工作面现场实测和模型实验，在工作面回采过程中存在顶板岩块在支架顶梁切落（滑落失稳）现象。老顶切落后形成如图 6-19 所示的形态，可以形象的称为"台阶岩梁"结构。结构中 N 岩块完全在垮落岩石上，M 岩块随工作面推进回转受到 N 岩块在 C 点的支撑。此时 N 岩块基本处于压实状态，可取 $R_2 = P_2$。

N 岩块的下沉量为：

$$w = m - (K_p - 1)\Sigma h$$

式中 Σh——直接顶厚度，m；

m——采高，m；

K_p——岩石碎胀系数，可取 1.3。

分别对 A 和 B 点取力矩平衡，并代入 $Q_A + Q_B = P_1$ 可得：

$$Q_A \approx P_1$$

$$T = \frac{lP_1}{2(h - a - w)} \tag{6-52}$$

由图 6-19 可知，M 岩块达到最大回转角时

$$T = \frac{P_1}{i - 2\sin\theta_{1max} + \sin\theta_1} \tag{6-53}$$

按照浅埋煤层工作面一般条件，老顶岩块最大回转角一般介于 8°~12°。将式（6-52）、式（6-53）及 $\tan\varphi = 0.5$ 代入式（6-50），可得"台阶岩梁"不发生滑落失稳的条件为：

$$i \leqslant 0.5 + 2\sin\theta_{1max} - \sin\theta_1 \tag{6-54}$$

计算表明，只有在 i 小于 0.9 时才不出现滑落失稳。浅埋煤层老顶周期性破断块度一般在 1.0 以上，说明"台阶岩梁"也很容易出现滑落失稳。

6.3.3　控制老顶滑落失稳的支护阻力确定

浅埋煤层工作面顶板来压强烈和存在台阶下沉现象，通过以上分析可以知道，这主要是老顶形成"短砌体梁"和"台阶岩梁"结构，两种结构形态都很难以保证自身稳定而出现滑落失稳造成。所以，浅埋煤层工作面顶板控制的基本任务就是防止顶板滑落失稳的发生，这就要求支架提供足够的支护阻力 R 才能控制滑落失稳。

$$R \geqslant Q_A - T\tan\varphi \tag{6-55}$$

6.3.3.1　控制"短砌体梁"结构滑落失稳的支护阻力

将式（6-46）和式（6-47）代入式（6-55），取 $\tan\varphi = 0.5$ 可得：

$$R \geqslant \frac{4i(1 - \sin\theta_1) - 3\sin\theta_1 - 2\cos\theta_1}{4i + 2i\sin\theta_1(\cos\theta_1 - 2)}P_1 \tag{6-56}$$

由图 6-18 所示几何关系，回转角

$$\sin\theta_1 = \frac{m - (K_p - 1)\sum h}{l}$$

6.3.3.2　控制"台阶岩梁"结构滑落失稳的支护阻力

将式（6-52）和式（6-53）代入式（6-55），取 $\tan\varphi = 0.5$ 可得：

$$R_t \geqslant \frac{i - \sin\theta_{1max} + \sin\theta_1 - 0.5}{i - 2i\sin\theta_{1max} + \sin\theta_1}P_1 \tag{6-57}$$

通过以上分析可知,浅埋煤层采场顶板主要有"短砌体梁"和"台阶岩梁"两种结构形态。两种结构都属于滑落失稳类型,支架主要承受结构失稳形成的压力,最危险状态的载荷应按直接顶和老顶在煤壁上方切落时形成的"给定失稳载荷"状态进行计算。所以在对液压支架工作阻力计算时,必须提供足够的支护阻力控制顶板的切落运动,才能防止顶板结构的进一步恶化所引起的失稳载荷增大,达到以最小的支护阻力控制顶板的目的。

通过对上一节合理顶板结构支护力的分析可知,控制顶板稳定所需要的支护阻力不是一恒定值,而是随着岩块的回转运动发生变化的。此外,在顶板切落过程中,作用于老顶岩块上的载荷不是上方岩柱的静态重量,而是存在载荷传递效应。载荷传递系数 $K_G(\leqslant 1)$ 可以表示为:

$$K_G = K_r K_t \tag{6-58}$$

式中 K_r ——载荷层传递岩性因子;

   K_t ——载荷传递的时间因子。

6.3.4 合理支护阻力的确定

按老顶断裂形成"短砌体梁"结构计算,浅埋深工作面周期来压最危险的状态如图 6-20 所示。

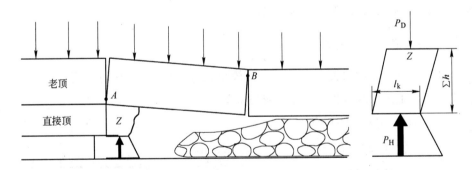

图 6-20 "短砌体梁"结构的"支架—围岩"关系

工作面支架的支护阻力为 P_H,由直接顶岩柱重量和老顶滑落失稳所传递的压力 R_D 组成:

$$P_H = l_k b \Sigma h \gamma + R_D \tag{6-59}$$

其中, $R_D = bR$

控制顶板所需支护阻力为:

$$P_H \geqslant l_k b \Sigma h \gamma + \frac{4i(1 - \sin\theta_1) - 3\sin\theta_1 - 2\cos\theta_1}{4i + 2i\sin\theta_1(\cos\theta_1 - 2)} b P_1 \tag{6-60}$$

按老顶断裂形成"台阶岩梁"结构计算，控制顶板所需支护阻力为：

$$P_H \geqslant l_k b \Sigma h \gamma + \frac{i - 2\sin\theta_{1max} + \sin\theta_1 - 0.5}{i - 2\sin\theta_{1max} + \sin\theta_1} b P_1 \qquad (6\text{-}61)$$

$$P_1 = h l \gamma + K_G h_1 l \gamma_1$$

$$h_1 \geqslant (1.5 \sim 2.5) l$$

式中　P_1——作用于破断块的载荷，kN；

　　　h——老顶厚度，m；

　　　l——破断岩块长度，m；

　　　h_1——载荷作用于老顶岩块的等效岩柱厚度，m；

　　Σh——直接顶厚度，m；

　　　i——岩块厚度与长度之比；

　　θ_1——岩块转角，（°）；

　　　b——支架宽度，m。

考虑支架的支护效率，工作面支架的工作阻力为：

$$P = \frac{P_H}{\mu} \qquad (6\text{-}62)$$

式中　μ——支架的支护效率。

6.4　工作面支架工作阻力估算法

6.4.1　按采高的倍数估算

设回采工作面的顶板压力可用如下模型估算。Q_1、Q_2 分别为直接顶和老顶载荷。回采工作面的顶板压力示意见图 6-21。

（1）直接顶载荷 Q_1（kN/m）

$$Q_1 = \Sigma h \cdot L_D \cdot \gamma$$

式中　L_D——悬顶距，m；

　　Σh——直接顶厚，m；

　　　γ——直接顶容重，kN/m³；

　　　L——控顶距，m。

（2）老顶载荷 Q_2（kN/m）

一般可按直接顶载荷的倍数估算老顶载荷。

如考虑直接顶和老顶载荷的支护强度 p（kN/m²）：

$$p = n \Sigma h \cdot \gamma$$

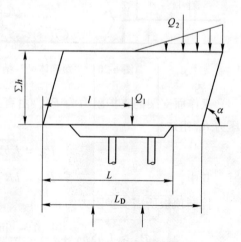

图 6-21　回采工作面的顶板压力

式中，n 为老顶来压与平时压力的比值，称为增载系数，一般≤2.0。

直接顶垮落厚度以充填采空区为准，所以：

$$\Sigma h = \frac{M}{K_p - 1}$$

式中　M——采高，m；

　　　K_p——碎胀系数，取 1.25～1.5。

所以　　　　　$p = 2 \times \frac{M}{K_p - 1} \cdot \gamma = (4 \sim 8)M \cdot \gamma$　　　　　(6-63)

即支护强度相当于 4～8 倍采高的岩柱重量。

6.4.2　英国 WILSON 估算方法

英国威尔逊（WILSON）将工作面直接顶的平衡问题作为确定工作阻力的研究依据，考虑了岩层断裂角和煤层倾角，认为支架应控制的直接顶厚度为 2 倍采高，即认为垮落岩石的松散系数为 1.5。见图 6-22，岩石断裂角 α（与铅垂线夹角）有不同的值：

顶板非常破碎，松软：$\alpha = 0°$

顶板破碎：$\alpha = 15°$

顶板中等稳定：$\alpha = 30°$

顶板坚硬：$\alpha = 45°$

顶板非常坚硬：$\alpha = 60°$

支护强度 R 按下式计算：

$$R = \frac{W}{CD}(L + \Sigma h \tan\alpha)$$　　　　　(6-64)

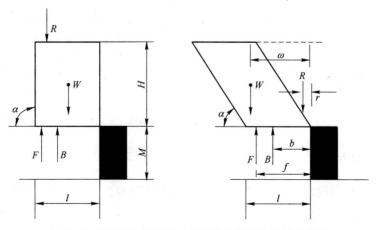

图 6-22　WILSON 模型关于前后排支柱阻力计算示意图

式中　　W——直接顶岩块重量，kN，$W = \gamma LH$；

　　　　γ——顶板岩石容重，kN/m^3；

　　　　C——支架中心距，m；

　　　　D——工作面煤壁至支架合力作用点距离，m；

　　　　L——工作面煤壁至顶梁后端距离，m；

　　　　Σh——直接顶冒落高度，m，一般 $\Sigma h = 2M$；

　　　　M——采高，m。

对于倾斜煤层，需要考虑沿倾斜层面的滑移。则支护强度 R_K 的修正公式是：

$$R_{\mathrm{K}} = \frac{W}{CD}(L + \Sigma h \tan\alpha)\left(\frac{\sin\alpha}{\sin\theta} + \cos\delta\right) \tag{6-65}$$

式中　　δ——煤层倾角；

　　　$\tan\theta$——层面摩擦系数。一般，$\tan\theta = 0.4$，$\theta = 21.8°$。

$$B = \frac{1}{f - b}[f(W + R) - (W \cdot \omega + R \cdot r)]$$

$$F = \frac{1}{f - b}(W + R) - \frac{W \cdot \omega + R \cdot r}{f - b}$$

式中　　　　B——前柱阻力，kN；

　　　　　F——后柱阻力，kN；

　　　　　R——作用在顶板上的附加力，kN；

　f、b、r、ω——图 6-22 所标示的各力作用点的尺寸。

英国煤炭局根据 WILSON 的公式，规定回采工作面支护强度为：

初撑力（kPa）：　　　　　　　$R_0 \geqslant 75M$

式中　　M——采高，m。

其依据是：支架降柱时，邻架要承受 1.5 倍的附加载荷，因此

$$R_0 = 1.5 \times 25 \times 2M = 75M$$

支架额定工作阻力必须考虑最恶劣的情况：采煤机通过后，支架尚未前移，且处于最大控顶距情况，取 2 倍安全系数：

$$R_{\mathrm{H}} = 2 \times R_0 = 150M$$

6.4.3　德国方法

前联邦德国规定，支架最小支护强度 $R(\mathrm{kPa})$ 应考虑承担直接顶岩石重量（采高的 2 倍），并考虑 1.6 倍安全系数。即：

$$R = 1.6 \times 25 \times 2M = 80M \tag{6-66}$$

对于倾斜煤层，支架支护强度 R_K 需要考虑如下修正公式：

$$R_K = (50 + 1.5E)M \qquad (6\text{-}67)$$

式中　E——煤层倾角，以 gon 表示，$1\,\text{gon} = 0.9°$。

20 世纪 70 年代，前联邦德国规定的最小额定工作阻力 $R_H(\text{kPa})$ 为：

$$R_H = 80M$$

按德国 EVANS 方法（见图 6-23）计算，支架支护强度 p 为：

$$p = \frac{l_s\left(\gamma - \dfrac{2C}{l_s}\right)}{2k\tan\varphi}\left(1 - \exp\left(\frac{-2k\tan\varphi}{l_s}\right)H\right) \qquad (6\text{-}68)$$

式中　l_s——控顶宽度，m；

　　　C——岩石黏结力；

　　　k——水平应力与垂直应力之比；

　　　H——开采深度，m；

　　　φ——岩石内摩擦角，（°）；

　　　γ——岩石容重，kN/m^3。

当 $C = 0$，$H \sim \propto$ 时，则支护强度：

$$p = \frac{l_s\gamma}{2k\tan\varphi}$$

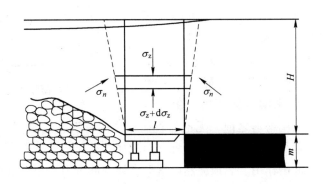

图 6-23　EVANS 计算力学系统

6.4.4　法国方法

法国提出了根据顶板下沉量确定额定支护强度的经验公式：

$$C = 200(qM)^{\frac{3}{4}}H^{-\frac{1}{4}}\left(\frac{340}{p} + 0.33\right) \qquad (6\text{-}69)$$

式中　　C——每米推进下沉量，mm/m；

　　　　M——采高，m；

　　　　H——采深，m；

　　　　q——考虑采空区充填程度的系数，垮落法 $q=1$；风力充填 $q=0.5$；水砂

　　　　　　充填 $q=0.2$；

　　　　p——每延米支护强度，kN/m。

　　当临界下沉量 C_k 确定后，代入公式（6-69），可确定必须的额定支护强度 P。

6.5　确定支架工作阻力的动载荷法

　　目前确定支架工作阻力的主要思想是，支架需要承担直接顶和破断的老顶以及破断老顶以上的载荷，这种思想的核心是直接顶、老顶及老顶以上的载荷以静载方式施加到支架上，但是实际生产中，以这种方式确定的支架工作阻力往往偏低，在坚硬顶板和浅埋深条件下，尤为突出。如何解释这种现象，并确定支架的合理工作阻力一直是一技术难题，作者试图通过引入动载荷系数法来解释和确定支架的合理工作阻力。

　　工作面来压前，老顶岩层能够形成结构，工作面煤壁承受着老顶载荷的作用，此时支架在结构的保护之下，主要承受直接顶载荷的作用，初撑力 R_f 用以平衡直接顶载荷 Q_D，见图 6-24。随着工面的推进，老顶结构失稳，此时工作面直接顶之上的老顶岩块重量及载荷突然作用在直接顶上，并通过直接顶直接作用于工作面液压支架上。认为老顶岩块以一定能量（势能）冲击到直接顶上而产生动载荷作用。在

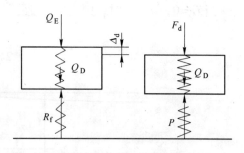

图 6-24　动载荷弹性计算模型

老顶破断形成的结构垮落之前，无论与直接顶之间有没有离层，一旦结构失稳，对直接顶的施加载荷都是突然的，这种突然施加的载荷会大于静载荷，对直接顶和支架都是一种冲击作用。老顶突然垮落对支架的冲击力大小与老顶的性质、埋深条件、直接顶厚度、直接顶的性质、支架的刚度等有关。

　　冲击是个作用时间极短，并伴随声、热等能量损耗的复杂物理过程，要精确地分析被冲击物所受的动载荷，应当考虑弹性体内应力波的传播，其计算较为复杂。在工程中，通常采用一种较为粗略但偏于安全的计算方法，作为被冲击物内冲击载荷的估算方法。以直接顶为研究对象，认为在冲击载荷 F_d 作用下，直接顶产生达到最大变形量 Δ_d 的瞬间，有：

$$P = Q_D + F_d \tag{6-70}$$

式中 P——支架在顶板来压时的载荷，kN；

Q_D——直接顶载荷，kN；

F_d——老顶岩块断裂形成的冲击荷载，kN。

6.5.1 直接顶载荷计算

长壁工作面采场围岩控制的关键是对控顶区直接顶的控制，老顶破断运动在工作面控顶区内的显现强度一定程度上决定于直接顶的力学特性。直接顶是指随着工作面推进在采空区冒落，并在采场支架支撑作用下形成的悬臂梁，结构特点是在工作面推进方向上不能持续传递水平力，从而不能形成平衡结构。直接顶载荷受直接顶的力学特性、厚度和相邻岩石分层间的相对力学关系影响。

从宏观上看，直接顶原生裂隙可以分为三种结构，见图 6-25 所示。

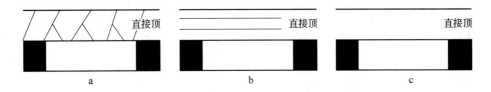

图 6-25 直接顶宏观力学结构

a—裂隙体结构直接顶；b—细层状结构直接顶；c—厚层结构直接顶

（1）裂隙体结构：直接顶被原生和次生裂隙分割。

（2）细层状结构：直接顶裂隙发育较小，但层理发育，且层厚一般小于 0.5m。

（3）厚层状结构：直接顶裂隙不发育，分层厚度一般大于 0.6m。

三种结构表现在工作面不同的稳定性和矿压显现特征。结合直接顶的力学特征，我国学者在总结国外理论的基础上，也总结出了适合我国地质条件的分类方法。

直接顶稳定性主要决定因素是：下位直接顶的强度、力学性质、分层厚度和相邻岩石分层间的相对力学关系。这为直接顶分类提供了理论依据。

回采过程是工作面不断推进的过程，这使直接顶不断地在加载卸载的过程中裂纹增加，并且也会发生周期性的裂断。作为直接顶载荷估算方法，可以认为将直接顶的全部重量作为直接顶载荷，即有：

$$Q_D = \Sigma h \cdot \gamma \cdot L_D = \frac{M}{K_p - 1} \cdot \gamma \cdot L_D \cdot B \tag{6-71}$$

式中 Σh——直接顶厚度，m；

γ——直接顶的容重，kN/m^3；

L_D——直接顶的悬顶距，m；

M——工作面采高，m；

K_p——直接顶的碎胀系数；

B——支架中心距，m。

6.5.2　老顶冲击载荷计算

老顶岩块在其结构平衡失稳瞬间对直接顶将产生冲击，冲击力大小与老顶岩块重量及其上面的载荷、老顶与直接顶间的离层量以及直接顶的刚度等有关。在此引入直接顶的弹性模量 E 描述直接顶性质。在对老顶动载荷 F_d 进行估算时，考虑老顶在煤壁上方断裂这一最不利的情况，并将直接顶和支架看作整体考略，见图6-26。

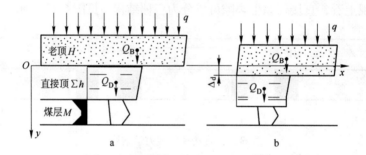

图 6-26　老顶岩块突然失稳的动载荷计算模型

a—老顶来压前位态关系；b—老顶来压按动荷载计算位态关系

H—老顶厚度，m；Q_B—老顶岩块重量，kN；q—老顶岩块上的载荷集度，kN/m^2；

Σh—直接顶厚度，m；Q_D—直接顶重量，kN；M—煤层采高，m；

Δ_d—老顶冲击作用下直接顶的变形量

为了简化老顶冲击载荷计算的复杂过程，设有老顶岩块重量 Q_B，从距离直接顶微小高度 Δh 下落冲击到直接顶上，直接顶在动载荷作用下发生变形 Δ_d。在对冲击载荷的计算中，假定：（1）不计老顶岩块的变形，且老顶岩块与直接顶接触后无回弹；（2）直接顶的质量与老顶岩块比很小，可略去不计，而冲击应力瞬时传遍被冲击物，且材料服从胡克定律；（3）在冲击过程中，声、热等能量损耗很小，可略去不计。

依据上述假设，在冲击过程中，当老顶岩块与直接顶接触后速度变为零时，直接顶的下边界到达低位置。此时，直接顶的最大变形为 Δ_d，与之相应的冲击荷载为 F_d。根据机械能守恒定律，老顶岩块在冲击过程中的动能 E_k 和势能 E_p 应转化为直接顶所增加的应变能 V_{ed}（为简化计算，略去了直接顶的质量，故直接顶的动能和势能变化也略去不计），即

$$E_k + E_p = V_{\varepsilon d} \tag{6-72}$$

在冲击瞬间，认为老顶以上岩层并没有随之运动，所以可以忽略上覆岩层的均布载荷作用。当直接顶的下边界达到最低位置时，老顶所减少的势能为

$$E_p = Q_B(\Delta_d + \Delta h) \tag{6-73}$$

由于老顶岩块的初速度和终速度均等于零，因而

$$E_k = 0 \tag{6-74}$$

由于材料服从胡克定律，而直接顶所增加的应变能 $V_{\varepsilon d}$ 则可通过冲击荷载 F_d 对位移 Δ_d 所做的功来计算。则有

$$V_{\varepsilon d} = \frac{1}{2}F_d\Delta_d \tag{6-75}$$

就直接顶而言，F_d 与 Δ_d 间的关系为

$$F_d = \frac{E}{\Sigma h}\Delta_d \tag{6-76}$$

将上式代入式（6-75），即得

$$V_{\varepsilon d} = \frac{1}{2}\frac{EA}{\Sigma h}\Delta_d^2 \tag{6-77}$$

式中　A——直接顶的悬顶面积，m^2

　　　E——直接顶的弹性模量，MPa。

将式（6-73）、式（6-74）和式（6-77）代入式（6-72），即得

$$Q_B(\Delta_d + \Delta h) = \frac{1}{2}\frac{k}{\Sigma h}\Delta_d^2 \tag{6-78}$$

由于老顶岩块作为静荷载作用在直接顶时，直接顶的静位移（即直接顶的压缩量）为：

$$\Delta_{st} = \frac{Q_B\Sigma h}{E}$$

式中，$Q_B = \frac{EA}{\Sigma h}\Delta_{st}$。

于是，式（6-78）可简化为

$$\Delta_d^2 - 2\Delta_{st}(\Delta_d + \Delta h) = 0 \tag{6-79}$$

整理得：

$$\Delta_d^2 - 2\Delta_{st}\Delta_d - 2\Delta_{st}\Delta h = 0 \tag{6-80}$$

又因由上式解得 Δ_d 的两个根，并取其中大于 Δ_{st} 的根，即得

$$\Delta_d = \Delta_{st}\left(1 + \sqrt{1 + \frac{2\Delta h}{\Delta_{st}}}\right) \qquad (6\text{-}81)$$

将上式中的 Δ_d 代入式（6-74），即得冲击载荷 F_d 为

$$F_d = \frac{EA}{\Sigma h}\Delta_{st}\left(1 + \sqrt{1 + \frac{2\Delta h}{\Delta_{st}}}\right) \qquad (6\text{-}82)$$

将上式右端的括号记为

$$K_d = 1 + \sqrt{1 + \frac{2\Delta h}{\Delta_{st}}} \qquad (6\text{-}83)$$

式中，K_d 称为冲击动载系数。于是，式（6-82）可改写为

$$F_d = K_d Q_B \qquad (6\text{-}84)$$

由此可见，冲击动载系数 K_d 表示冲击荷载 F_d 与冲击物重量 Q_B 的比值。在老顶岩块滑落失稳这一过程，可以简化为自由落体冲击，这一特殊情况下冲击动载系数 K_d 可按式（6-83）计算。

由式（6-83）可见，减小老顶岩块自由下落的高度 Δh，将降低冲击动载系数 K_d，在采场围岩控制中，可以通过增加支架初撑力来减小 Δh。当 $\Delta h \to 0$，即老顶与直接顶不发生离层，即相当于老顶岩块骤加在直接顶上，其冲击动载系数为

$$K_d = 1 + \sqrt{1 + \frac{2\Delta h}{\Delta_{st}}} = 2 \qquad (6\text{-}85)$$

综合以上分析，以直接顶为研究对象，液压支架载荷为：

$$P = Q_d + k_d Q_B \qquad (6\text{-}86)$$

式中，k_d 为老顶岩块破断失稳冲击直接顶的冲击动载系数，其大小为2。事实上，由于直接顶和支架的弹性作用，会部分吸收老顶岩块的冲击能量，缓解老顶及载荷的冲击，因此对于支架的实际载荷计算而言，k_d 介于 1~2 之间。

对于正常的工作面Ⅱ级2类顶板情况，老顶载荷 Q_B 可取下位老顶自身重量及其上的载荷，冲击动载系数可取为 1~1.5，同时支架载荷计算结果与传统的静载计算结果进行比较，取大值；对于坚硬顶板及直接顶薄的工作面，老顶载荷 Q_B 可取老顶自身重量及其上的载荷，冲击动载系数可取为 1.5~2；对于浅埋身和基岩薄的工作面，由于高位顶板难以形成结构，因此都会变成下位老顶的随动载荷，突然施加到直接顶上，因此，老顶载荷 Q_B 可取老顶自身重量及其上的所有载荷，冲击动载系数可取为 1~1.5；对于放顶煤工作面，由于顶煤的缓冲作用，老顶载荷 Q_B 可取老顶自身重量及其上的载荷，冲击动载系数可取为 1~1.2。

7 高瓦斯极软厚煤层放顶煤开采技术

高瓦斯极软厚煤层放顶煤开采技术以淮北矿区的放顶煤开采技术为例。淮北矿区的煤层极软、顶底板软、瓦斯含量高且有突出危险、煤层易自燃、地质构造多、地应力水平高等，是国内外著名的难采矿区，因此介绍高瓦斯极软厚煤层放顶煤开采技术以淮北矿区为例。

淮北矿业（集团）有限责任公司 2008 年有生产矿井 17 对，包括芦岭、朱仙庄、杨庄、朱庄、临涣、海孜、涡北等煤矿，2008 年核定生产能力 2969 万 t；在建矿井五对，2010 年建成投产后，矿区生产能力达到 3200 万 t 以上。为了促进矿区采煤技术的进步，从 1998 年开始，公司与中国矿业大学（北京）等科研院所合作，先后在朱仙庄矿、杨庄矿等开发和应用轻型支架放顶煤开采技术，2004 年在芦岭煤矿进行综合机械化放顶煤开采技术研究，2007 年又在涡北煤矿进行含厚夹矸的极软煤层大采高放顶煤开采技术研究，均获得成功。

7.1 高瓦斯极软厚煤层预采顶分层的放顶煤开采技术

芦岭煤矿现原煤年生产能力 220 余万吨，主采煤层位于二迭系下石河子组及山西组，主采的 8 煤层厚 8~12m，直接顶为厚层状泥岩，厚 5m 左右，伪顶为泥岩，厚 0.3m，老顶是砂泥岩互层。底板是薄层状砂质泥岩，裂隙发育。开采过程中的主要技术难题为：

（1）煤层瓦斯含量大（16m³/t），瓦斯压力大（最大瓦斯压力 2.83MPa），煤层透气性极低，透气性系数为 $0.004843 \sim 0.098038 m^2/(MPa^2 \cdot d)$，且有突出危险，建矿以来发生煤与瓦斯突出 20 余次。

（2）煤层极软，煤层硬度系数 $f < 0.3$。

（3）煤层特厚，厚度 8~12m，平均厚度 10.11m。

（4）煤层具有自然发火危险，发火期 3~6 个月，自燃倾向 I 级。

（5）煤层煤尘具有爆炸危险，爆炸指数 35%~40%。

根据芦岭煤矿 8 煤层的特点，在实现综合机械化开采过程中，所要解决的主要技术难题如下：

（1）开采方法选择与围岩控制技术

研究采用合理的开采方法，同时要确定合理的开采工艺参数，如工作面长度、采高、放煤工艺与参数等，适合于特厚、极软煤层特点，有利于实现高产高效。

极软煤层开采的重要技术难题之一就是煤壁片帮和端面漏冒严重。采取有效的技术防治煤壁片帮。

（2）瓦斯与自然发火的防治

实现高效综合机械化开采的关键技术难题之一就是解除工作面瓦斯突出危险，合理抽排瓦斯，在开采方法与瓦斯抽排工艺等方面解决瓦斯问题。同时解决好工作面采空区自然发火问题，保障工作面安全开采。

（3）支架架型确定与研制

支架架型要适合于极软煤层开采的需要，实现对顶板的全封闭，控制顶板（顶煤）的漏冒。支架要有足够工作阻力，对顶板有足够的支撑能力和工作阻力，同时对减轻煤壁压力、缓解煤壁片帮等发挥作用。

7.1.1　采用预采顶分层的综合机械化放顶煤开采

针对芦岭煤矿 8 煤层极软、特厚、高瓦斯且有突出危险、易自燃等特点，可能采用的机械化开采方法及优缺点对比见表 7-1。

表 7-1　开采方法比较

方　法	分层综采	大采高分层综采	全高综放开采	预采顶层综放
优　点	厚煤层开采的常用方法，支架、配套设备、技术相对成熟，对瓦斯治理经验相对成熟	可分两层或三层开采，巷道掘进量相对较少，开采效率高	全高一次开采，巷道掘进量小，开采效益高	瓦斯防治技术较成熟，巷道掘进量较低，回收率高，开采效益高，工作面支撑压力区前移，有利于防止煤壁片帮
缺　点	需要分四层开采，巷道掘进量大，开采效益较差，采空区反复扰动，易引起自燃	采高大，导致煤壁片帮与端面漏冒严重，支架等设备吨位大，陷底严重	瓦斯防治技术有待完善，顶煤过厚，回收率低	采空区二次扰动，易引起自燃，顶层开采效益较差
综合评价	技术可行，效益差	技术上不可行	技术可行，瓦斯风险大，效益好	技术可行，效益好
采用与否	不采用	不采用	不采用	采　用

相对分层开采来说，放顶煤开采工作面前方支承压力分布范围较宽，峰值远离工作面，可缓解煤壁的压力，有利于煤壁与端面稳定，见图 4-5。

从表 7-1 四种可能的机械化开采方法比较中，可以看出预采顶分层的综合机械化放顶煤开采具有明显的优越性。预采顶分层后，可以释放出大量瓦斯，释放量可达煤层瓦斯含量的 60%，从而缓解下部煤层放顶煤开采的瓦斯问题，解除瓦斯威胁。分层开采时各分层的相对瓦斯涌出量实测值见表 7-2。由于煤层的平均厚度达

10m多，煤层极软，采用全高放顶煤开采时，从避免煤壁片帮的需要出发，割煤高度不能过大，这样顶煤的厚度较大，放煤过程中，易引起串矸，顶煤回收率较低，含矸率较高。预采顶分层后，下部采用放顶煤开采，使顶煤厚度处于合理的范围内，并且顶煤在垮落的破碎顶板下放煤，有利于提高顶煤回收率，降低含矸率，提高开采效益。这样既解决了瓦斯问题，又使顶煤厚度处于合理的范围内，又发挥了放顶煤开采的技术优势。因此采用预采顶分层的综合机械化放顶煤开采方法。

表 7-2　分层开采时各分层的相对瓦斯涌出量实测值

项　目	煤矿 A		煤矿 B	
	涌出量/$m^3 \cdot t^{-1}$	占总量的质量分数/%	涌出量/$m^3 \cdot t^{-1}$	占总量的质量分数/%
一分层	32.92	60	57.25	60
二分层	10.97	20	14.3	15
三分层	7.13	13	第三、四、五、六分层平均为 5.96	25
四分层	3.84	7		
平　均	13.72		15.9	

7.1.2　开采工艺与围岩控制实施技术

对于极软煤层工作面围岩控制的基本理论研究见4.3~4.5。

7.1.2.1　基本回采工艺

综放工作面基本设备配置见表7-3。

表 7-3　综放工作面设备布置

设备名称	型　号	数量	设备名称	型　号	数量
液压支架	ZF3600/16/25	77	顺槽刮板输送机	SGB-80T	1
过渡支架	ZF4200-16/25	4	顺槽胶带输送机	SDJ-80	1
前部刮板输送机	SGZ630/264	1	石门刮板输送机	SGB-80T	1
后部刮板输送机	SGZ630/264	1	乳化液泵站	DRB-315/31.5	1
采煤机	MG160/375-W	1	移动变电站	KBSGZY-800/6	2

综放工作面的采煤工艺流程：

割煤→伸伸缩前梁→移支架→推前部输送机→拉后部输送机→割煤（第二刀）→伸伸缩前梁→移支架→推前部输送机→放顶煤→拉后部输送机（一个循环注水一次）。

7.1.2.2　开采工艺中的技术关键

在开采工艺实施中，针对芦岭Ⅱ824^{-2}工作面的实际情况，由于煤层极软，顶煤的可放性好，但顶煤和煤壁难以控制，为此总结出了一套采放工艺实施的技术关键。

A 工作面合理长度的确定

工作面合理长度的确定是基于两个方面因素：一是根据极软煤层开采的特点，保证工作面快速推进，缓解矿山压力作用时间，减少对煤壁片帮和端面漏冒的影响，确保每天推进度不少于 2.4m；二是考虑到正规循环前提下，一个圆班实现"四刀两放一检修"，日产 2800t，月产 8.4 万 t，年产 100 万 t 的水平。所以将工作面合理长度确定为 120m。

B 注水工艺

通过注水改变煤体的力学性质，是防治煤壁片帮与端面漏冒的主要技术措施。煤壁注水后，前方煤体的力学性质发生改变，使其黏聚力和抗剪强度增大，抗压强度降低；可使支承压力峰值区前移，减轻对煤壁的压力。据此 II824^{-2} 工作面采用动压浅孔注水。

煤层浅孔注水的原理即通过钻孔注入压力水，使其逐渐渗入煤体内部，一则增加了煤的含水率，改变煤体的力学性质，增加了煤的塑性，采煤过程中不易片帮、漏顶；二则将原生的微细颗粒粘结成较大的尘粒，使之失去飞扬的能力，降低了煤尘的生成量，同时又减少了煤尘在空中停留的时间，加快了煤尘的沉积速度，使工作面作业范围内的煤尘大大减少。实测的降尘率可达 75% ~ 85%。工作面（放顶煤）煤层注水包括两方面：一是对煤壁进行注水，以防煤壁片帮和割煤过程中扬尘；二是对顶煤进行注水，以防端面漏冒和放煤过程中扬尘。工作面浅孔注水工艺与参数见图 7-1。

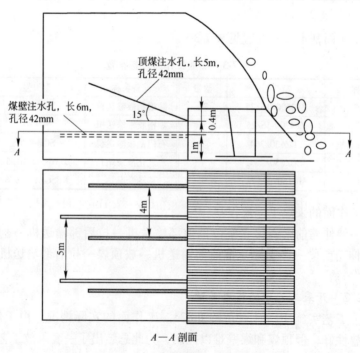

A—A 剖面

图 7-1　工作面浅孔注水示意图

工作面实施煤层浅孔注水以来，采煤工作面煤壁出现片帮、漏顶次数明显减少，工作面煤尘也大大降低了，职工的安全与健康状况也有了较大地保障。

C 顶煤控制

顶煤的控制主要注意以下几方面：

（1）充分发挥支架的初撑能力，保证对顶煤的控制，避免离层。

（2）保证工作面正常推进速度，实现正常循环作业，避免工作面极软煤层发生片帮，见图 7-2、图 7-3。当工作面推进速度慢时，煤壁片帮和端面顶煤的破碎度严重。

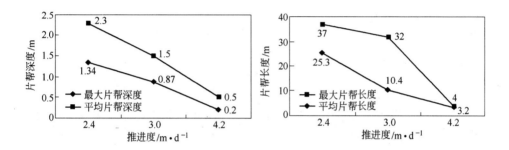

图 7-2 工作面片帮深度、长度与工作面推进度的关系

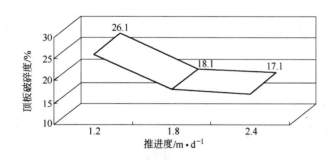

图 7-3 工作面顶煤破碎度与推进度的关系

（3）开采过程中严格控制采高，保持在 1.9~2.1m 之间。

（4）及时"带压"甚至"增压"擦顶移架，任何时候降架不得超出邻架侧护板，严格检查和保持支架的位态，尽量减少对顶煤的扰动。

（5）架前片帮、冒顶严重地段，必须在片、漏、冒区域内超前架设走向木棚，一架两棚支单体贴帮柱，直到支架移过该区域（不片、不冒）为止。

D 放煤工艺与参数研究

对于芦岭矿的极软煤层与软顶板而言，顶煤与直接顶在工作面上方已经完全破碎，形成松散体，尤其是下分层放顶煤开采，顶煤与顶板形成了协调的松散体，因而其运移和放出符合散体流动规律，运用前面提出的散体介质流理论进行解释和试验结果确定放煤工艺参数。主要结论如下：

(1) 合理的采放比介于 1：2 ～ 1：3 之间。

(2) 两刀一放具有较高的顶煤回收率和较低的含矸率。

(3) 随着煤矸粒度之比的增大，顶煤混矸率会降低，回收率略有提高。

根据散体介质流理论的研究结果，采用"两刀一放"、双轮顺序放煤工艺。

7.1.2.3　开采工艺实施效果

根据实际观测，Ⅱ824⁻² 综放工作面实际的煤炭回收率为 91%，工作面平均月产煤炭 8.4 万 t。

7.1.3　工作面矿山压力显现规律研究

7.1.3.1　工作面支架工作阻力观测

A　初撑力

Ⅱ824⁻² 综放面支架初撑力前后柱分布如图 7-4 所示，支架初撑力平均为 1625kN/架，支架初撑力平均值为额定初撑力 3186kN/架的比值为 51.03%；前柱平均为 1262kN/架，占 78%，最大为 1527kN/架，前柱支架初撑力平均值与额定初撑力的比值为 79.2%；后柱为 358.2kN/架，占 22%，最大为 675.6kN/架，支架后柱初撑力平均值与额定初撑力的比值为 22.5%。由现场观测的结果可以看出，支架前柱初撑力的利用率达到 79.2%，说明前柱已经较好地发挥了初始支护作用，但后柱初撑力的利用率偏低，只有 22.5%。支架后柱初撑力低的一个重要原因是顶煤极软，放煤过程中支架后部的顶煤已经流动放出。

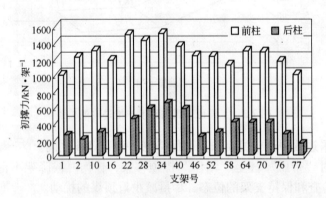

图 7-4　Ⅱ824⁻² 综放面支架初撑力前后柱分布（按支架编号）

B　工作阻力

工作阻力前后柱分布如图 7-5 所示，由图可知，沿工作面倾斜方向，工作阻力呈现中间高、两端低的分布特点。支架工作阻力平均为 1658kN/架，支架工作阻力平均值与额定工作阻力的比值为 46%；前柱平均工作阻力为折合 1261kN/架，占77%，最大工作阻力为1485kN/架，前柱支架工作阻力平均值与额定工作阻力的比值为70.02%；后柱平均工作阻力为379kN/架，占22%，最大工作阻力为819kN/架，后柱支架工作阻力平均值与额定工作阻力的比值为21.3%。由现场观测的结果可以看出，支架的前后柱和整体的工作阻力都能很好满足工作面支撑顶板的要求。

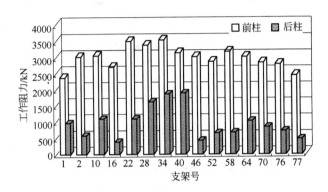

图7-5 工作阻力前后柱分布（按支架编号）

C 周期来压规律

由支架工作阻力观测数据，得到Ⅱ824^{-2}工作面周期来压规律，初次来压步距27m，周期来压步距为6~15m，平均步距10m左右，来压时动载系数1.3。工作面有分段来压现象，但不强烈。放顶煤期间，由于煤层厚度变化，不同块段的顶煤厚度不相同，工作面放煤量也不相同，造成顶板垮落不均匀，工作面来压也出现不均匀现象，形成分块分段来压，对工作面影响较大，但煤壁的片帮现象并不明显，说明该工作面支架与围岩的关系较好，主要是由于工作面支架初撑力的选型较大，并采用注水防片帮的方法，使得煤壁条件加强了；工作面矿压显现与推进速度和煤层厚度之间有着密切关系，观测结果表明，工作面推进速度越慢，则来压强度越强烈；而煤层厚度越大，压力显现越不明显。

7.1.3.2 工作面前支承压力观测

工作面前方支承压力随工作面距离的变化关系如图7-6所示。

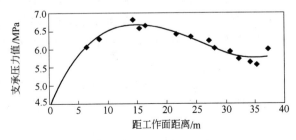

图7-6 工作面前方支承压力随工作面距离的变化关系（实测）

顶分层工作面的支承压力分布（模拟试验）见图7-7，下分层综放工作面的支承压力分布（模拟试验）见图7-8。

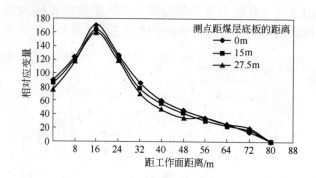

图 7-7　顶分层工作面的支承压力分布（模拟试验）

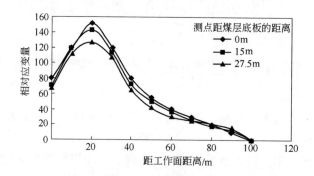

图 7-8　下分层综放工作面的支承压力分布（模拟试验）

支承压力分布范围为工作面前方 35～50m，支承压力峰值距工作面 10～20m，支承压力集中系数为 1.2～1.9。

极软、高瓦斯且有突出危险、特厚煤层综合机械化开采的关键问题是瓦斯防治、防止煤壁片帮与端面漏冒和提高煤炭资源回收率。预采顶分层的综合机械化放顶煤开采具有解除瓦斯威胁、工作面前方支承压力分布平缓、有利于防止煤壁片帮、煤炭回收率高、开采效益好等优点。通过设计合理支架形式，选取较高工作阻力，保证工作面推进度，实施合理的煤壁浅孔注水工艺与参数、采用正确的开采工艺和参数、加强辅助措施可以在极软厚煤层中实施高产高效综放开采。

适当提高支架工作阻力，可缓解煤壁处的压力，减少煤壁片帮与端面漏冒。合理的支架工作阻力既要能够平衡顶板的压力，也要有利于缓解煤壁处的压力，减少煤壁片帮与端面漏冒。

煤体注水可降低煤体的抗压强度，增加煤体黏聚力，提高抗剪强度，这对于防止煤壁片帮具有重要作用。煤体注水后，抗压强度降低，抗剪强度提高，导致工作面前方的支承压力峰值区远离煤壁 20%，峰值压力降低 14%，减缓了煤壁处的压力，有利于防止煤壁片帮与端面漏冒。煤壁浅孔动压注水是解决极软煤层综放开采煤壁片帮与端面漏冒的有效技术措施。

离散元数值计算表明，煤壁的破坏程度随着煤壁高度的增加而增加，煤壁的稳定极限高度是 2.5m，开采时的合理煤壁高度为 2~2.5m。

合理的采放比在 1:2~1:3 之间，两刀一放具有较高的顶煤回收率和较低的含矸率。实际工程中，采用"两刀一放"，加强顶煤冒漏与片帮控制，实现了该类难采煤层综放开采的高产高效，工作面平均产量达到 8.4 万 t/月，回收率 91% 以上。

通过系统的矿压观测与模拟试验，获得了该类煤层综放开采的矿山压力显现规律，工作面初次来压步距 27m 左右；周期来压步距为 6~15m，平均步距 10m，来压时动载系数 1.3。工作面前方支承压力峰值出现在工作面前方约 20~23m 处，分布范围在 50m 内。

沿工作面倾斜方向，工作阻力呈现中间高、两端低的分布特点。支架工作阻力平均为 1658kN/架，支架工作阻力平均值与额定工作阻力的比值为 46%；前柱工作阻力大于后柱的工作阻力特征十分明显，前柱平均工作阻力为 1261kN/架，后柱平均工作阻力为 379kN/架，前柱为后柱的 3.33 倍，这是软煤层综放开采的重要特征。支架整体性能满足对顶板的支护要求。

7.2 下分层综放工作面瓦斯综合治理技术研究

7.2.1 实现综放开采的技术途径

II824 区段能否采用综采放顶煤开采技术进行开采，从瓦斯治理与灾害防治上必须考虑两个方面问题，一是《煤矿安全规程》（2004 年版）第一百八十三条明文规定"突出煤层中的突出危险区、突出威胁区，严禁采用放顶煤采煤法"，所以该工作面采用综采放顶煤开采方法的前提是工作面区域的煤层已经消除突出危险；另一方面是 8 煤层厚度大，煤层瓦斯含量高，采用综采放顶煤技术这种高强度的采煤方法时煤层的瓦斯涌出量大，同时 8 煤层上部有局部可采的 7 煤，下部有严重突出危险的 9 煤层，且 9 煤的厚度也达到了 4m 左右，邻近层的卸压瓦斯也对工作面回采造成很大的威胁，工作面回采过程中的瓦斯涌出问题能否解决也将决定该工作面采用综采放顶煤开采技术的可行性。

由于该工作面区域不具备保护层开采条件，也没有进行保护层开采，因此提前消除 8 煤层突出危险性只能采取大面积瓦斯预抽的方法。针对矿上的具体条件，顶分层工作面回采前，首先在 8、9 煤层底板布置双岩石巷道施工底板穿层瓦斯抽采钻孔，作为区域防突措施和瓦斯治理措施已经被芦岭煤矿作为一种常规、实用的技术采用，而且施工技术、手段日臻成熟，应用效果不断改善、提高。

采取在 8 煤层布置两条底板岩石巷道，采用穿层网格钻孔进行瓦斯预抽。目前采用的穿层钻孔孔底间距一般为 15m，钻场间距为 20m。由于 8 煤层极为松软，施工钻孔过程中极易发生喷孔、垮孔和卡钻等现象，钻孔施工难度大；而且煤层的透气性很差，透气性系数为 0.004843 ~ 0.098038m²/（MPa²·d），瓦斯预抽效果差。在 8 煤和 9 煤的石门揭煤中，穿层钻孔的终孔间距为 8 ~ 10m，一般需要预抽 8 ~ 12 月，局部地点甚至达到一年半的预抽时间才能达到消除煤层突出危险。由于在两条底板岩石巷道施工控制采面区域的穿层抽放钻孔难度较大，在工作面中部有局部区域存在没有钻孔控制的现象，而且钻孔终孔间距较大，要通过穿层钻孔预抽消除 8 煤层的突出危险难度极大，而且两年左右的预抽时间对矿井生产接替来说也是基本无法做到的。因此，采用穿层钻孔大面积预抽煤层瓦斯，消除 8 煤层的突出危险对芦岭煤矿来说基本上不现实，而煤层无法提前消除突出危险也就限制了工作面直接采用综采放顶煤技术一次开采 8 煤层。因此，从工作面回采过程中的瓦斯治理方面来说，芦岭煤矿在没有开采保护层的前提下采用综采放顶煤技术一次开采 8 煤层具有很大风险。

综上分析，芦岭煤矿在没有开采保护层的前提下采用综采放顶煤技术一次开采 8 煤层从瓦斯治理和灾害防治的角度来说是不可行的，采用穿层钻孔大面积预抽煤层瓦斯消除 8 煤层的突出危险对芦岭煤矿来说基本上不现实，最有效的办法就是预采顶分层，消除下部煤层的突出危险，也使下部煤层的厚度在放顶煤开采的合理范围内，可以使回收率有所提高。

7.2.2　顶分层工作面瓦斯综合治理

在 Ⅱ824⁻¹ 顶分层工作面回采过程中除本分层涌出大量瓦斯外，下部分层由于采动影响的卸压瓦斯将大量向回采空间涌出，瓦斯涌出量将大大多于回采本分层的瓦斯涌出量。同时，由于采动影响，上部邻近的 7 煤层和下部邻近的 9 煤层产生的卸压瓦斯也将向 Ⅱ824⁻¹ 工作面的回采空间涌出。所以，Ⅱ824⁻¹ 工作面回采过程中的瓦斯涌出问题，尤其是下部分层和邻近煤层的卸压瓦斯涌出将严重威胁着工作面的安全生产。

为了解决工作面回采过程中的瓦斯问题，采用通风风排和瓦斯抽放的方法。瓦斯抽放采用综合方法，由于工作面的瓦斯涌出中大部分来源于下部分层和邻近煤层的卸压瓦斯，因此主要采用顶板高位钻孔抽放这些卸压瓦斯，同时采用埋管的方法抽放采空区瓦斯和工作面上隅角瓦斯。

7.2.2.1　顶板高位钻孔瓦斯抽放

在 Ⅱ824⁻¹ 工作面的回风巷附近顶板中施工高位钻场，钻场距煤层控制在 3m

左右，第一个钻场距工作面切眼的距离为 40m，钻场间距为 50m。每个钻场施工 6 个高位钻孔，钻孔终孔间距 10m，钻孔终孔点距 8 煤顶部垂距为 20m。见图 7-9。

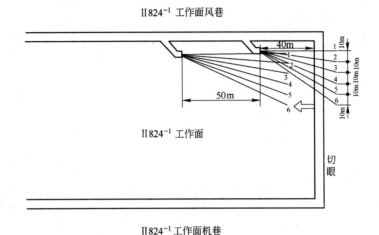

图 7-9　Ⅱ824⁻¹ 工作面高位钻孔布置示意图

工作面于 2002 年 4 月抽放，于 2004 年 6 月工作面回采结束后停止抽放，累计抽放瓦斯 585.8524 万 m^3，瓦斯抽放流量平均为 5.95 m^3/min，抽放浓度平均维持在 23.60% 左右。

7.2.2.2　采空区埋管抽放

在工作面上风巷埋设抽放管路对采空区瓦斯和工作面上隅角瓦斯进行抽放，抽放管直径为 D200mm，随工作面推进埋入采空区后进行抽放。埋管抽放布置如图 7-10 所示。

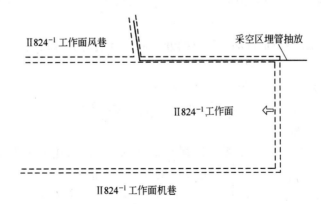

图 7-10　Ⅱ824⁻¹ 工作面采空区埋管抽放布置示意图

采空区埋管采用型号为 2BE1—420 井下移动抽放泵进行抽放，工作面于 2002 年 4 月开始回采进行抽放，于 2004 年 6 月工作面回采结束后停止抽放，采空区埋管抽放累计共抽放瓦斯 304.2424 万 m³，瓦斯抽放流量平均为 3.07 m³/min，抽放浓度平均维持在 13.50% 左右。

7.2.2.3　工作面风排瓦斯

工作面采用"U"形通风方式，矿井全负压通风，工作面的配风量维持在 1060 ~ 1320m³/min 左右，回风巷风流中的瓦斯浓度平均为 0.72%，基本无回风流瓦斯浓度超限现象；工作面的风排瓦斯涌出量最小为 4.99m³/min，最大风排瓦斯量为 11.26m³/min，平均为 8.32m³/min。

7.2.2.4　工作面瓦斯综合治理效果

II824⁻¹ 工作面采用瓦斯抽放结合通风风排方法对工作面回采过程中的瓦斯涌出进行了治理。其中瓦斯抽放主要采用顶板高位钻孔抽放工作面由于采动影响产生的卸压瓦斯，同时采用埋管的方法抽放采空区瓦斯和工作面上隅角瓦斯。从 2002 年 4 月工作面开始回采，到 2004 年 6 月停采收作结束，瓦斯综合治理效果明显：工作面的瓦斯抽放总流量最小为 2002 年 5 月工作面开始开采时的 3.39m³/min（工作面瓦斯涌出总量为 13.53m³/min），瓦斯抽放流量最大为 2004 年 4 月工作面接近停采线时 10.74m³/min（工作面瓦斯涌出总量为 19.49m³/min），平均瓦斯抽放流量为 8.69m³/min；工作面瓦斯抽放率为 25.1% ~ 77.2%，平均抽放率达到了 49.1%；工作面回风流瓦斯浓度平均为 0.72%，基本无瓦斯超限现象出现，有效地保障了回采工作面的安全生产。

7.2.3　下分层工作面煤层突出危险性评价

芦岭煤矿 II824⁻² 工作面 8 煤层底分层突出危险性评价以区域预测指标煤层残余瓦斯压力、煤样的实验室测定参数等指标为主，并结合底分层煤巷掘进中测定的突出预测指标、煤巷掘进期间瓦斯涌出量等资料，进行综合分析评价，有如下主要结论：

(1) 8 煤层顶分层 II824⁻¹ 工作面开采后，通过对 8 煤层底分层 II824⁻² 工作面残余瓦斯压力、煤层突出危险性区域预测指标、煤样的实验室测定参数等进行测定分析，并对 II824⁻² 工作面煤巷掘进中测定的突出预测指标 Δh_2、煤巷掘进期间瓦斯涌出量等资料进行综合分析，得到 II824⁻² 工作面范围内已经消除了煤与瓦斯突出危险的结论。

(2) 同时，此次测定 8 煤残余瓦斯压力的第二组钻孔的终孔位置在 II824⁻¹ 工作面机巷位置的下方，三个钻孔测定的瓦斯压力值分别为 0、0 和 0.3MPa；而在 II824⁻² 工作面切眼掘进中测定突出预测指标的每组钻孔中，均有一个钻孔是向工作面外侧施工的，钻孔孔深为 10 ~ 12m，其终孔位置也到了 II824⁻¹ 工作面切眼的下方，测定的钻屑瓦斯解吸指标 Δh_2 最大仅为80Pa，远远小于其指标临界值200Pa，因此，可以确定在8煤顶分层 II824^{-1} 工作面回采后，其工作面覆盖范围对应的底分层的8煤均已消除突出危险性。所以，对于芦岭煤矿8煤层而言，在采用与 II824^{-1} 工作面相似的开采参数进行顶分层工作面开采后，其工作面覆盖范围内对应区域内8煤层底分层的煤与瓦斯突出危险性已消除。

7.2.4 下分层工作面瓦斯综合治理技术

II824区域的8煤层的原始瓦斯压力为3.5MPa，煤层原始瓦斯含量为12.40m³/t。虽然在 II824^{-1} 顶分层工作面回采后，II824^{-2} 工作面范围内8煤底分层的煤层瓦斯受到采动卸压已经得到大量释放且已经消除了煤与瓦斯突出危险，但由于8煤层的原始瓦斯含量较大，且8煤下部分层厚度较大，平均达到了7.50m，最大厚度达到了11.70m，而且工作面采用综采放顶煤开采，生产强度大，产量高，因此 II824^{-2} 工作面回采过程中的瓦斯涌出问题仍然威胁着工作面的安全生产。

为了解决工作面回采过程中的瓦斯问题，采用通风风排和瓦斯抽放的方法。瓦斯抽放采用综合方法，采用顶板高位巷道结合高位巷钻孔、风巷高位斜交钻孔抽放工作面由于采动影响产生的卸压瓦斯，在工作面风巷机巷布置本煤层顺层钻孔预抽和边采边抽煤层瓦斯，同时采用埋管的方法抽放采空区瓦斯和工作面上隅角瓦斯。

7.2.4.1 顶板高位巷道结合高位巷钻孔抽放

由于 II824^{-2} 工作面的顶板为一分层回采后形成的再生顶板，因此不能在整个工作面范围内都布置顶板高位巷道进行瓦斯抽放，因此只在工作面切眼附近顶板较为完整的地方布置高位巷道。顶板高位布置在8煤顶板靠近工作面风巷侧，高位巷道距煤层顶板距离为10m，距风巷的平面距离为10m。同时在高位巷内布置两个钻场，第一组6个孔在高位巷端头，第二组5个孔，位于距高位巷端头10m处，高位钻孔布置在高位巷顶板岩石中，钻孔终孔点距煤层为10m，钻孔布置方式见图7-11。

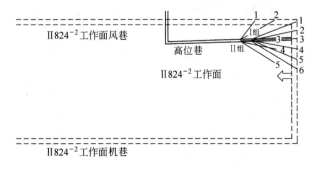

图7-11　II824^{-2} 工作面顶板高位巷道钻孔布置示意图

7.2.4.2　风巷高位斜交钻孔抽放

在工作面的其他区域，采用在风巷布置钻场，向煤层顶板施工高位钻孔进行卸压瓦斯抽放。钻场间距为 15m，共布置 26 个钻场。每个钻场施工 4 个钻孔，共 104 个钻孔。风巷高位斜交钻孔布置方式见图 7-12。

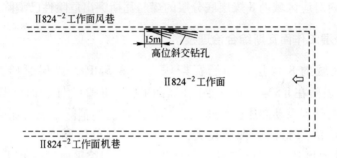

图 7-12　风巷高位斜交钻孔布置示意图

从 2005 年 2 月开始，采用风巷高位斜交钻孔进行卸压瓦斯抽放。根据工作面的推进，及时施工高位钻孔并封孔接入直径 D200mm 抽放管路，采用移动瓦斯抽放泵进行抽放。工作面于 2005 年 10 月停采收作，截至 9 月底，风巷高位钻孔累计抽放瓦斯 76.5285 万 m^3，瓦斯抽放流量平均为 2.25m^3/min，抽放浓度平均维持在 10.10% 左右。

7.2.4.3　本煤层顺层抽放钻孔

在工作面的机巷和风巷分别布置本煤层顺层钻孔预抽煤层瓦斯，同时在工作面推进到钻孔抽放范围时也进行边采边抽卸压瓦斯。顺层钻孔采用扇形交叉布置、机巷顺层钻孔沿机巷每隔 10m 施工一组，每组 3 个孔，第一组距切眼 15m，风巷顺层孔沿风巷每隔 10m 布置一组，每组 3 个孔。钻孔深度为 40m，终孔间距 7m。II824^{-2} 工作面顺层钻孔的布置情况见图 7-13。

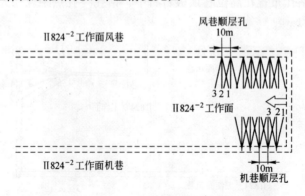

图 7-13　II824^{-2} 工作面顺层钻孔布置示意图

7.2.4.4 采空区埋管抽放

在工作面上风巷埋设抽放管路对采空区瓦斯和工作面上隅角瓦斯进行抽放，抽放管直径为 D200mm，随工作面推进埋入采空区后进行抽放。采空区埋管示意见图 7-14。

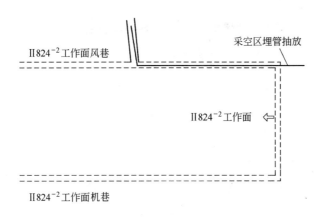

图 7-14 采空区埋管示意图

采空区埋管采用型号为 2BE1-420 井下移动抽放泵进行抽放，从 2004 年 9 月工作面开始回采，到工作面于 2005 年 10 月停采收作，采空区埋管抽放累计抽放瓦斯 137.083 万 m^3，瓦斯抽放流量平均为 2.68 m^3/min，抽放浓度平均维持在 10.52%。

7.2.4.5 工作面风排瓦斯

工作面采用"U"形通风方式，矿井全负压通风，工作面的配风量维持在 1050~1100 m^3/min 左右，回风巷风流中的瓦斯浓度基本维持在 0.3% 以下，平均为 0.26%，基本无回风流瓦斯浓度超限现象；工作面的风排瓦斯涌出量最小为 1.65 m^3/min，最大风排瓦斯量为 3.49 m^3/min，平均为 2.75 m^3/min。

7.3 自然发火综合防治技术

7.3.1 综放面自燃"三带"划分

为了合理划分 II824^{-2} 综放工作面自燃"三带"范围，考察采空区在未注氮和注氮情况下采空区自燃"三带"变化规律，在采空区内埋设束管进行监测，定期进行气体取样化验分析，以便准确划分采空区自燃"三带"范围，为确定合理的工作面自然发火防治技术措施提供依据。未注氮与注氮情况下采空区的"三带"实测与划分情况见图 7-15~图 7-18，注氮后效果明显。

采煤工作面自燃防治要求在煤层最短自然发火期内，工作面推进速度保

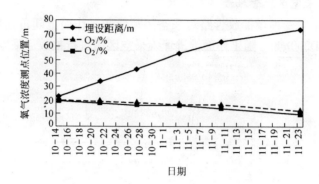

图 7-15　未注氮时采空区埋管取气测点 O_2 浓度随埋深变化曲线

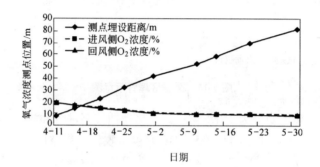

图 7-16　注氮后采空区埋管取气测点 O_2 浓度随埋深变化曲线

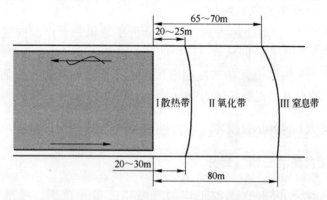

图 7-17　未注氮时的"三带"划分

证能将采空区内遗煤甩到自燃"三带"的窒息带以内。简要的数学描述公式如下：

$$\frac{L}{T_{正常回采} + T_{停采检修}} \leqslant T$$

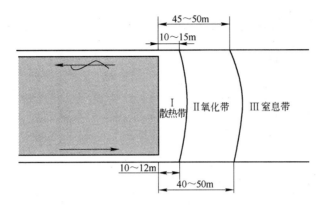

图 7-18 注氮时的"三带"划分

式中 L——采空区氧化带距离工作面最大距离，m；

      T——煤层最短自然发火期，d；

    $T_{正常回采}$——累计的正常回采天数，d；

    $T_{停采检修}$——停采检修的总天数，d。

$$\frac{L}{\overline{V}} + T_{停采检修} \leq T$$

式中 $\overline{V}$——工作面不含停产检修时间的日平均推进速度，m/d。

    根据实验室对 8 号煤层升温氧化实验对综放面煤样最短自然发火期测试结果，在最佳的漏风供氧和蓄热条件下，采空区内遗煤发生自燃的时间为 46 天。在不进行采空区注氮和注浆的情况下，采空区内散热带和氧化带宽度为 80m 左右；在进行采空区注氮和注浆的情况下，采空区内散热带和氧化带宽度为 55m 左右。

    根据最短自然发火期和采空区自燃"三带"分布情况，综放面在加强自燃预测预报、采取以注氮、注浆为主的综合防灭火措施的情况下，月推进度必须达到 36m 以上，在最短自然发火期 46 天内，共可推进 55m 以上，可保证在最短自然发火期内，将采空区内遗煤甩进窒息带，采空区不出现自燃。综放面在加强自燃预测预报、不采取防灭火措施的情况下，月推进度必须达到 55m 以上，在最短自然发火期 46 天内，共可推进 80m 以上，可保证在最短自然发火期内，将采空区内遗煤甩进窒息带，采空区不出现自燃。

    综放面月实际推进度 35 ~ 60m，平均每月 50m 左右。在综放面正常回采期间，尽可能加快推进，加强自然发火预测预报。在综放面过构造带和设备检修需要长时间停产的情况下，加强综放面自然发火预测预报，采用注氮和注浆为主的综合防灭火措施，工作面推进能够保证在最短自然发火期之内将采空区内遗煤甩进窒息带，有效保证采空区内浮煤在工作面开采过程中不出现严重的自燃。

7.3.2　自然发火综合防治技术

7.3.2.1　注氮防灭火

根据采空区自燃"三带"理论，注氮管路出口位置在采空区氧化带是最有效和最合理的，这样可以缩短氧化带的宽度，降低采空区自然发火危险程度。

根据"三带"理论和进行现场自燃"三带"考察的结果，注氮的合理位置是在氧化带宽度范围内，结合芦岭煤矿实际的地质条件，以及国内综放工作面注氮防灭火成功经验，注氮的最佳位置是在采空区后 20~50m。

在综放面过构造带和设备检修造成较长时间停产、停采撤架期间，或根据预测预报结果，发现上隅角和回风流出现 CO，采空区发生自燃时，以及检测发现放顶煤的温度超过 50℃，则采用 24h 连续不间断注氮。当工作面推进不正常期间，根据自燃预测预报结果，采用一班或两班连续注氮。工作面快速正常推进期间，不进行采空区注氮。

根据不完全统计，Ⅱ824^{-2}综放工作面回采期间累计采空区注氮时间共1403.5h，累计注氮量 759706m^3。

7.3.2.2　灌浆防灭火

利用黄泥灌浆系统对采空区进行灌浆。现有黄泥灌浆系统灌浆能力为 2.5~3.0 万 m^3/月，Ⅱ824^{-2}综放工作面回风巷比进风巷高，具备采空区注浆条件，注浆管路设置在回风巷，可进行采空区埋管灌浆。根据不完全统计，综放面回采期间累计注浆量超过 6×10^{4}m^3。

7.3.2.3　阻化剂防灭火

阻化剂的喷洒浓度是决定防火效果和影响工作面吨煤防灭火成本的一个重要指标。设计选用 15% 的氯化钙（CaCl$_2$）和氯化镁（MgCl$_2$）溶液进行喷洒。

Ⅱ824^{-2}综放工作面开切眼防火喷洒阻化剂共 15.75t，其中 CaCl$_2$ 共计 2025kg。

7.3.2.4　氮气泡沫和气雾阻化剂

由于 Ⅱ824^{-2}综放面上分层已开采，顶板为假顶，煤层顶板注浆钻孔难以施工，使用灌浆防灭火时顶部遗煤无法处理；采空区注入的氮气量是有限的，工作面风量较大，假顶必然造成一定量的漏风，氮气会随采空区漏风流扩散；顶部遗煤为二次供氧，自燃危险性较大，采用有效措施防治顶部遗煤自燃非常必要。

在注氮管路出口加入高黏度的泡沫液（水加 KYE6 型蛋白泡沫灭火剂，添加量6%）形成氮气泡沫注入采空区内的火区，氮气泡沫能对高温煤体实现隔氧、降温和堵漏，迅速扑灭火源。当巷道顶部和支架上部发生高顶火灾时，其上部瓦斯含量一般较高，高黏度的氮气泡沫能附着在高顶煤壁，迅速抑爆灭火。

采用氮气作为动力输送阻化剂进行自然发火防治，能形成氮气阻化剂气雾，凡是氮气能到达的地点，阻化剂均能到达，停止注氮后，阻化剂仍能对浮煤的氧化起到阻化作用。

7.3.2.5 煤层注水

II824^{-2}综放工作面开采过程中向煤层钻孔注水，主要为瓦斯防治、降尘，同时注水湿润煤体对防火也有利。

7.4 综放工作面粉尘防治技术

7.4.1 综放开采产尘状况分析

在综放工作面，原生粉尘和矿压粉尘主要是通过放顶煤及支架前移时释放的，多为粗尘。采煤机割煤产尘不仅量大，而且多为细尘及微尘，加之采煤机道的风速原高于架间及放煤口，因此煤尘难以沉降，影响范围大。综放工作面的回风巷口处，采煤机道、架间、放煤道的风流合在一起，三者的风流并非隔离，而是互相影响，此处粉尘浓度代表了全工作面风流中的粉尘平均浓度。综采放顶煤工作面的粉尘来源分布，如图7-19和表7-4所示。

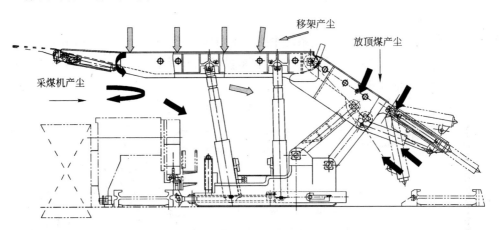

图 7-19 综采放顶煤工作主要尘源点分布示意图

表 7-4 综采放顶煤工作面粉尘主要来源及其组成

尘源点	采煤机割煤	支架放顶煤	支架移架	其他
组成比例/%	60 ~ 70	15 ~ 25	0 ~ 10	0 ~ 5

从表 7-4 可以看出，治理综采放顶煤工作面的粉尘危害，应重点治理采煤机割煤、液压支架放顶煤和移架产尘，对其他尘源点，如运输机运煤、转载点等可以简单地进行处理。

7.4.2　综合防尘技术及装备

7.4.2.1　煤层注水降尘

煤层注水是指在煤层开始回采之前在煤层中施工钻孔，向煤层中进行高压注水提高煤层的含水量，从而减少煤尘的产生量。该工作面采用煤层浅孔注水。

7.4.2.2　采煤机割煤防尘技术

A　高压喷雾引射降尘技术

降尘系统主要由高压喷雾泵站、自控水箱、高压管路、过滤器、操纵阀及 CPC—40 型采煤机高压喷雾引射降尘器等组成，在工作面的布置示意图如图 7-20 所示。

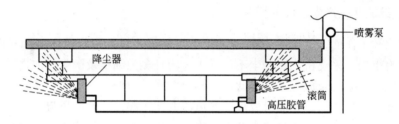

图 7-20　采煤机高压喷雾引射降尘系统示意图

B　采煤机尘源智能跟踪降尘系统

采煤机尘源智能跟踪降尘系统主要由 KXJ1-127/36 型主控箱、CGHRK1 型光控传感器、DF20K-63 型防爆电磁阀、高效防堵喷雾降尘装置、高压胶管等组成。其在工作面的布置如图 7-21 所示。

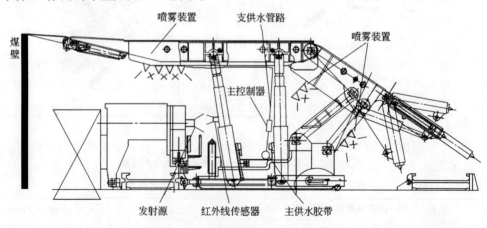

图 7-21　采煤机尘源智能跟踪降尘系统主要装备安装示意图

C 液压支架降尘技术

液压支架降尘技术主要采用与支架产尘工序联动的自动喷雾控制阀来实现支架喷雾降尘的自动控制，通过喷嘴合理布置及设计不同的喷雾参数来达到最大限度降低粉尘的目的。

7.5 放顶煤液压支架研制

7.5.1 液压支架总体选型与架型选择

针对"三软"及极软不稳定煤层放顶煤工作面，不仅要保证液压支架"支得住、走得动"，提高支架的可靠性、稳定性、适应性，特别是要保证支架架前、架中、架尾对顶煤密封性。支架结构简单、可靠、技术性能先进；合理选材，在保证支架高可靠性的前提下，满足尺寸小、重量轻等要求。保证"三机"配套形式、技术性能及尺寸的合理性和各设备的优化配置。

放顶煤液压支架从高位、中位放顶煤，发展至今成熟的低位放顶煤工艺，演变为先进、成熟的架型。按照支架稳定机构分类，主要三种架型：（1）正四连杆放顶煤液压支架；（2）轻型单摆杆液压支架；（3）反四连杆放顶煤液压支架。

单摆杆液压支架重量较轻，但该架型支护能力小、稳定性、可靠性较差。反四连杆放顶煤液压支架整体运输尺寸较大，重量重，不能满足极厚松软煤层工作面生产要求。综合比较，决定采用正四连杆液压支架。这是考虑到该架型的支架支护性能、最大结构件尺寸、整体运输尺寸都较为适宜。

7.5.2 关键性结构与技术参数确定

7.5.2.1 顶梁结构形式确定

目前顶梁结构形式主要有整体刚性顶梁、铰接分体顶梁两种。

整体刚性顶梁特点是结构简单、可靠，支架前端支撑力大（比铰接分体顶梁前端支撑力高出近10倍），有利于维护架前顶板以及抑制煤壁片帮。同时整体顶梁接近全长可设置活动侧护板，对顶板密封性好。

根据芦岭煤矿生产技术条件，特别是考量对极软不稳定煤层放顶煤工作面的适应性及密封性，选用整体刚性顶梁形式。

7.5.2.2 超前支护形式的确定

支架超前支护形式选用顶梁前端为带伸缩梁结构。伸缩梁支撑力由立柱工作阻力传递产生，超前支撑力大，有利于抑制架前顶煤冒落、煤壁片帮现象的发生。

采用2个 $\phi 100$ 缸径伸缩梁千斤顶，行程880mm，在工作面循环步距600mm的情况下，可弥补由于梁端距产生的无支护空间，实现伸缩梁端对煤壁-前部顶煤的"三角区"以及煤壁直接支撑的重要功能；本架伸缩梁前端向上支撑力不小于 850kN，向前支撑力可达 376kN。

7.5.2.3　底座形式及前端比压的确定

底座的结构形式可分为整体式和分体式。分体式底座由左右两部分组成，排矸性能好，对底板起伏不平的适应性强，但稳定性较差。整体式底座是在底座左右两部分的前后，分别设置前、后过桥，后过桥用钢板焊接成的箱式结构，整体性强、稳定性好、强度高、不易变形。

本支架底座为开底式整体式底座，该形式兼有整体式和分体式底座的综合优点，不仅具有很高的强度和刚度，而且对底板起伏不平的适应性强，排矸性能好。支架在工作状态，底座前端比压为 0.44 ~ 0.70（$f = 0.2$），能够较好地满足工作面极软底板的需要。

7.5.2.4　抬底装置的确定

底座抬底机构的主要作用是，支架移架时，抬起底座前端，减小底座前端的比压的影响，力求少清浮煤，加快推进速度。抬底机构有效地了提高支架对工作面极软底板的适应性。

7.5.2.5　支架密封形式确定

极松软煤层放顶煤工作面的顶煤由于松散性大，特别是在工作面开采过程中，顶煤受到支架顶梁的反复支撑破坏，更加剧了顶煤离层和冒漏的可能性。在该条件下，支架密封性能的要求更具有其特殊性。

A　支架超前支护装置密封结构的确定

支架伸缩梁结构在支架设计、制造上，首次采用全封闭、整体结构，不仅满足了该条件下伸缩梁结构大行程、大工阻的要求，而且实现了伸缩梁行程范围内的全密封要求，并增加了横向宽度，有效地适应了极松软煤层放顶煤工作面支架超前支护架内、架间密封的要求。

B　支架顶梁与掩护梁间密封结构的确定

由于支架稳定机构四连杆的双扭线运动特性，支架在升、降过程中，掩护梁相对顶梁有个回转分运动，结构上必然存在一定的安装、制造间隙，见图 7-22。

在极松软煤层条件下，支架该处结构间隙将可能导致顶煤泄露失控，工作面管理难度加大。支架在保留该处结构合理间隙的基础上，采用可回转密封帘结构，见图 7-23。

C　掩护梁与尾梁间密封结构的确定

尾梁放煤机构由于动作的需要，以掩护梁与尾梁连接铰点为中心转动，从而结构上要求一定量的安装、制造间隙。在极松软厚煤层放顶煤工作面条件下，此间隙将导致放煤泄露失控。

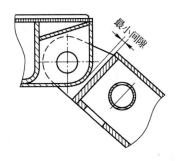

图 7-22 顶梁-掩护梁结构间隙示意图

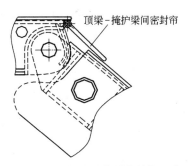

图 7-23 顶梁-掩护梁密封帘结构示意图

本型支架在保留该处结构合理间隙的基础上，采用可回转密封帘结构，较好地满足了该条件下尾梁在各种状态下的密封要求，见图 7-24。

D 邻架尾梁间密封结构确定

在正常 1.5m 中心距情况下，邻架尾梁固定侧护板间存在 120mm 的间隙，在极松软厚煤层放顶煤工作面条件下，此间隙将导致放煤泄露失控。本支架在保留该处结构合理间隙的基础上，采用可活动尾梁侧护板结构，满足该条件下邻架尾梁间在各种状态下的密封要求。

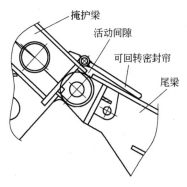

图 7-24 掩护梁与尾梁间密封结构示意图

7.6 极软含夹矸煤层大采高放顶煤开采技术

7.6.1 概况

涡北煤矿是淮北矿业集团公司新建矿井，年设计生产能力为 120 万 t/a。煤种为国内稀缺的优质焦煤。涡北煤矿地质条件复杂，煤层赋存条件具有 6 大特点：

（1）煤层埋藏深。煤层埋藏深度 -400 ~ -1000m，新生界松散层厚度 406.20 ~ 426.60m，平均 416.37m。

（2）主采煤层的层间距小且不稳定。本采区可采煤层自上而下有：3_2、6_2、6_3、8_1、8_2 及 11_2 煤层，共 6 层，其中主采 8_1 及 8_2 煤层。8_2 煤、8_1 煤之间有一层厚 0.8 ~ 2.0m 的夹矸，平均 1.54m，岩性为泥岩。

（3）主采煤层软且不等厚。8_1 煤层厚 2.06 ~ 4.60m，平均 3.65m。变异系数为 22.7%。硬度系数 f = 0.1 ~ 0.3。8_2 煤层厚 2.01 ~ 4.38m，平均 3.15m。变异

系数为26.0%。硬度系数 f 为 0.3~0.5。

（4）地质构造复杂。首采区南一采区位于矿井西南，总体上为一走向近南北、向西倾斜的单斜构造形态，局部有宽缓起伏。地层倾角10°~28°，大多在20°左右。断裂构造较为发育，共组合断层35条。其中正断层34条，逆断层1条。

（5）8_1 煤顶板为粉砂岩，局部相变为泥岩，厚度 0.2~1.88m，平均厚1.04m。泥岩抗压强度为11.3~25.6MPa，岩石力学强度偏低，遇水易泥化膨胀、崩解，煤层顶板易坍塌、冒落，开采过程中容易冒顶。

基本顶为中粒砂岩，成分以石英、长石为主，硅质胶结，裂隙发育，为厚层状，厚度为13.94~21.27m。细、中砂岩抗压强度为39.0~159.0MPa，岩石较坚硬致密，抗压强度高，顶板不易冒落。

8_1、8_2 煤层底板均为泥岩。平均厚2.45m，抗压强度9.7~35.6MPa，力学强度低，岩石受压易破碎，局部可能产生底鼓。

（6）瓦斯、煤尘和煤的自燃倾向特征。

8_1、8_2 煤层的甲烷含量分别为 6.85、6.96mL/g·daf，平均含量依次为2.58、2.55mL/g·daf，属贫甲烷范畴。

根据井下 –540~–546m 水平的 8_1、8_2 煤取样做爆炸性试验结果，8_1 煤火焰长度65mm、抑制煤尘爆炸最低岩粉量75%，8_2 煤火焰长度60mm、抑制煤尘爆炸最低岩粉量75%，8_1、8_2 煤均有煤尘爆炸性。

8_1 煤自燃倾向性等级属三级、不易自燃；8_2 煤自燃倾向性属二级、易自燃。8_1 煤最短自然发火期为77天，8_2 煤最短自然发火期为60天。

涡北矿8102工作面是整个涡阳矿区的首采工作面。主要煤岩层情况如图7-25综合地质柱状图所示。

由于 8_1 煤层顶板软、难以控制，8_1、8_2 煤层距离近，先采 8_1 分层后，8_2 煤开采难度大，巷道支护困难等，同时由于 8_1 煤层平均厚度4.17m，煤层极软，分层开采时难以全厚度回收，因此为了提高开采效率和回收率，采用沿 8_2 煤层底部布置工作面的大采高放顶煤开采技术。

7.6.2　工作面设备配置与开采工艺

放顶煤开采巷道沿 8_2 煤层底板掘进，采用 U 型棚支护。割煤高度3.5m，部分割掉上部夹矸，放出剩余夹矸和 8_1 煤层，过断层时割煤高度控制在2.8m，工作面年产120万t。工作面设备配置见表7-5，工作面设备主要技术参数见表7-6。

风巷设计长度891.535m，机巷设计长度880.365m，切眼斜长134.694m。切眼、巷道均布置在 8_2 煤层内跟底板施工。

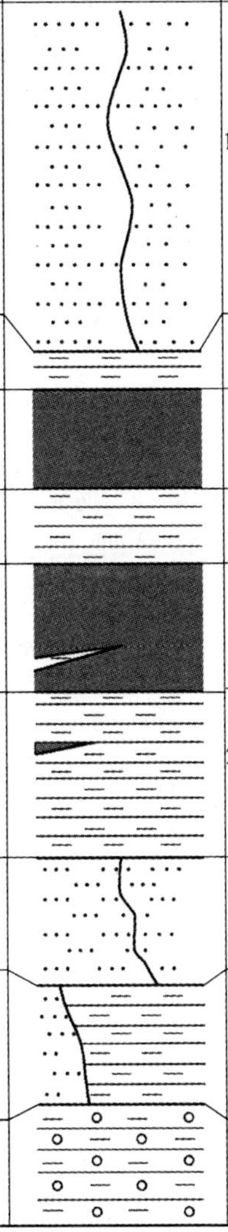

系	统	组	岩石名称	柱状 1:2000	层厚 /m	岩性描述
二叠系	下统	下石盒子组	砂岩		15.0~23.0 18.50	灰~灰白色、中厚~厚层状、细~中粒砂岩，以石英长石为主、硅、铁质胶结，裂隙较发育
			泥岩		0.2~0.92 0.6	灰~深灰色、块状~层状泥岩，里段局部为粉砂岩
			8_1煤		2.0~5.5 4.27	黑色粉沫状~碎块状玻璃光泽、半亮~光亮型、黑~褐色条痕，局部含少量黄铁鲕粒
			泥岩		0.8~2.0 1.54	灰~深灰色块状泥岩、局部含粉砂质、及黄铁矿鲕粒
			8_2煤		1.4~6.0 3.0	黑色块状~粉沫状、玻璃光泽、半暗~光亮型、黑色条痕，局部含一至两层夹矸，夹矸厚0~0.34m
			泥岩		2.6~10.22 5.90	深灰~灰色、中厚层状泥岩、局部含一厚为0.14~0.41m的煤线，且含植物根茎化石及菱铁质
			砂岩		0~10.82 4.0	灰~深灰色、中厚层状细~粉砂岩，以石英长石为主、性硬
			泥岩		0~10.82 4.0	灰~浅灰色、局部含粉砂质、参差状断口，大量植物化石碎片，纵向裂隙，钙质薄膜填充，破碎、底部见0.4m中砂岩，石英为主，平行层理发育，不规则斜向裂隙黄铁矿膜填充
			铝质泥岩		1.27~7.1 3.86	灰色，中厚层状，泥质结构，含铝质较高，含菱铁鲕粒，垂直裂隙发育，具滑感，块状构造，下部有紫斑

图 7-25 8102 工作面综合柱状图

表 7-5 工作面主要设备名录一览表

设备名称	型号	数量	单位
采煤机	MG-300/700-WD	1	台
前部运输机	SGZ-764/630	1	台
后部运输机	SGZ-764/630	1	台
转载机	SZZ-830/200	1	台
破碎机	LPM-1500	1	台

设备名称	型　号	数　量	单　位
皮带机	DSJ-100/100/2×125	1	台
乳化泵	BRW-400/31.5	1	套
中部液压支架	ZF6800/19/38	67	架
过渡液压支架	ZFG7360/21.5/34	6	架

表 7-6　工作面设备主要技术参数

设备名称	规格型号	单位	数量	主要技术参数
双滚筒采煤机	MG300/700-WD	台	1	采高范围 1.8~4.05m，适应煤层倾角 ≤35°，煤质硬度：中硬以上，机身厚度 530mm，机面高度 1426mm，摇臂长度 2267mm
液压支架	ZF6800/19/38	架	84	支架宽度 1440~1600mm，中心距 1500mm，初撑力 5618~6591kN，支护强度 0.95~0.97MPa，底板比压 1.5~2.7MPa
过渡支架	ZFG7360-21.5/34H	架	6	支撑高度 2150~3400mm，宽度 1580~1740mm，初撑力 6047~6276kN，支护强度 0.91~0.92MPa，底板比压 0~0.5MPa
前部运输机	SGZ764/630	部	1	设计长度为 150m，运输能力 1000t/h，刮板链速 1.24m/s，爬坡角度 100°，中双链，电压为 3330V，功率 2×315kW
后部运输机	SGZ764/630	部	1	设计长度为 150m，运输能力 1000t/h，刮板链速 1.24m/s，爬坡角度 100°，中双链，电压为 3330V，功率 2×315kW
中双链刮板转载机	SZZ830/200	部	1	设计长度为 70m，输送量 1500t/h，刮板链速 1.44m/s，爬坡角度 100°，爬坡高度 1.15m。电压为 1140V，功率 200kW
轮式破碎机	PLM1500	部	1	破碎能力 1500t/h，最大入口断面 1000mm×1000mm，电动机功率 160kV，电压 660/1140V
可缩性胶带运输机	DSJ100/100/2×125	部	1	运输能力 1000t/h，运输距离 1000m，运输倾角 -1°~+50°，功率：2×125kW，电压 1140V，转速，1478r/min，输送带宽度 1m，储带长度：100m，搭接长度 12m

中部所使用的液压支架型号为 ZF6800—19/38 型，支撑掩护式放顶煤支架；端头支架选用 ZFG7360/21.5/34H 型；煤机型号为 MG300/700—WD。

工作面机巷采用"U29"型钢棚支护，棚距600mm，采用钢筋笆配双抗网过顶、腰帮，断面规格为：4.0m×3.2m。

工作面回风巷采用"U29"型钢棚支护，采用钢筋笆配双抗网过顶、腰帮，断面规格为：3.2m×3.2m。

切眼小断面初期掘进成 4.0m×2.95m 的梯形断面，在后期安装前采用切眼刷大为 7.26m×2.95m 的断面。

7.6.3 回采过程中的过断层技术

8102 工作面地质构造复杂，工作面内三条正断层对回采有较大影响，其中 F6 断层影响最大，倾向262°，∠80°，落差 $H=8.0$m；工作面布置如图 7-26 所示。

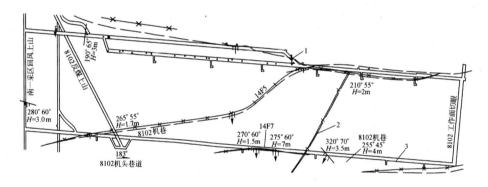

图 7-26 8102 工作面布置

1—风巷；2—断层；3—机巷

过断层期间适当降低采高，平均高度 2.5m。过断层期间采用煤机平推硬过，下盘破底，上盘沿 8_2 煤顶的方法进行回采，见图 7-27。煤机过断层带期间，要

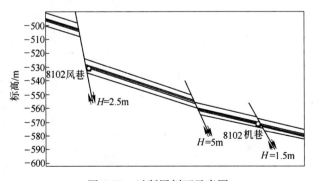

图 7-27 过断层剖面示意图

及时伸出支架伸缩前梁超前支护顶板，并及时拉超前架支护新暴露出的顶板。

若煤壁端面距大于340mm，及时架设走向棚超前支护顶板，端面距大于500mm，架设超前棚支护顶板，见图7-28。

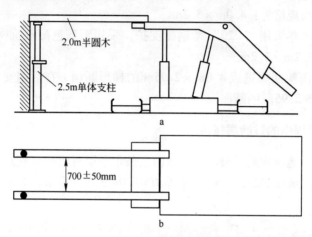

图 7-28　过断层超前支护图
a—剖面图；b—俯视图

7.6.4　回采工作面的矿压显现规律

7.6.4.1　巷道收敛观测

考虑到现场实际情况，在回风巷距工作面切眼煤壁前方50m起开始布置巷道收敛监测断面，共布置10个监测断面，观测范围100m左右，各监测断面位置分布情况如图7-29所示。每个断面内设定两帮方向和顶底板方向的位移基点。在U型钢棚两帮中部使用喷漆做两帮方向的基点标记，顶底方向埋置钢钎作为基点，如图7-30所示，用钢卷尺和测杆进行测读。

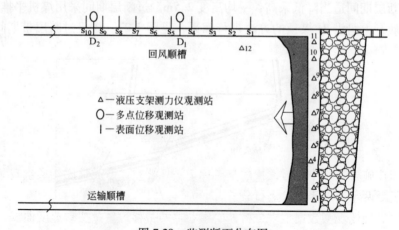

图 7-29　监测断面分布图

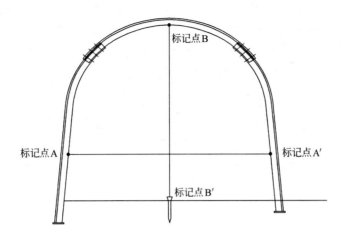

图 7-30 巷道表面位移测点剖面布置图

在回风巷布置两个深部位移监测站，分别距煤壁 60m 和 100m。测站位置分布如图 6-1 所示。每个测站设 3 个钻孔，分别与水平成 90°、60°、60°角，深度为 10m，且在每个钻孔内不同深度布置 5 个测点，具体布置情况如图 7-31 所示。

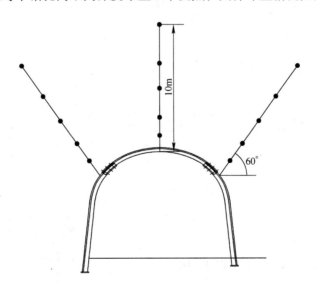

图 7-31 测点布置剖面图

由于在施工过程中底板设置的基点标记破坏严重，造成顶底变形量观测数据少，故仅对两帮变形移进量进行分析。

通过对现场观测数据整理分析，绘出巷道两帮移近量及变形速度曲线，如图 7-32 所示。

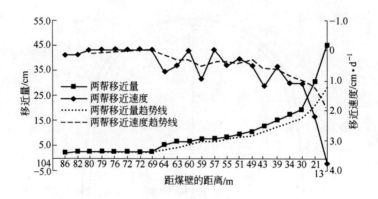

图 7-32　回风顺槽巷道两帮移近曲线

由图 7-32 可得，随工作面推进，巷道两帮相对移近量逐渐增大；工作面距测点距离 104～69m 时，巷道顶底板及两帮变形量变化很小；当工作面距离测点 69m 时，巷道两帮相对移近量逐渐加快，曲线斜率开始增加。当工作面距离测点 69～29.5m 时，其两帮移近量由 29mm 增加到 195mm，最大变形速度为 12mm/d。随着工作面的继续推进，两帮移近量增加较快，当工作面推进到距测点 29.5m 时，两帮移近速度迅速增加，移近曲线变陡峭，曲线出现拐点。受超前支护影响，在工作面推进到距测点为 12.5m 时，两帮变形监测工作结束。最终获得两帮移近量为 450mm，最大变形速度为 37.5mm/d。

综合分析其他测点情况，工作面巷道表面位移变化规律见表 7-7 所示。

表 7-7　回风顺槽表面位移变化规律一览表

测　点	无采动影响区 /m	采动影响区 /m	采动影响剧烈区 /m	两帮最大移近速度 /mm·d^{-1}
S_{10} 测点	>69	69～29.5	<29.5	37.5
S_9 测点	>63	63～24	<24	41.5
S_8 测点	>52	52～32	<32	30
S_7 测点	>63	63～33	<33	33
平　均	>62	62～30.3	<30	35.5

从上表可以总结得到，巷道表面在回采期间受支承压力影响的三个阶段为：

（1）无采动影响阶段：距离工作面 63～69m 以外；

（2）采动影响阶段：距离工作面 69～24m 的范围内；

（3）采动影响剧烈阶段：距离工作面 24m 以内。

7.6.4.2 回采巷道的深部位移观测

A 垂直于顶板钻孔各测点移动状态（见图7-33）

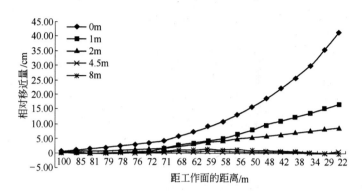

图7-33 垂直于顶板钻孔各测点运动状态

B 下帮60°钻孔各测点移动状态（见图7-34）

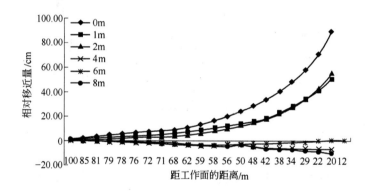

图7-34 下帮60°钻孔垂直方向各测点运动状态

由图7-35可得，随着工作面的推进，巷道围岩相对移近量逐渐增大；工作面距测点距离100～68m时，巷道围岩相对移近量变化较小；当工作面距离测点68m时，巷道围岩相对移近量逐渐加快，曲线斜率开始增加。当工作面距离测点68～33m时，0m，1m，2m，4.5m，8m测点相对于9m测点的最大移近量分别为：259mm，124mm，69mm，31mm，6mm，最大变形速度分别为：19.5mm/d，9.5mm/d，9mm/d，6mm/d，2mm/d。随着工作面的继续推进，两帮移近量增加较快，当工作面推进到距测点33m时，巷道围岩移近速度迅速增加，移近曲线变陡峭。

7.6.4.3 回采工作面矿压观测

以工作面推进时间为横坐标，以工作面液压支架前后柱工作阻力为纵坐标，进行了第10号支架、30号支架、50号支架、70号支架的工作阻力实测，其中第10号支架的观测曲线如图7-35所示。

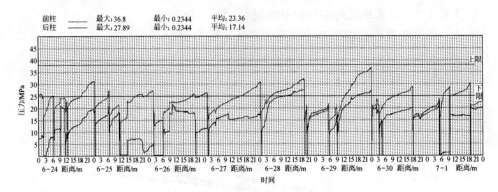

图 7-35　8102 工作面 10 号架压力曲线

经过统计、整理可得，工作面顶板来压规律，见表 7-8。

表 7-8　工作面顶板来压规律

架　号	周期来压步距/m	影响范围/m	架　号	周期来压步距/m	影响范围/m
10 号	13.7	9.9	70 号	12.6	5.7
30 号	27.8	10	平均	19.6	8.9
50 号	24.4	10			

同时总结液压支架支护阻力的频率分布规律可以得到图 7-36。

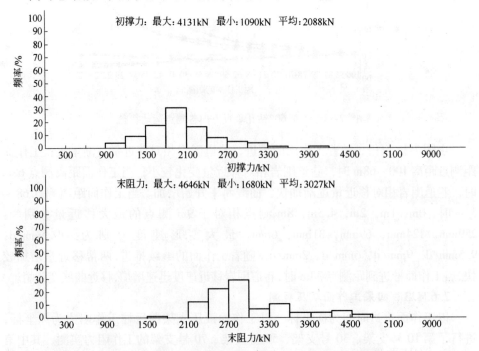

图 7-36　8102 工作面 10 号架初撑力、末阻力频率分布

8102 工作面的顶板压力具有以下规律：

（1）综放工作面周期来压现象明显，周期来压步距最小 12.6m，最大 27.8m，平均 19.6m。整个工作面不同部位来压具有不一致性，工作面从上至下平均周期来压步距分别为：13.7m、27.8m、24.4m、12.6m，形成"中间大、两边小"的趋势。

（2）工作面支架初撑力沿面长方向变化不大。初撑力大于支架额定初撑力 50% 的：上部为 11.8%，中上部为 30%，中下部为 35% 和 35.3%。

（3）除工作面上部 70 号支架的工作阻力偏低外，其他部位支架的工作阻力偏大。可见，工作面上部支架阻力较小，中上部和中下部阻力较大。

（4）工作面推进到 41.7m 时，30～60 架之间后柱有明显的压力增阻，前柱工作阻力最大值达到 38.2MPa，30～40 架之间最为明显，后柱工作阻力最大值达到 44.3MPa，部分后柱已经超过安全阀的开启压力 37.5MPa。工作面大面积的片帮，因此可以判断该工作面基本顶初次来压步距为 39～43m。

（5）8102 工作面基本顶厚度 15～23m，平均 18.5m，岩性为硅、铁质胶结砂岩，属较坚硬顶板。为了消除因较坚硬基本顶大面积垮落，造成采空区瓦斯等有害气体大量涌出的安全隐患。采取以下技术措施：基本顶来压前只采不放，该面根据矿压监测基本顶初次来压步距 43m 前没有放顶煤，之后正常放顶煤；周期来压期间也正常放顶煤。

7.7 瓦斯开采与利用技术

7.7.1 瓦斯储量情况

芦岭煤矿是淮北煤田瓦斯丰度最高的矿井，据测算，矿井瓦斯资源量 -800m 以上达 24 亿 m^3，瓦斯丰度为 2.16 亿 m^3/km^2，-800～1200m 尚有瓦斯资源量 54 亿 m^3。矿井瓦斯资源有利于综合开发，其利用潜力很大。矿井现有瓦斯储量为 4031.5Mm^3，根据矿井瓦斯抽采率预计矿井瓦斯可抽量为 2419Mm^3，矿井 I 水平瓦斯可抽采量为 104.9Mm^3，II 水平瓦斯可抽采量为 817.5Mm^3，三水平瓦斯可抽采量为 1496.6Mm^3。

根据对 8、9 煤实测资料，-400m 水平瓦斯压力平均为 2.35MPa，最高达 2.83MPa。瓦斯压力梯度为 0.84MPa/hm，瓦斯含量梯度 3～6m^3/hm，煤层透气性系数 $\lambda = 2.71 \times 10^{-2}$ m^2/(MPa^2·d)。矿井各水平煤层瓦斯含量和压力见表 7-9。

7.7.2 瓦斯开采情况

7.7.2.1 底板穿层钻孔瓦斯开采

在 II824 西延岩石集中巷内布置了 22 个底板穿层钻场，在 II824 西延岩石轨

表7-9　芦岭分水平瓦斯压力和瓦斯含量表

水　平	瓦斯压力/MPa	煤层瓦斯含量/$m^3 \cdot t^{-1}$			
		7 煤	8 煤	9 煤	10 煤
-400	2.35	14.35	16.22	15.25	8.0
-440	2.69	15.06	17.34	16.30	10.0
-480	3.02	15.69	18.33	17.23	10.0
-520	3.36	16.25	19.21	18.06	11.0
-560	3.67	16.90	20.20	19.00	12.0
-600	4.06	17.80	20.90	19.80	15.0

道巷内共布置了 20 个底板穿层钻场，钻孔施工从西向东依次进行，底板穿层钻孔于 2001 年 2 月合茬抽采，共计 630 个抽采钻孔。截止 2002 年 3 月 II 824^{-1}工作面回采前，共计开采瓦斯 347.7 万 m^3，浓度 29%，并进行利用。

7.7.2.2　顶分层工作面顶板高位钻孔瓦斯开采

工作面于 2002 年 4 月抽采，于 2004 年 6 月工作面回采结束后停止抽采，累计共开采瓦斯 585.9 万 m^3，瓦斯抽采流量平均为 5.95m^3/min，浓度平均在 23.6%。

7.7.2.3　顶分层工作面采空区埋管瓦斯开采

采空区埋管采用型号为 2BE1-420 井下移动抽放泵进行抽放，工作面于 2002 年 4 月开始回采进行抽采，于 2004 年 6 月工作面回采结束后停止，累计采空区埋管共开采瓦斯 304.2 万 m^3，瓦斯流量平均为 3.07m^3/min，浓度平均维持在 13.5% 左右。

7.7.2.4　下分层放顶煤工作面瓦斯开采

A　风巷高位斜交钻孔抽采

在风巷布置钻场，向煤层顶板施工高位钻孔进行卸压瓦斯抽采。从 2005 年 2 月开始，采用风巷高位斜交钻孔进行卸压瓦斯抽采，工作面于 2005 年 10 月停采收作，截至 9 月底，风巷高位钻孔累计抽采瓦斯 76.3 万 m^3，瓦斯抽采流量平均为 2.25m^3/min，抽采浓度平均维持在 10.1% 左右。

B　本煤层顺层抽放钻孔

在工作面的机巷和风巷分别布置本煤层顺层钻孔预抽煤层瓦斯，同时在工作面推进到钻孔抽放范围时也进行边采边抽卸压瓦斯。

C　采空区埋管抽采

从 2004 年 9 月工作面开始回采，到工作面于 2005 年 10 月停采收作，采空区埋管抽放累计抽放瓦斯 137.1 万 m^3，瓦斯抽采流量平均为 2.68m^3/min，抽采浓度平均维持在 10.52%。

7.7.3 瓦斯利用情况

通过对II824 工作面瓦斯综合治理技术的研究分析，为芦岭矿"极软、高瓦斯突出、特厚"煤层开采提供了一套可靠的瓦斯开采和治理模式，即"穿层钻孔预抽采、顶板高位钻孔抽采、顺层钻孔抽采、采空区埋管抽采"相结合的立体综合开采和治理方式，使得矿井瓦斯抽采量及矿井瓦斯抽放率大大提高。抽采的瓦斯除满足工人村 7000 多户居民生活用气外，还有一部分富余，富余的瓦斯全部直接排放至大气中，对大气带来了严重的污染，同时浪费了宝贵的资源，芦岭矿近 6 年瓦斯抽放量统计见表 7-10。为此，芦岭矿于 2003 年建立了瓦斯发电项目。

表 7-10 芦岭矿近 6 年瓦斯抽放量统计表

年 份	抽采量/万 m^3	矿井抽采率/%	利用量/万 m^3	利用率/%
2000	1032.20	24.9	412.88	40
2001	1687.79	28.6	641.36	38
2002	2211.63	30.5	707.72	32
2003	2625.57	32.5	1627.85	62
2004	2408.34	30.7	1565.42	65
2005	2841.45	36.8	1932.19	68

芦岭矿瓦斯发电项目自 2003 年 3 月开工，项目装机规模为 $4 \times 1.2MW + 3 \times 2MW$ 发电机组，装机总容量 10.8MW，一期工程为 4 台 1200GF—T 型 1.2MW 发电机组，一期工程于 2003 年 8 月建成。每台机组用气量为 $6.67m^3/min$（纯瓦斯），用气浓度为 20% 以上，每立方米纯瓦斯可发电 $3kW \cdot h$，4 台 1200GF—T 型 1.2MW 发电机组年发电为 7200h 左右，年需瓦斯气（纯瓦斯）$1152 \times 10^4 m^3$。

项目一期实际投资 1989.23 万元，建成后年销售收入在 1408 万元。

芦岭矿现有 $1 \times 10^4 m^3$、$0.25 \times 10^4 m^3$、$0.5 \times 10^4 m^3$ 气柜各 1 台，总储气能力 $1.75 \times 10^4 m^3$，从储气站敷设一趟 D426mm 管路向瓦斯电站供气。储气站出气压力在 4000Pa 以上，发电站的进气压力要求在 3000Pa 以上，因此采用管道直接输送瓦斯气至发电站房，无需加压。

8 特厚煤层放顶煤开采技术

关于特厚煤层目前还没有确切定义，在此将特厚煤层定义为厚度在12m以上的煤层。在我国山西和西部地区这类煤层储量较大，其中大同塔山矿井具有代表性，是我国特厚煤层高产高效放顶煤开采的典型代表。

8.1 基本条件

大同塔山矿井是国家重点支持项目，井田位于山西省大同煤田东翼中东部边缘地带，井田内赋存有侏罗系和石炭二叠系两个煤系。塔山矿井开采煤系为石炭二叠纪煤系 3～5 号煤层，发热量 20335～24191kJ/kg（4857～5778cal/g），灰分26%，硫含量小于1%，挥发分37%。矿井煤炭地质储量50.74亿t，工业储量47.64亿t，可采储量30.71亿t，其中主采煤层可采储量26.47亿t，占全矿井可采储量的86.19%。矿井设计年产原煤1500万t。

矿井相对瓦斯涌出量为9.16m³/t，属于低瓦斯矿井。煤尘具有爆炸危险性，爆炸指数为37%，煤层自然发火期为6个月，具有自燃倾向。

矿井水文地质条件简单，巷道低洼处顶板有淋水，日涌水量约为 50～300m³。属煤岩层裂隙水与孔隙水。在与现开采煤层293～370m 的上覆侏罗纪煤层中，有同煤麻地湾煤矿、南郊区胡家湾煤矿与黄土沟煤矿等遗留下来的老采空区，存在一定积水，在采前进行排水处理。

矿井的开采方法为综合机械化放顶煤开采，一井一面，井下辅助运输采用无轨胶轮运输，2006 年 6 月投产。工作面开采水平为 1010～1045m，开采深度在500m左右，地面为黄土丘陵。工作面煤层厚度 10～27m，大部分煤层厚度介于16～20m，煤层倾角 1°～3°，煤层硬度 2.7～3.7。工作面的顶底板基本岩层分布情况见表8-1。

工作面综合柱状图如图8-1所示。

8.2 工作面巷道布置与支护技术

工作面长度230m，工作面可采长度一般为2000～3000m。工作面采用一进二回三巷布置方式，见图8-2。其中皮带运输巷、工作面回风巷沿3～5号煤层底板布置，专用顶板回风巷沿2号煤层底板布置。

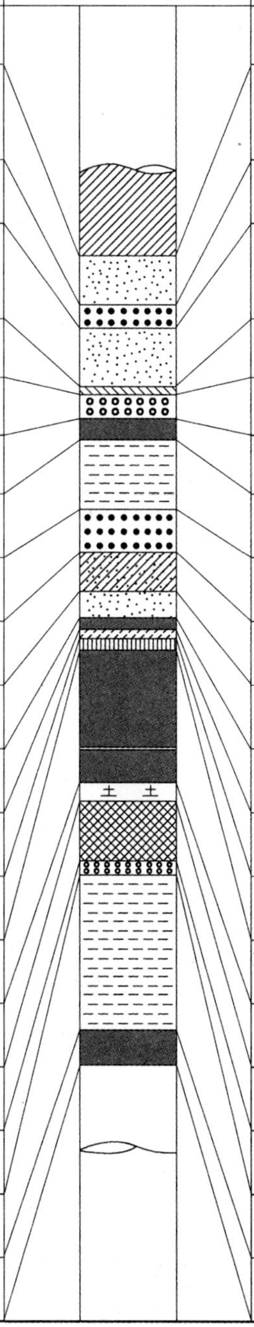

地层时代	深度/m	柱状 1:500	层厚/m	岩石名称	岩性描述
二叠系山西组	380.88			细砂岩	灰色，以石英为主，次为长石及暗色矿物，平均层理
	387.38		0.20~13.29 / 6.50	粉砂岩	灰白色，成分以石英、长石为主，次为黑色矿物，局部为细砾岩，成分主要为石英，胶结坚硬分选差
	390.38		0.52~7.72 / 3.00	中粗砂岩	深灰色，薄层状，水平层理，分选较好，中夹高岭岩
	397.88		1.10~15.40 / 7.50	粉砂岩	灰白色，晶质结构，块状、局部分叉为二层。下部为煤及硅化煤，厚度在0.1~0.27
	398.88		0.40~1.80 / 1.00	岩浆岩	深灰色，泥质结构，水平纹理，含植物化石
	401.93		2.33~4.10 / 3.05	砂质泥岩	灰黑色，含植物化石，块状构造
	404.60		0.00~4.40 / 2.67	上4号煤	煤，半亮型，局部赋存
	413.63		7.38~12.51 / 9.03	中细砂岩	灰白色、细砂岩无层理，中砂岩以石英为主，属圆纹，呈棱角状
	419.15		0.90~10.40 / 5.52	中粗砂岩	主要成分以石英长石为主，含少量暗色矿物交错层理发育
	424.05		1.70~7.72 / 4.90	含砾细砂岩	斜层理发育，局部夹薄状粉砂岩或煤线
	427.55		2.15~4.47 / 3.50	粉砂岩	灰色，局部夹炭质泥岩，有灼烧变质现象
	428.94		0.59~2.40 / 1.39	2号煤	煤，局部赋存
石炭系太原组	430.10		0.00~2.50 / 1.16	煌斑岩	灰白色，局部分叉，达2层以上
	431.60		0.00~2.90 / 1.50	泥岩	灰黑色，炭质泥岩，高岭质泥岩或砂质泥岩
	448.47		12.63~20.20 / 16.87	3~5号煤	煤层夹石变化较大，分层较多
	450.97		0.00~5.52 / 2.50	高岭质泥岩	棕色、局部较薄向北变厚、局部相变为粉砂质泥岩
	458.78		5.17~10.92 / 7.81	中砂岩或粗砂岩	灰白色，主要成分以石英长石为主，含少量的暗色矿物，为含水层
	460.38		0.60~3.80 / 1.60	砂质泥岩	黑色砂质泥岩，含大量的粒物化石局部夹煤线
	480.38		17.18~23.61 / 20.00	中细砂岩	灰白色，层理较发育，局部夹煌斑岩和煤线底部为灰黑色炭质泥岩
	484.78		2.20~6.88 / 4.40	8号煤	半亮型

图 8-1　8102 工作面综合柱状图

表 8-1 工作面的顶底板基本岩层分布情况

顶底板名称	岩石名称	厚度/m	硬度/f	特 性
老 顶	细砂岩	≥30	11.6	下部为灰白、深灰色细砂岩与灰白色中粒砂岩，中厚层状（K3），中部为深灰色粉砂岩、粉砂质结构，硅质胶结，上部为 4 煤层与灰黑色砂质泥岩
直接顶	粉砂岩	4.96~8.21	10.7	上部以深灰色粉砂岩，块状、均匀，中部有灰褐色及高岭质泥岩；下部赋存有厚度 0.2~1.3m 硅化煤为 2 号煤层，其次为灰黑色煌斑岩，厚层状构造
伪 顶		0.01~0.50		灰褐色高岭质泥岩、灰黑色炭质泥岩，薄层状、不规则煌斑岩侵入
直接底	高岭质泥岩	0.50~2.50	0.553	灰褐色高岭质泥岩、灰黑色炭质泥岩与薄煤层 0.10~0.25m，局部相变为深灰色粉砂岩
老 底		5.2~10.90		灰白色粗砂岩，含砾粗砂岩，主要成分为石英长石

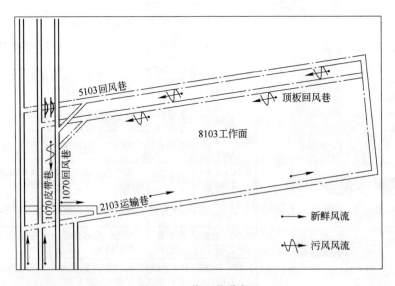

图 8-2 工作面巷道布置

专用顶板顶回风巷为矩形断面，巷道掘进宽 3.2m，高 2.5mm。采用锚杆支护，顶锚杆四排，排距 900mm，杆距 900mm，并在巷顶中打一排锚索，索距 2700mm。破碎段采用锚杆和工字钢棚联合支护，棚距 700mm。

皮带运输巷为矩形断面，巷道掘进宽 5500mm，高 3500mm，净断面 18.5m²。见图 8-3，巷道顶板正常段采用 6 排左旋无纵筋螺纹钢锚杆、3 排锚索、塑料网

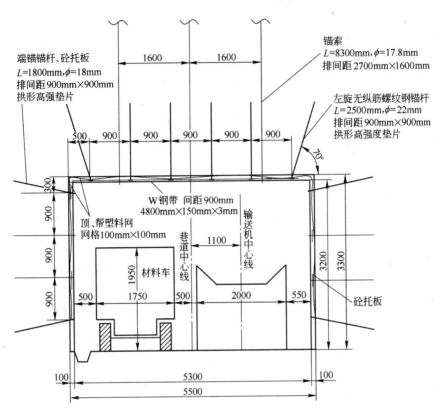

端锚锚杆、砼托板
L=1800mm,φ=18mm
排间距900mm×900mm
拱形高强垫片

锚索
L=8300mm,φ=17.8mm
排间距2700mm×1600mm

左旋无纵筋螺纹钢锚杆
L=2500mm,φ=22mm
排间距900mm×900mm
拱形高强度垫片

W钢带 间距900mm
4800mm×150mm×3mm

顶、帮塑料网
网格100mm×100mm

巷道中心线

输送机中心线

材料车

砼托板

图 8-3　皮带运输巷道支护图

联合支护，距巷道两帮 500mm 各打一排锚杆，其他各排锚杆排距 900mm，间距 900mm，直径 22mm，长 2500mm，锚索排距 1600mm，间距 2700mm，直径 17.8mm，长 8300mm。巷道两帮用 4 排左旋无纵筋螺纹钢锚杆、塑料网联合护帮，距巷道顶 300mm 打第一排锚杆，其他锚杆排距 900mm，间距 900mm，直径 22mm，杆长 1800mm。巷道顶板破碎段支护比正常段支护采用的工字钢棚多，工字钢棚棚距为 900mm，其他支护同巷道正常段。

工作面回风巷为矩形断面，巷道掘进宽 5300mm，高 3600mm，净断面 16.5m²。见图 8-4，巷道顶板正常段采用 6 排左旋无纵筋螺纹钢锚杆、3 排锚索、塑料网联合支护，距巷道两帮 350mm 各打一排锚杆，其他锚杆排距 900mm，间距 900mm，直径 22mm，长 2500mm；锚索排距 1600mm，间距 2700mm，直径 17.8mm，长 8300mm。巷道两帮用 4 排左旋无纵筋螺纹钢锚杆、塑料网联合护帮，距巷道顶 300mm 打第一排锚杆，其他各排锚杆排距 900mm，间距 900mm，直径 22mm，杆长 1800mm。巷道顶板破碎段支护比正常段支护采用的工字钢棚多，工字钢棚棚距为 900mm，其他支护同巷道正常段。

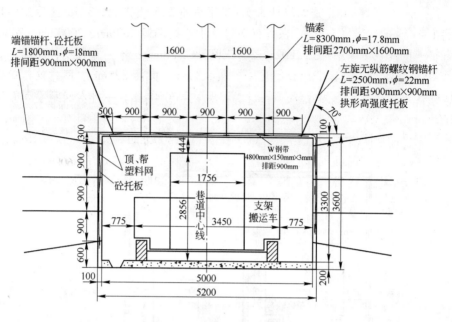

图 8-4　工作面回风巷道支护图

工作面切眼宽8800mm，高3610mm，见图8-5。采用两排锚索组、锚索吊挂两根3.5m工字钢一字排开垂直于工作面、十一排锚杆、两排液压单体金属柱、一排木垛，一排木点柱混合支护。两排锚索组在切眼巷中心线两侧2500mm各打

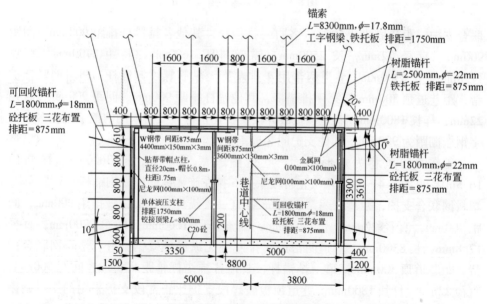

图 8-5　工作面切眼支护图

一排，间距5250mm，锚索吊挂3.5m工字钢垂直于工作面，3.5m工字钢在切眼巷中心线两侧各吊挂一根，在垂直切眼巷中心线两侧400mm、2000mm、3600mm各打一根锚索用来吊挂工字钢，工字钢间距1750mm，十一排顶锚杆距切眼巷两帮400mm各打一排锚杆，其他几排排距800mm，间距875mm，两排液压单体金属柱，第一排靠古塘侧煤壁，第二排距第一排5000mm，一排木垛距采煤侧煤壁1600mm，一排木柱靠采煤侧煤壁。

工作面切眼绞车窝规格为：宽×深×高=5000mm×5000mm×3610mm，支护同切眼。工作面回风巷回风绕道规格为：宽×高=5200mm×3600mm，支护同工作面回风巷。皮带运输巷和工作面回风巷中每间隔500m在采煤帮侧打一错车硐室，规格为：宽×深×高=5000mm×5000mm×3500（3610）mm。

8.3 工作面主要设备配置

8.3.1 工作面主要设备配置

工作面的主要机电设备配置见表8-2。

表8-2 工作面主要机电设备配置

序号	名　称	型　号	功率/kW	能力/t·h⁻¹	电压/V	数量
1	采煤机	艾柯夫 SL—500	1815	2700	3300	1
2	前部刮板输送机	PF6/1142	2×750	2500	3300	1
3	后部刮板输送机	PF6/1342	2×855	3000	3300	1
4	转载机	PFG/1542	450	3500	3300	1
5	破碎机	SK1118	400	4250	3300	1
6	皮带机	DSJ1400/3300	3×500	3000	10000	1
7	乳化液泵	EHP—3K200/53	200	309L	3300	4
8	喷雾泵	EHP—3K125/80	132	516L	3300	2
9	喷雾泵	KMPB320/23.5	22	320	660	2

8.3.2 工作面主要设备技术特征参数

工作面主要设备的技术参数见表8-3

表8-3 采煤机的主要技术参数

技术特征量	技术参数	技术特征量	技术参数
规格型号	Eickhoff SL500 AC	制造厂商	德国艾柯夫公司产地：欧盟
总装机功率/kW	1815	截深/mm	800
滚筒转速/r·min⁻¹	28	最大截割硬度/MPa	100
过煤口高度/mm	780	最大牵引力/kN	757
卧底量/mm	370	牵引速度/m·min⁻¹	30.75
机身高度/mm	2040	牵引电机功率/kW	2×90
截割电机功率/kW	2×750	电压/kV	3.3（+10%、−20%）

主要机电设备的技术参数分别列于表 8-4 ~ 表 8-8。

表 8-4　液压支架主要技术参数

名　称	型　号	初撑力 /kN	工作阻力 /kN	支护强度 /MPa	长×宽 /mm×mm	数　量
基本支架	ZF/13000/25/38	10096	13000	1.23	5395×1750	126
过渡支架	ZFG/13000/25/38H	10096	13000	1.2	6055×1750	7
端头支架	ZTZ20000/25/38	15464	20000	0.52	11755×3340	1

注：基本支架为支撑掩护式正四连杆低位放顶煤液压支架，过渡支架为反四连杆过渡支架。

表 8-5　刮板输送机技术参数

技术特征量	技术参数	技术特征量	技术参数
前部刮板输送机			
规格型号	PF6/1142	制造厂商	DBT 德国有限公司　产地：欧盟
运输能力/t·h^{-1}	2500	刮板链形式	双中链
总装机功率/kW	2×750	中部槽长宽度/mm	1756
链速/m·s^{-1}	1.52	圆环链规格 /mm×mm	42×146
软启动方式	CST	卸载方式	端　卸
驱动装置布置方式	平行布置	电压等级	3300V 50Hz
后部刮板输送机			
规格型号	PF6/1342	制造厂商	DBT 德国有限公司　产地：欧盟
运输能力/t·h^{-1}	3000	刮板链形式	双中链
总装机功率/kW	2×850	中部槽长度/mm	1756
链　速/m·s^{-1}	1.52	软启动方式	CST
驱动装置布置方式	平行布置	电压等级	3300V 50Hz

表 8-6　转载机和破碎机的技术参数

技术特征量	技术参数	技术特征量	技术参数
转　载　机			
规格型号	PF6/1542	制造厂商	DBT 德国有限公司　产地：欧盟
转载能力/t·h^{-1}	3500	总装机功率/kW	450
电压等级/V	3300	供电频率/Hz	50
破　碎　机			
破碎能力/t·h^{-1}	4250	制造厂商	DBT 德国有限公司　产地：欧盟
总装机功率/kW	400	供电电压/kV	3.3

表 8-7 DSJ140/350/3×500 型可伸缩带式输送机技术参数

序 号	项 目		数 值
1	输送量/t·h^{-1}		3500
2	带速/m·s^{-1}		4.5
3	提升高度/m		110
4	输送机名义运距/m		3000
5	输送机总功率/kW		3×500
6	阻燃钢绳芯输送带	型 号	S2000
		带宽/m	1.4
7	电动机	型 号	YB560M1—4
		功率/kW	500
		转速/r·min^{-1}	1485
		电压/V	10000
8	驱动装置 CST	型 号	630KS
		速 比	19.25
9	传动滚筒直径/mm		1040、1060
10	改向滚筒直径/mm		1040、1030、630
11	托辊直径/mm		159
12	托辊槽形角/(°)		35
13	盘式制动器/套		1
14	储带长度/m		120

表 8-8 泵站的主要技术参数

乳化液泵站			
规格型号	EHP3K200/53	制造厂商	德国豪森科公司
单台泵的额定流量/L·min^{-1}	309	单台泵的功率/kW	200
额定工作压力/MPa	36（可调整）	允许介质最高温度/℃	≤45
过滤精度/μm	≤25	供电电源	3300V、50Hz
乳化液箱总有效工作容积（主、辅箱）/L	4000		

喷雾泵站			
规格型号	EHP3K125/80	制造厂商	德国豪森科公司
单台泵的额定流量/L·min^{-1}	516	单台泵的功率/kW	132
加压泵功率/kW	7.5	工作压力/MPa	2.5~13.2（可调）
允许介质最高温度/℃	≤45	过滤精度/μm	≤80
供电电源	3300V、50Hz	水箱总有效容积/L	2200

8.4 开采工艺

工作面采用单一走向长壁后退式综合机械化低位放顶煤开采方法，用 SL—500 型采煤机落煤装煤，PF6/1142 型前部刮板运输机和 PF6/1342 型后部刮板运输机运煤，ZF13000/25/38 型低位放顶煤支架支护顶煤、顶板，采高为 3.5m。工作面初采期间，当顶煤不垮落，或顶煤垮落高度不够时，按"两刀一放"的循环进行作业。截深 0.8m，放煤步距为 1.6m。当工作面顶板初次来压后，采用"一刀一放"的正规循环作业，放煤步距为 0.8m，直到工作面停采线前 100m。停采线前 100m 到停采线，只割煤不放煤。

当工作面顶煤垮落达 4m 以上时，回收顶煤，但采空区垫层不能小于 4m。顶煤垮落小于 4m 时，不回收顶煤。

工作面最大控顶距为：端面距 + 一刀煤截深 + 支架顶梁长度 = 369 + 800 + 5395 = 6564mm，最小控顶距 5764mm，支架中心距 1750mm，端面距 369mm。

基本生产工序是采煤机斜切进刀、割煤、移架、推前溜、放顶煤、拉后溜。

采煤机采用双向割煤法，从头到尾及从尾到头，沿牵引方向前滚筒割顶煤，后滚筒割底煤。

工作面采用追机作业方式及时支护。拉移支架的操作方式为本架操作，拉架滞后采煤机前滚筒 3 架，移架程序是收回护帮板、收回前伸梁、降前探梁、降主顶梁、移支架、升主顶梁、升前探梁、伸前伸梁、伸护壁板。同时要保持支架平直，偏差不得超过 50mm。

按"一刀一放"正规循环作业。放煤时采用多轮顺序放煤，放煤工前后分成两组，每组一人，一组在工作面前半部放煤，一组在工作面后半部放煤，两组放煤工分别从头、尾开始向工作面中部放煤，然后再从工作面中部向工作面头、尾放煤，放煤工根据后刮板运输机煤量多少，自行控制放煤量。放煤工严格执行"见矸关门"的原则。8103 工作面逐月产量见表 8-9。

表 8-9 8103 工作面逐月产量

时间 /年、月	工作面动用量/t	煤层厚度 /m	综采煤量 /t	总采出厚度 /m	割厚/m	顶煤回收率/%	工作面回收率/%
2007. 9	580504. 7	17. 98	507035. 9	15. 7	3. 61	84. 16	87. 34
2007. 10	948946. 8	19. 34	834906. 7	17. 02	3. 596	85. 23	87. 98
2007. 11	1267798. 6	20. 58	1067364. 1	17. 33	3. 59	80. 85	84. 19
2007. 12	945797. 9	20. 22	825346. 8	17. 64	3. 61	84. 49	87. 26
2008. 1	1067238. 6	17. 48	1035797. 8	16. 97	3. 612	96. 29	97. 05
2008. 2	1153695. 1	16. 84	1099715. 8	16. 05	3. 613	94. 04	95. 32
2008. 3	869705. 5	18. 1	818759. 6	17. 04	3. 63	92. 67	94. 14

8.5 顶板管理

8103 工作面采用 ZF13000/25/38 型正四连杆低位放顶煤支架 126 架，ZFG13000/26.5/38H 型过渡支架 7 架、一组 ZTZ20000/25/38 型端头支架（两架一组）支护顶板，采用自然垮落法管理顶板。架中心距 1750mm，最大控顶距 6564mm，最小控顶距 5764mm，端面距控制在 369mm 以内。

工作面顶板能够自行垮落，垮落高度满足要求，不需进行初次人工强制爆破放顶。为了保证顶煤的垮落，开采初期对切眼内支护进行解锁，来破坏切眼内顶煤的完整。如不能自行垮落，停产采取人工强制放顶煤。顶板能够分层垮落，垮落步距一般为 12～16m。

8.5.1 来压及停采前的顶板管理

在来压和停采前，工作面提前做好来压预防支护工作。提高支架检修质量，杜绝"跑、冒、滴、漏、窜"，严格规范支架工操作程序，确保泵站压力及支架初撑力合格，同时必须保证超前支护的数量和质量。提高工作面系统的开机率，保证工作面正常推进速度。

停采前编制收尾专项措施，严格管理顶板，以确保工作面实现安全顺利停产。

8.5.2 过断层及顶板破碎带时的顶板管理

过断层前，根据工作面与断层走向的交角，调整开采工艺，使断层调至与工作面斜交或正交，以减少断层在工作面的揭露面积。

顶板破碎时，采用擦顶带压移架。移架滞后采煤机前滚筒不得超过 2 架，仍不好管理时，提前靠架采用割底不割顶来预留顶煤的措施管理顶板；条件容许时在破碎处预注玛丽散，预先加固破碎的顶板。

发生漏顶时，采取打棚顶杆、架木棚梁、用刹顶木做成假顶等擦顶移架方式。具体工艺为：将漏顶区域及漏顶区域外 5m 范围支架前伸梁伸出，垂直于煤壁距顶 0.4m，每间隔 1.5m 打一个棚顶杆眼，用规格为 $\phi35mm$，$L=2.5m$ 的棚顶杆（圆钢）插入眼内，外露 0.3m，将直径不低于 200mm 的圆木平行于煤壁架在棚顶杆上，并用 8 号铅丝双股将棚顶杆与圆木捆绑牢固。扫底后，及时移架，钻入煤壁内。

8.6 运输巷、回风巷及超前支护管理

8.6.1 运输巷、回风巷的超前支护

由于工作面采用大采高放顶煤开采，煤层厚度大，两巷道超前支承压力和影

响范围大，故两巷超前工作面煤壁 40m 范围内支设超前支护。支柱采用 DW—X40 型单体液压支柱或 DW—X45 型单体液压支柱加 0.8mπ 形金属顶梁，梁与巷帮垂直布置。

正常情况下运输巷超前工作面煤壁 30m 内支双排支柱，柱距 1200mm。在转载机两侧支设双排支柱，非采煤帮一侧支一排单体柱，距巷中 2500mm，另一排单体柱支设在转载机旁，两排单体柱排距 4700mm。顶板压力大时，超前支护加强支护。回风巷超前工作面煤壁 40m 内支双排支柱，两排单体柱距巷中 1200mm，各排单体柱距对应巷帮 1400mm，柱距 1200mm。两巷架棚段，单体柱支在两棚梁间，柱排距不变。单体柱初撑力≥50kN（6.37MPa）。

8.6.2　工作面安全出口管理

头端头支护采用 1 号端头支架一组（两架）、2 号过渡支架维护头安全出口顶板，尾端头支护采用 133 号、134 号过渡支架配合单体柱加长 0.8m、宽 0.15m、厚 0.1m 木柱帽维护尾安全出口。当尾最后一架支架距煤壁大于 2m、小于 3m 时，支两排单体柱，支在支架与煤壁之间，单体柱距支架 500～1000mm，排距 1000mm，柱距 1200mm；小于 2m、大于 1.2m 时，支一排单体柱，支在支架与煤壁之间，单体柱距煤壁 700～1000mm，柱距 1200mm。

8.7　工作面矿压观测

根据 8102 工作面矿压观测结果（8102 工作支架为 ZF/10000/25/38 型四柱支撑掩护式支架），顶煤初次垮落距 14.8m，直接顶初次垮落距 14.8m，老顶初次来压步距 45.75m，周期来压步距离介于 10～25m 之间，见图 8-6。开采过程中共有 41 根立柱压坏，多次发生片帮、漏顶事故，立柱突然下缩，甚至出现台阶下沉等严重的矿压显现。为了保证安全高效开采，在塔山第二个工作面（8103 工作面）选用了 ZF/13000/25/38 型支架，工作阻力提高到 13000kN，目前开采过程中，较 8102 工作面有很大改观，但是矿压显现依然较强烈，大同煤矿集团有意将支架工作阻力提高到 15000kN，这就提出了一个新的课题，就是如何研究评价特厚煤层放顶煤开采的顶板压力问题，对强烈的矿压显现给出科学的解释，并设计出合理的支架。

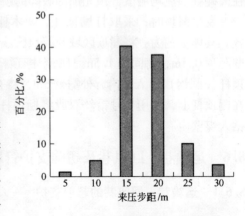

图 8-6　8102 工作面周期来压步距分布

8.8 工作面"一通三防"技术措施

8.8.1 风量计算

以 8103 综放工作面为例，工作面实际风量，应按瓦斯、二氧化碳涌出量和割煤及放煤后涌出的有害气体产生量以及工作面气温、风速、人数和冲淡无轨胶轮车释放的尾气等规定分别进行计算，然后取其中最大值。确保工作面有适宜作业的空气环境。

8.8.1.1 按气象条件确定所需风量

$$Q_{采} = Q_{基本} \times K_{采高} \times K_{采面长} \times K_{温}$$

$$= 923 \times 1.5 \times 1.5 \times 1.0$$

$$= 2076 \text{m}^3/\text{min}$$

式中　$Q_{采}$——采煤工作面需要风量，m^3/min；

　　　$Q_{基本}$——不同采煤方式工作面所需的基本风量，m^3/min：

$Q_{基本} = 60 \times$ 工作面控顶距$(6.278\text{m}) \times$ 工作面实际采高$(3.5\text{m}) \times 70\% \times$ 适宜风速$($不小于 $1.0\text{m/s}) ；$ 通过计算取 $923\text{m}^3/\text{min}$；

　　　$K_{采高}$——回采工作面采高调整系数，1.5；

　　　$K_{采面长}$——回采工作面长度调整系数，1.5；

　　　$K_{温}$——回采工作面温度与对应风速调整系数，1.0。

8.8.1.2 按瓦斯（或二氧化碳）涌出量计算所需风量

$$Q_{采} = 100 \times q_{CH_4} \times K_{CH_4}$$

$$= 100 \times 8.9 \times 2.5$$

$$= 2225 \text{m}^3/\text{min}$$

式中　$Q_{采}$——回采工作面实际需风量，m^3/min；

　　　q_{CH_4}——回采工作面回风流中瓦斯的平均绝对涌出量，根据相邻工作面 8102 瓦斯的平均绝对涌出量，该面取 $8.9\text{m}^3/\text{min}$；

　　　K_{CH_4}——采面瓦斯涌出不均衡通风系数，取 2.5。

$$Q_{采} = 100 \times q_{CO_2} \times K_{CO_2}$$

$$= 100 \times 7.5 \times 2.5$$

$$= 1875 \text{m}^3/\text{min}$$

式中　$Q_{采}$——回采工作面实际需风量，m^3/min；

q_{CO_2}——回采工作面回风流中二氧化碳的平均绝对涌出量，根据相邻工作面 8102 二氧化碳的平均绝对涌出量，取 $7.5m^3/min$；

K_{CO_2}——采面二氧化碳涌出不均衡通风系数，取 2.5。

8.8.1.3 按工作面温度选择适宜的风速计算所需风量

$$Q_采 = 60 \times V_采 \times S_采$$

$$= 60 \times 1.0 \times (6.278 \times 3.5)$$

$$= 1318m^3/min$$

式中　$V_采$——采煤工作面风速，m/s；

$S_采$——采煤工作面的平均断面积，m^2。

8.8.1.4 按工作面同时工作的最多人数计算所需风量

$$Q_采 = 4 \times N_人 + 400 \times N_车$$

$$= 4 \times 100 + 400 \times 4$$

$$= 2000m^3/min$$

式中　$Q_采$——工作面风量，m^3/min；

4——每人每分钟最低需风量，m^3/min；

$N_人$——工作面同时工作的最多人数，按交接班两班人员同时在工作面考虑，取 $N_人 = 100$ 人。

400—— 每台胶轮车每分钟平均需风量，m^3/min；

$N_车$——工作面同时运行的最多胶轮车辆数，取 4 辆。

从以上分类计算中，取其最大者，则 $Q_采$ 取 $2225m^3/min$，进行风速验算。

8.8.1.5 按风速进行风量验算

$$60 \times 0.25S < Q_采 < 60 \times 4S$$

$$Q_采 > 15 \times (6.564 \times 3.5) = 344.6m^3/min \qquad 符合要求$$

$$Q_采 < 240S = 240 \times (5.764 \times 3.5) = 4841.8m^3/min \qquad 符合要求$$

式中　S——工作面平均断面积，m^2。

8.8.1.6 确定工作面实际配风量

通过上述综合计算，回采工作面实际需风量，按瓦斯、二氧化碳涌出量和割煤及放煤后涌出的有害气体产生量以及工作面气温、风速、人数和冲淡无轨胶轮车释放的尾气等规定分别计算，然后取其中最大，确定 8103 工作面实际需风量为 $2225m^3/min$。

以上计算是顶回风巷未形成前所需的风量,在顶回风巷与工作面贯通后,风量计算可根据实际情况进行计算和调整。

8.8.2 瓦斯防治

8103 工作面共设五个瓦斯检查点,分别为工作面头部、中部、尾部、尾落山角、回风巷回风,每班由瓦斯员对各点至少检查三次。当瓦斯浓度达到 1.5% 时,作业人员撤至安全地点。当瓦斯浓度小于 1% 时,方可恢复生产。

工作面共安装二台瓦斯传感器。在工作面回风巷超前煤壁 10m 范围处安设一台,其报警浓度为 1%,断电浓度为 1.5%。断电范围为工作面内全部电气设备。在工作面回风巷中距回风绕道口 10～15m 处安设一台,报警浓度为 1%,断电浓度为 1.0%。断电范围为工作面及回风巷内全部电气设备。机组上安装一台机载断电仪,当瓦斯浓度超过 1% 时,自动切断采煤机高压电源。

8.8.3 综合防尘系统

工作面运输巷铺设一趟 0.12m(4 寸)液压用水管、一趟 0.09m(3 寸)净化水管,回风巷铺设一趟 0.09m(3 寸)净化水管。皮带巷 0.12m(4 寸)液压用水管、0.09m(3 寸)净化水管供喷雾泵站和乳化泵站。皮带巷 0.09m(3 寸)净化水管每隔 50m 安设一个 6 分异型三通截门,回风巷每隔 100m 安设一个 6 分异型三通截门,以供洗巷、净化水幕及消防使用。

工作面配备两台德国豪森科公司 EHP—3K125/80 型、两台无锡 BPW—320/6.3M 型喷雾泵及两台无锡 KMPB—320/23.5 型冷却泵,一台 RX31 型清水箱、一台 QX320/20 型清水箱和一台 XO320/20 型清水箱组成喷雾、冷却泵站,与开关列车联在一起,稳设在运输巷轨道上。喷雾泵站使用 38mm、38mm、25mm 液压管分别与支架、机组、前、后刮板运输机电机相连接,以供喷雾、冷却。

采煤机安设内外喷雾装置。每架支架有一道架间喷雾,放顶煤摆梁下每架设一道喷雾。工作面所有运煤转载点均安设喷雾装置,喷雾必须喷在落煤点上。正常情况下,内喷雾压力不小于 2MPa,外喷雾不小于 1.5MPa,若机组内喷雾不能使用,外喷雾压力不得小于 4MPa。

工作面回风巷在距回风绕道口 50m、运输巷距巷口 30m 各设置一道水幕,为固定水幕。回风巷距工作面煤壁 30m 设置一道水幕,随采随移。要求水幕必须封闭全断面。超前工作面 100m 进行煤体注水。

8.8.4 防治煤层自然发火技术措施

工作面回风巷在距回风绕道口 10～15m 处、工作面回风巷超前煤壁不大于

10m处、工作面尾部各安装一台 CO 传感器，传感器报警浓度为 0.0024%（24ppm）。

在工作面皮带巷、回风巷各铺设三趟束管，分别在工作面推进前方的进、回风巷布置测点；在上、下隅角布置测点；在采空区布置测点。

若工作面温度超过26℃，必须采取降温措施。

为防止工作面开采过程中自然发火，工作面顶煤塌落后，开始对采空区浮煤实施黄泥灌浆、注氮，直至工作面封闭。同时加强工作面设备管理，减少事故，在保证放煤效果的前提下，尽可能加快推进速度。

停采撤架、因故停采或工作面推进度不正常期间，工作面采空区或上隅角等处出现 CO 且达到一定值时，或放顶煤煤温超过50℃时，则加大每天连续不断的注氮量和加大定期黄泥灌浆量。

9 坚硬厚煤层综放开采技术

坚硬厚煤层是指煤层的硬度系数 $f \geqslant 3$ 的煤层，一般情况下，对于该类煤层，若煤层节理裂隙不发育，采用放顶煤开采时，顶煤很难破碎成合适的块度，更难以高回收率放出，因此一般需要采取人工辅助措施对坚硬顶煤进行破碎。对坚硬顶煤进行人工破碎的常用方法是爆破作业，进行顶煤爆破作业时，通常有三种方式：

（1）在工作面支架间对顶煤进行松动爆破作业，其优点是简单，但每次的爆破量小，占用大量的工作面作业时间，对支架造成一定的危害，紧贴近采空区，爆破作业的安全性差，在高瓦斯和有瓦斯隐患的矿井严禁使用；

（2）在工作面两个顺槽向顶煤钻进超长钻孔，进行顶煤预爆破作业。优点是利用两条回采巷道作为爆破作业施工场地，不需要掘进专用巷道，可利用支承压力破碎已松动的顶煤。但是钻孔深度大，影响工作面两巷的正常作业。

（3）工作面顶煤处掘进一条或两条专用顶煤爆破作业施工巷道，向顶煤内钻进爆破作业孔，其缺点是增加煤体巷道的掘进量，优点是一次爆破作业量大，爆破施工可与工作面平行作业，安全性较高，通过调整顶煤爆破的超前距离，可以充分利用支承压力对顶煤的二次破碎。

大同矿区的坚硬顶煤放顶煤开采技术采用的是上述第三种方式，具有代表性。大同煤矿集团于 1997 年开始在忻州窑矿 8911 工作面进行了系统的坚硬顶煤综合机械化放顶煤开采技术研究，取得了较好效果。

忻州窑煤矿是一个具有九十年开采历史的老矿井，中厚煤层已基本采完，厚煤层地质储量占总储量的 42% 左右。早在 1983 年～1991 年先后采用分层铺顶网、分层铺底网的方法开采厚煤层，由于各种原因没有成功。从 1992 年起，开始进行放顶煤开采厚煤层试验，先后进行了中位放顶煤和低位放顶煤开采，并进行了弱化坚硬顶煤的研究，放顶煤开采取得较好效果。由于低位放顶煤所使用的支架是由铺联网支架改造而成，为了进一步满足高产高效开采的需要，专门设计生产了一套适合大同矿区硬煤条件下综放开采的放顶煤支架等综采设备，研究坚硬厚煤层的低位放顶煤矿压规律，研究出一套综放开采提高回收率的科学方法，提高了顶煤回收率，使工作面年产达到 100 万 t，工作面回收率达到 80% 以上。

9.1 地质条件

8911 工作面煤层埋藏深度为 310～350m。工作面煤层为复杂结构，煤层顶部及底部均有夹石分布，多为不连续，夹石厚 0.05 ~ 0.50m，以深灰色细砂岩为主，局部为炭页岩，含植物叶化石及煤屑，水平层理发育。工作面煤层最大厚度 9.31m，最小厚度 5.20m，工作面平均煤厚 7.06m。

工作面煤层之上普遍有一层 0.10 ~ 0.25m 的深灰色粉砂岩，构成该工作面的伪顶。伪顶之上为 1.20 ~ 3.50m 的灰黑色粉砂岩，水平层理，层面含炭屑。分布于直接顶之上，局部直接覆盖于煤层之上，为 1.15 ~ 1.20m 灰白色中粗砂岩，钙质胶结，致密含云母碎片（分布于工作面西部），之上为 3.70 ~ 4.00m 的灰白色粉细砂岩，钙质胶结、致密、坚硬、含暗色矿物（分布于工作面西部），再上为 9.45 ~ 25.00m 的灰白色中粗砂岩（中砂岩分布于工作面西部），钙质胶结，含少量暗色矿物，致密坚硬，微含小砾岩。工作面底板为深灰色粉砂岩。

8911 工作面瓦斯绝对涌出量 3.0m³/min，煤尘爆炸指数为 27% ~ 35%，有爆炸危险，煤层自然发火期为 4 ~ 6 个月。

9.2　巷道布置

工作面沿倾向布置四条巷道，其中沿煤层底板布置两条巷道，为工作面两条顺槽，沿煤层顶板布置两条工艺巷，顶煤松动预爆破及放顶等工艺就在该两巷内进行，见图9-1。

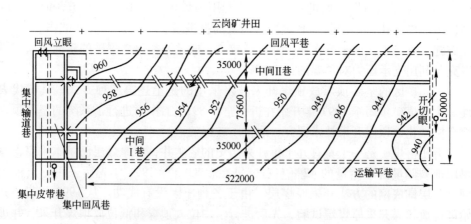

图 9-1　工作面巷道布置

2911 巷为工作面运煤进风巷、5911 巷为工作面运料回风巷均采用 11 号工字钢梯形棚支护，进风巷的梯形棚顶、底净宽为 4018mm 和 4508mm，净高为 3000mm。回风巷梯形棚顶、底净宽为 2780mm 和 3845mm，净高为 3000mm。

中间Ⅰ、Ⅱ巷，均采用三排锚杆水泥托板作为巷道原始支护，三排锚杆平行布置，排距为：800mm，杆距为：900mm。巷道断面尺寸为：3200mm × 2900mm（宽×高）。

工作面切眼采用矩形木棚支护，棚腿两端采用锚杆配合预应力托板固定，棚距 0.8m，切眼净宽 7.5m，净高 2.5m。

工作面长度为 150m，走向长度 559m，可采走向长度 522m。中间Ⅰ、Ⅱ巷联络眼长 73.6m，中间Ⅰ巷距皮带巷 35m，中间Ⅱ巷距回风巷 35m。

9.3 设备配置

工作面支架为专门研制的 ZFS6000/22/35 型支撑掩护式放顶煤支架，见图 9-2。其中：端头支架一套，过渡支架 7 架，普通支架 96 架。采煤机采用 MXA-600/3.5 型进行机采，前、后部运输机的型号分别为：SGZ-764/400 和 SGZ-764/630 型。

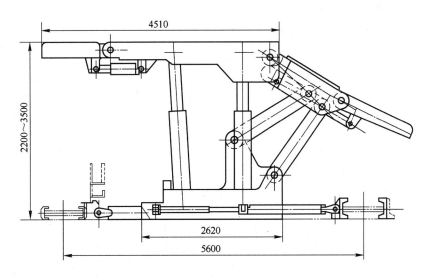

图 9-2 ZFS6000/22/35 型支撑掩护式放顶煤支架

工作面主要设备及支架性能见表 9-1、表 9-2。

表 9-1 主要设备性能表

序 号	名 称	型 号	功率/kW	能 力	电压/V	数量/个
1	采煤机	MXA-6/3.5	2×300	800t/h	1140	1
2	前运输机	SGZ/764/400	2×200	800t/h	1140	1
3	后运输机	SGZ-764/630	2×315	1200t/h	1140	1
4	转载机	SZZ/830/220	110	1800t/h	1140	1
5	破碎机	PCM-160	160	1000t/h	1140	1
6	乳化液泵	WRB-200/31.5	125	200L/min	1140	1
7	皮带机	DSP-1080/2×20°	400	660t/h	660	1

表 9-2　支架主要性能表

名 称	型 号	初撑力/kN	工作阻力/kN	高度/mm	长×宽/mm×mm
普通支架	ZFS/6000/22/35	5218	6000	2200～3500	4510×1460
过渡支架	ZFSG/6000/22/33	5218	6000	2200～3300	
端头支架	ZFSD6000	5050	5600	2200～3500	

9.4　顶煤预爆破技术

顶煤预爆破是破碎坚硬顶煤的有效途径，也是提高回收率技术研究的主要内容，为此，在工作面沿顶的两条工艺巷内（如图9-3），超前工作面20m起爆，在顶煤中产生预裂隙，利用支承压力对预爆破的顶煤进行二次破碎，从而达到预破碎顶煤的效果。顶煤预爆破时，设计和实施了四种爆破方案，进行现场实验。

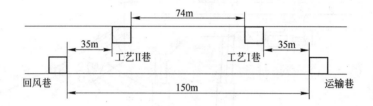

图 9-3　8911 工作面巷道布置示意图

9.4.1　试验方案

方案 I 双层矩形布孔。采用径向不耦合轴向连续装药，不耦合系数为 1.2，布孔方式见图 9-4，孔深 30m、34m，孔径 60mm。

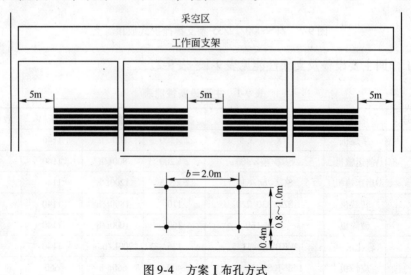

图 9-4　方案 I 布孔方式

　　方案Ⅱ双层布孔，四个装药孔间设一空孔，孔底距两顺槽安全距离8m，孔深27m、31m，孔径90mm，装药结构同方案Ⅰ，布孔方式见图9-5。

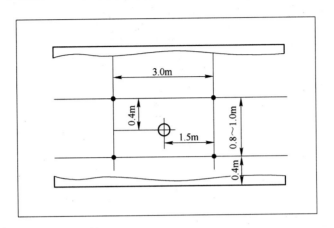

图9-5　方案Ⅱ布孔方式

　　方案Ⅲ单层孔。三花布置，无空孔，孔深30m、34m，孔径90mm，孔间水平距1.5m。布孔方式见图9-6。

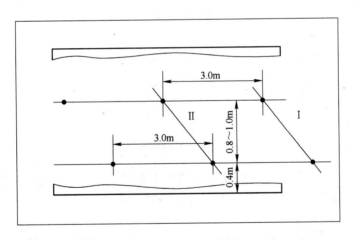

图9-6　方案Ⅲ布孔方式

　　方案Ⅳ单层孔。三花布置，无空孔，孔深30m、34m，孔径60mm，孔间水平距离1.0m。布孔方式见图9-7。

9.4.2　施工工艺

　　(1) 钻孔：采用3.0kW岩石电钻打孔，每条中间巷2台钻机，每台钻机每班2个成孔。

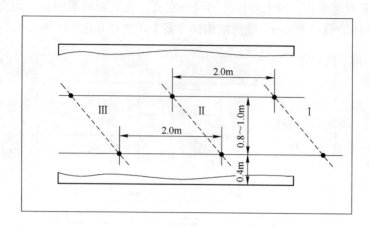

图 9-7　方案 Ⅳ 布孔方式

（2）装药：选用 3 号抗水煤矿铵锑炸药，药卷直径 50mm、75mm。装药前先清除炮孔内煤粉，然后用木质接力棒送入药卷，导火索捆扎在第一个药卷上。装药结构见图 9-8。

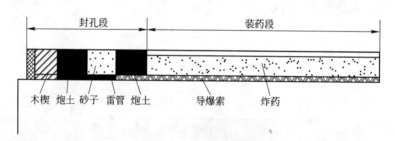

图 9-8　装药结构示意图

（3）封孔：封孔材料选用较潮湿的黄土和沙子，并装入专用纸袋，每次送入 1~2 袋，捣实后继续装填，当封到距孔口 0.8m 时，将雷管二合导爆索捆绑在一起放入该孔内，再用黄土和沙子封填严实，最后在孔口留 100mm 空段将雷管脚线塞入。空孔封孔时先把木楔送入孔内 1.0m 处，再用黄土封堵。

（4）连线：连线采用串并联方式起爆网络，见图 9-9。

（5）放炮：采用 BF-200 型起爆器，一次起爆炮孔数量为：矩形布置时为 4 个孔，三角形布置时为 6 个孔。起爆方式正向，爆破位置距工作面 20m 以上。两条巷放炮分别进行。

9.4.3　方案实施

　　8911 面顶煤预爆破第 Ⅰ 方案试验段距切眼 20~130m，孔径 ϕ60mm，使用

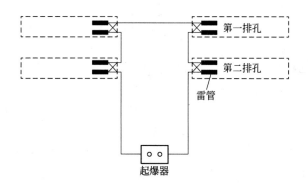

图 9-9　起爆网络图

ϕ50mm 药卷，共 110m。共施工钻孔 440 个，钻孔长度 14080m，共消耗炸药 22880kg。

第 Ⅱ 方案试验段距切眼 130~190m，孔径 ϕ90mm，共 60m，使用 ϕ75mm 药卷。共施工钻孔 240 个，钻孔长度 7320m，其中空孔长度 2440m，共消耗炸药 16200kg。

第 Ⅲ 方案试验段距切眼 190~210m，孔径 ϕ90mm，药卷直径 ϕ75mm，共 20m。共施工钻孔 80 个，钻孔长度 2560m，消耗炸药量 8280kg。

第 Ⅳ 方案试验，孔径 ϕ60mm，从距切眼 210m 开始，到现在一直采用此方案。

四个方案试验各项指标见表 9-3。

表 9-3　预爆破各方案主要参数

参　数	方案Ⅰ	方案Ⅱ	方案Ⅲ	方案Ⅳ
布孔方式	矩　形	矩　形	三角形	三角形
孔径/mm	60	90	90	60
药卷直径/mm	50	75	75	50
封孔长度/m	6	8	8	6
孔米药量/kg·m^{-1}	2.0	4.5	4.5	2.0
米孔爆量/m^3·m^{-1}	4.77	5.00	7.15	4.77
炸药单耗/kg·m^{-3}	0.34	0.44	0.45	0.34

通过试验，三角布孔顶煤预爆破效果好于矩形布孔。由于施工 ϕ90mm 钻孔难度大，对水压、流量要求较高。采用单层三花布孔，小直径药卷（ϕ50mm）和 1.0m 间距方案可满足工程要求。

9.5　开采工艺

正常割煤时的工艺流程：运输机头（尾）斜切进刀→上（下）行割煤→移支架→推前部运输机→放顶煤→拉后部运输机

9.5.1　斜切进刀

当机组在运输机头将上一刀煤割通后，留 20 架支架停止追机作业，以防割前探梁。头部滚筒下降割煤退出距运输机头 27m 之外停机，然后除端头及过渡支架处，将机组退出段的剩余支架前移，运输机全部顶至煤壁，放 5～27 号支架煤的同时将头滚筒再次升起，机组第二次向工作面头部方向割煤，当工作面头割通后，将头滚筒降下割底煤，尾滚筒上升割顶煤，机组开始由工作面机头向尾方向正常割煤，当机组割到尾时，斜切进刀方式与运输机头相同。

9.5.2　割煤

正常情况下，机组前滚筒（前进方向的滚筒）割顶煤，后滚筒割底煤，依靠后滚筒转动自动装煤，剩余的煤由铲煤板自行装入运输机，机组割煤时的速度控制在 3m/min 以内，割煤时，顶煤及底煤必须割平，不留底煤，控制采高，机组司机与支架工配合好将工作面煤壁割成直线，支架工要及时将支架前伸梁伸出，护住机道新露出的端面顶板，控制端面距。

9.5.3　移支架

移架时的操作程序：降前梁→收前伸梁→降主顶梁→移支架→升主顶梁→伸前伸梁→升前梁

在生产过程中，对支架工主要要求了以下几点：

（1）降架时，支架活柱下缩量为：100～200mm，以能使支架前移为宜，防止架间漏顶煤。

（2）移架时，以机组不割支架前伸梁为准，使支架尽量前移，以减小支架端面距，且移架后要成直线。

（3）升架时，支架接顶要良好，前梁要升紧，支架必须达到规定的初撑力。

（4）若工作面机道顶煤破碎，则采用擦顶移架的方法，使支架前移，将支架前伸梁伸出护住机道新暴露的顶板，以防机道漏顶。

（5）移架滞后机组后滚筒不得超过 4.5m 距离，超过 4.5m 时必须停止机组割煤，等待移架。

9.5.4　推、拉运输机

推前运输机：滞后机组后滚筒 15m 外，跟机分段推入，推运输机后不得出现急弯，弯曲段长度不得小于15m。

拉后运输机：拉后运输机的要求和顺序与推前运输机相同。

9.5.5 移运输机头、运输机尾

当机组割通工作面头或工作面尾退出距离工作面头或工作面尾27m停机后，才可以进行移头或移尾工作，用头部端头架或尾部过渡架推移千斤顶将运输机头或运输机尾前移。

9.5.6 放顶煤

当工作面推进到23m时，顶煤初次垮落，范围为2～65号支架，高度为3～5m，工作面推进到26m处，支架后方顶煤基本全部垮落，垮落范围为2～102号支架。工作面放煤分两段进行，前段为4～53号支架，后段为54～101号支架，每段内采用两人相邻顺序放煤的方法，两人相邻同时放煤，靠近运输机头部的一组放煤工，根据后部运输机上煤量，适当控制放煤量，将支架放煤回转梁收回。顶煤就会自动流入后运输机。根据顶煤流量，控制放煤回转梁角度尽量不让或少让顶煤流出后运输机之外，当有大块煤卡在放煤口影响放煤时，则两人相互配合反复动作放煤回转梁，使大块煤被破碎，当发现矸石时要及时将放煤回转梁伸出防止矸石混入煤中。

在工作面开采初期考虑到矿山压力小，顶煤冒落块度大，首先采用了"一采多轮放煤"的生产工艺，利用支架后部摆梁反复支承，进一步使支架上方大块顶煤破碎。随着工作面向前推进，顶煤预爆破正常进行和矿山压力逐步增加，顶煤易落程度有所提高，顶煤回收率也大幅度提高，但由于多轮放煤使大量矸石进入后部运输机，大块矸石不能自行破碎，必须停机处理，加重了放煤工和运输机司机的劳动强度，严重影响了后部运输机开机率，开关频繁启动，对设备不利，故逐渐改为一采一放的生产工艺。

"一采一放"基本上可满足对顶煤回收率的考核要求，经观测，工作面架后见矸率达到了86%，经测试块度在1.0m以上占总放出煤量的2.60%，0.7～1.0m占6.33%，0.4～0.7m为58.36%，0.4m以下占总放出量的32.71%。

10 大倾角特厚煤层走向长壁放顶煤开采技术

近年来，大倾角煤层（≥30°）的综放开采技术得到了一定进展，如靖远煤业集团，鹤壁煤业集团等均进行了大倾角煤层的综放开采技术试验，并获得成功，其中以靖远煤业王家山煤矿的大倾角综放开采具有一定代表性。

10.1 概况

靖远煤业公司王家山煤矿，矿井东西长8.6km，南北倾斜宽3.5km，井田面积25km²，煤层倾角25°~72°。矿井设计能力180万t。

44407工作面对应地表地面为高山丘陵荒地，无任何建筑物。地表标高1850~1890m，工作面标高1555~1616m。

工作面煤层倾角38°~49°，平均43.5°，煤层厚13.5~23m，平均厚度15.5m。煤层结构较简单，煤硬度系数1.0，煤层裂隙发育程度2类，煤种为低灰、低磷、低硫，发热量较高的优质动力用煤，工业牌号为不黏煤。

工作面走向长605m，倾斜长95m，面积57475m²，可采储量93.8万t。

老顶为厚的中粗细砂岩，厚度大于20.5m；岩性特征：浅灰色，泥质胶结，层理发育。直接顶为3.8m厚的泥岩、粉砂岩，岩性特征：灰、深灰色，小型斜层理发育。伪顶为高碳质泥岩，厚度0.6~1.0m，岩性特征：黑色、松散，多呈小方块，易垮落。直接底为泥岩，厚度0.8m，岩性特征：深灰色，致密，较硬。老底为中粗砂岩，厚度17.5m，深灰、灰绿色，局部地段含砾石。煤岩层综合柱状图见图10-1。

10.2 巷道布置

工作面巷道按走向长壁一次采全厚综放布置。运输平巷靠近煤层顶板布置，回风平巷沿煤层底板施工，开切眼从运输平巷开口，先以1°方位施工3m平巷，然后施工半径（R）28.64、长度20.5m的竖曲线（K_p），与41°坡度的工作面相接，再按同样坡度施工92m，与回风平巷贯通。切眼采用伪仰斜布置，运输平巷超前回风平巷5m。两道及开切眼有关技术参数见表10-1，工作面剖面示意图见图10-2。

地层单位			层序	名称	柱 状	层厚/m	累厚/m	岩 性 描 述
系	统	组						
侏罗系	中侏罗统	窑街组	1	细砂岩		20.5	20.5	浅灰色细砂岩,泥质胶结,层理发育,层面有白云母碎片
			2	粉砂岩		2.60	23.1	深灰色粉砂岩,小型斜层理发育
			3	泥岩		1.20	24.3	灰色泥岩,团块状
			4	四层煤		15.5	39.8	黑色,以半亮煤为主,含黄铁矿结核,多呈沫状
			5	粉砂岩		0.8	40.6	深灰色泥岩,致密较坚硬
			6	粗砂岩				深灰色绿色粗砂岩,成分以石英为主,局部地段含砾石,粒径3~10mm

图 10-1 煤岩层综合柱状图

表 10-1 两道及开切眼有关技术参数

巷道名称	布置方式	标高/m	坡度	工程量/m	净断面/m²	方 位
回风平巷	沿底板水平布置	起点 1616.6 终点 1615.02	-0.3%	606	8.40	274°
运输平巷	沿顶板水平布置	起点 1555.0 终点 1553.2	-0.3%	630	10.2	274°
开切眼	倾斜圆弧布置	下端 1553.2 上端 1615.02	41°	115	16.90	1°

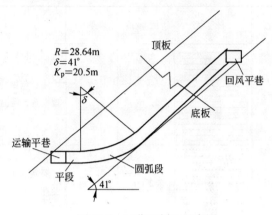

图 10-2   工作面剖面示意图

10.3   采煤方法

采煤方法为走向长壁综采放顶煤全部垮落法。采用 MG200/500—QWD 型双滚筒采煤机落煤，截深 0.6m，割煤高度 2.6m，放顶煤高度 10.9～20.4m，平均 15.8m，采放比 1：6，顶煤依靠矿压作用自行垮落；工作面前后部各安装一台 SGZ730/160 准双边链刮板输送机运煤；综采放顶煤液压支架支护，全部垮落法管理顶板；采取向采空区注氮、黄泥灌浆防灭火。

采煤机由上向下割煤，留 0.5m 的顶煤台阶；由下向上装煤时，行至上部时再割掉顶煤台阶。工作面运煤采用特殊的准双边链刮板输送机，向下运煤，由下向上推溜。拉架采用由下向上的方式，移架操作顺序：采煤机由上向下割煤前收护帮板→收前探梁→割煤→伸前探梁→打开护帮板→采煤机由下向上装煤→收护帮板→收前探梁→降架带压移架→调架→打开护帮板。留顶煤台阶时，割煤前不收护帮板和前探梁。支架最大控顶距 5.086m，最小控顶距 4.486m。放煤采用"两采一放"的方式。工作面生产期间，最高月产达 70681t，最高工效 45.6t/工，平均回收率 82.27%。

支架选用适用大倾角工作面的综采放顶煤液压支架，基本架型号为 ZFQ3600/16/28，低位放顶煤。最大控顶距 4.73m，最小控顶距 4.13m，移架推溜步距 0.6m，放顶煤步距 1.2m。工作面共安装支架 78 副，其中基本支架 73 副，过渡支架 3 副，上端头、下端头支架各一副，支架中心距 1.5m。支架主要特征见表10-2。

表 10-2   支架主要特征

支架名称	支架型号	支架宽度/m	高度/m		控顶距/m		初撑力/kN	工作阻力/kN	自重/t
			最大	最小	最大	最小			
基本支架	ZFQ3600-16/28	1.35～1.65	2.8	1.6	4.73	4.13	3204	3600	13.8
过渡支架	ZFG4800-18/30	1.43～1.6	3.2	2.0	5.14	4.54	3956	4800	19.5
下端头支架	ZT14400-20/31	2.8～2.95	3.1	2.0	10.19	8.79	11808	14400	40
上端头支架	ZT9600-20/31	2.8～2.95	3.1	2.0			7912	9600	40

上端头采用专门设计制作的端头两架一组支架，型号 ZT9600/20/31，移架步距 0.6m。下端头采用三架一组端头支架，型号 ZT14400/20/31，移架步距 1.2m。前后部溜子机头、机尾处采用 ZFG4800/18/30 型过渡支架，机头处两架，机尾处一架，移架步距 0.6m。采煤机型号为 MG200/500—QWD。工作面设备布置见图 10-3。

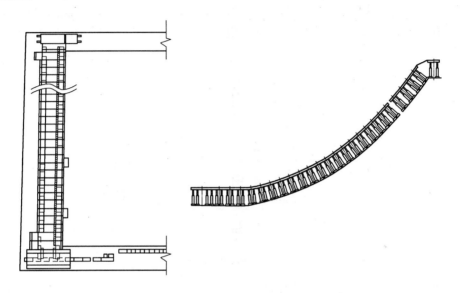

图 10-3 工作面设备布置

10.4 工作面矿压显现规律

10.4.1 沿推进方向矿山压力显现规律

工作面推进 10m，端头最先出现压力峰值；推进 20m，顶煤直接顶初次垮落，工作面上段支架短期（1 天）达到额定工作阻力；工作面推进 40m 时，顶煤和直接顶发生较大面积垮落，工作面上段、中段支架达到额定工作阻力，持续 2 天左右；推进 60m 时老顶初次来压，工作面中部支架连续 4 天达到额定工作阻力，来压剧烈；工作面推进 80m 时，老顶第一次周期来压，来压之前有一次顶煤及直接顶的破断垮落，造成支架压力短时间（约 2 天）达到额定工作阻力，但周期来压的强度及持续时间较初次来压要小得多。来压前煤壁片帮较多，煤爆声频繁，来压时特别是初次来压支架立柱安全阀频繁开启，活柱下缩量最大。

10.4.2 沿工作面方向矿压显现规律

工作面推进过程中，沿倾斜方向，端头最早出现较大压力，持续时间仅一天；然后上部支架压力达到额定工作阻力，安全阀开启频繁，持续 3~5 天，来压较剧烈，而圆弧段及水平段来压不十分明显，支架一般在额定工作阻力之下；支架各立柱受力不均，一般前立柱压力高于后立柱压力，有时后立柱压力接近零，上立柱压力高于下立柱压力，这种情况沿工作面由下而上表现更为明显；过量放煤时后柱压力普遍降低，支架偏斜歪倒时，上柱压力小于下柱压力；当临近来压时一般前立柱压力增大较快且能达到额定工作阻力；工作面顶煤及直接顶大面积垮落或老顶来压时，工作面中上段特别是中段的支架前后立柱能同时达到额定工作阻力。工作面沿倾斜矿压规律一般为中上部最大，下部较小，见图10-4。

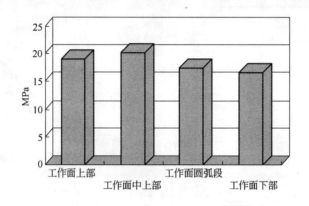

图10-4　沿工作面倾斜方向支架工作阻力分布

10.4.3　工作面矿压显现的基本规律

工作面老顶初次来压、周期来压比较明显。初次来压较剧烈，但未出现压死或压坏支架现象。周期来压步距（20m 左右）约为初次来压步距（60m 左右）的三分之一。工作面沿倾斜方向中部偏上压力最大，下部较小。未来压时，通常支架前立柱压力大于后立柱压力，而后立柱压力通常较小，有时接近零。工作面来压时支架所受倾向力较大，支架侧护板千斤顶轴向窜动量较大。工作面来压时，立柱安全阀开启较频繁，活柱下缩量较大，煤壁片帮较多，顶煤裂缝较多，煤爆声频繁。支架适应工作面支护要求：四连杆抗扭性好，支架防倒、防滑、调架装置，设计合理，适应性强。支架最大时间加权平均阻力3447kN，最大阻力3600kN（安全阀开启）。支架受到的最大倾向推力1410kN。

10.5　开采的特殊技术

10.5.1　支架的抗扭、防倒、防滑及调架装置

10.5.1.1　支架稳定性分析

支架受力分析见图10-5。

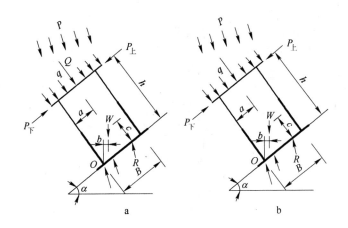

图 10-5　支架受力分析

a—支架受力；b—抗倒极限平衡

P—顶板压力；q—支架初撑力；Q—支架初撑力合力；$P_上$、$P_下$—上下邻架挤靠力；

W—支架自重；h—支架高度；B—支架底座宽度；R—支架对底板

压力的反力；α—工作面支架倾角

　　支架在顶板压力 P、支架自重 W、上下邻架挤靠力 $P_上$、$P_下$、初撑力合力 Q、底板反力 R 等作用下，处于平衡状态。倾斜煤层的顶板不是沿法线方向移动，而是沿一条逐渐接近重力方向的曲线移动，顶板越不稳定，其移动曲线离法线越远。因此顶板对支架的压力也不完全是沿重力方向。在顶板下沉初始阶段，主要是沿法线方向移动。如果顶板压力不断增大，顶板下沉，支架达到额定载荷，安全阀开启调整后，支柱的撑力就表现为顶板压力分布，支架所受合力作用点要偏出支架下边缘，导致支架倾倒。对图 10-5 中 O 点取力矩平衡，有：

$$(p_上 - p_下) \cdot h + p \cdot \sin\alpha' \cdot h = W \cdot b + p \cdot \cos\alpha' \cdot B/2$$

$$b = B/2 \cdot \cos\alpha - C \cdot \sin\alpha$$

式中　α'——顶板压力与法线方向角，（°）；

　　　B——底座宽度，m；

　　　C——支架重心高度，m。

　　从上式中可以看出，支架自稳力臂 b 随支架重心高度增大而减小，随支架底座宽度增大而减小。因此支架底座越宽、支架重心越低、支架支撑高度越低，支架的自重稳定力矩越大，则支架适应的倾角与来压强度将越大。

　　如果顶板是沿煤层法线方向移动，顶板压力垂直于支架顶梁，对于支架稳定有利。但是对于急倾斜煤层顶板，顶板的移动是沿一条逐渐接近重力方向的曲线移动，对于极软煤岩，在顶板大幅度下沉后期，甚至有沿煤层倾向移动加大的趋势，这会使支架倾倒的风险性加大。

10.5.1.2　支架防倒、防滑技术措施

由于煤层倾角大，支架稳定性差，对 ZFQ3600—16/28 型支架设计了防倒防滑装置。支架防倒、防滑装置示意见图 10-6。

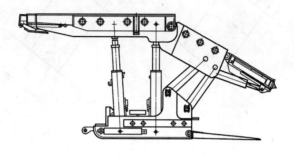

图 10-6　支架防倒、防滑装置示意图

在顶梁和掩护梁两侧设多组缸径 $\phi100$mm 千斤顶和导向杆，每两个千斤顶为一组，设计在同一轴线套筒内，分别控制两侧侧护板。

侧护板导向杆，每两个为一组，设计在同一轴线套筒内，内置弹簧，分别连接两侧侧护板。

防滑底调装置由置于支架底座内的两个千斤顶、导向杆和一个防滑梁组成，防滑梁的形状为梯形长框结构，位于支架底座侧面，由防滑梁将两个千斤顶和导向杆连成一体。

支架控制前、后部刮板输送机的下滑措施，支架采用一个"燕尾"形防滑托板，分别同支架底座后部以耳销连接，与后部刮板输送机设置的导槽配合，使支架、后部刮板输送机互为支点，不仅防止了后部刮板输送机的下滑，同时也平衡支架纵向扭矩，减小了支架的扭动。

10.5.2　工作面圆弧过渡布置

为了减小倾斜面支架对下端头过渡支架和端头支架的侧向挤压，增加支架的稳定性，水平运输巷道与切眼之间采用圆弧过渡设计，以分解支架在急倾斜工作面倾斜方向上的侧向挤压力，见图 10-3。

由于支架布置在圆弧段，顶梁受到挤压，极易使支架悬空、挤压、咬架，造成移架困难，甚至倾倒。因此为增加支架在工作面及变坡圆弧段的适应性，支架在宽度上设计为上窄下宽，顶梁采用大侧护行程（1350～1650mm）窄顶梁结构，侧护板为双侧活动侧护板，可随时根据接顶状况调解顶梁宽度，同时全长加高侧护板，减少支架咬架的机会。

端尾支架支护三角区的侧护装置。由于工作面倾角大，在工作面端尾，倾斜

布置在切眼中的基本架与水平布置在回风平巷中的端尾架顶梁之间，形成了一个三角形无支护区域，为了避免该处的无支护区域，设计了专用的侧护装置，见图10-7。

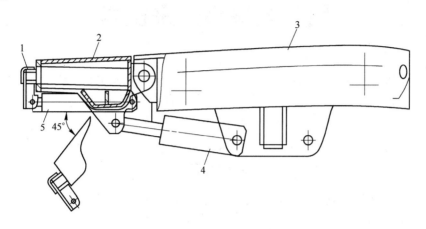

图 10-7 侧护装置图
1—内置伸缩梁；2—铰链；3—外伸缩千斤顶；4—外置摆动千斤顶；5—掩护梁

侧护装置结构主题根据端尾支架结构及支护空间决定。其主体结构为箱式结构，铰接在端尾支架顶梁和掩护梁侧面，内置一伸缩梁，由外伸缩千斤顶控制，同时外置摆动千斤顶。

为保证支护的灵活性和可调节性，将其制成多块分别铰接在端尾支架上，每块支护的操作相对独立。

经过开采试验，工作面月产煤炭一般在 5 万 t 左右，对于大倾角工作面，高产高效的难度依然很大。

11 大采高开采技术

近年来，大采高开采技术在我国发展迅速，在厚煤层开采中具有产量大、效率高、回收率高、工艺简单等优点，在条件适宜矿区备受青睐，其中神东矿区、晋城矿区、大同矿区等的大采高技术最具代表性，本章对上述三个矿区的大采高开采技术作较详细介绍。

11.1 上湾煤矿大采高开采技术与装备

上湾煤矿是中国神华神东煤炭分公司主力矿井，矿井核定生产能力为1300万 t/a，井田面积 61.3km²，地质储量 12.3 亿 t，可采储量 8.3 亿 t，煤层倾角 1°~3°。2005 年建成了国内第一个 300m 长的大采高综采工作面，工作面年产1048 万 t，全员工效 159.93t/工。2007 年建成世界首个采高 6.3m 的大采高综采工作面，工作面编号为 51202，工作面年产煤炭 1160 万 t。

11.1.1 大采高工作面地质及水文情况

11.1.1.1 煤层情况

51202 工作面所开采煤层的平均厚度为 6.2m，煤层中含 1~2 层夹矸，岩性为粉砂岩或泥岩，夹矸厚度 0.1~0.4m，夹矸的单向抗压强度 50~100MPa。煤层埋深为 80~180m，地面大部分被厚风积沙覆盖，回采时矿压显现剧烈，地表呈台阶下沉，裂隙直达地面。煤层结构简单，倾角 1°~5°，局部 5°~8°。煤的单向抗压强度 22~57MPa，一般均大于 30MPa。煤层裂隙不发育。密度 1.28~1.4t/m³。

11.1.1.2 顶板情况

直接顶岩性主要为砂质泥岩、泥岩、粉砂岩，因裂隙发育，易冒落。砂质泥岩、泥岩抗压强度 20~50MPa，平均 41MPa。抗拉强度 2MPa，老顶为粉砂岩、细砂岩、粗砂岩。

11.1.1.3 底板情况

底板均由砂质泥岩、泥岩、粉砂岩组成。直接底抗压强度在天然未遇水情况下，一般为 19MPa，最高 50MPa（粉砂岩）。直接底遇水易泥化、崩解，强度大为降低，遇水后的饱和抗压强度与干燥状态下相比可降低 50%，属亲水性岩石。

11.1.1.4 水文情况

矿区水文情况简单，属于裂隙含水层充水为主的简单沉积水文地质条件。顶板有淋水，底板有渗水。

11.1.1.5 井下瓦斯和煤尘

矿井属低瓦斯矿井、煤尘有爆炸危险，煤有自然发火倾向。

11.1.1.6 开采方法

采用综合机械化一次采全高的长壁采煤法开采，顶板管理采用全部垮落法，工作面走向长度3000~6500m，起伏角度不大于9°，一般3°~5°，工作面长度300m，起伏角度不大于5°。工作面设计生产原煤能力不小于3000t/h。

回采巷道采用矩形断面，宽5m，高3.6m，采用锚杆、锚索联合支护。

11.1.2 工作面设备配套及技术参数

11.1.2.1 工作面设备配套及布置

工作面设备配套采用进口与国产相结合的配套方式，其中国产设备主要有6.3m掩护式大采高液压支架、清水泵站、可伸缩带式输送机等，引进设备有采煤机、工作面刮板输送机、转载机、破碎机、3.3kV馈电开关、3.3kV磁力启动器、液压支架电液控制系统、乳化泵站等。

工作面共布置液压支架176架，其中中间支架ZY10800/28/63D（如图11-1所示）163架，过渡支架ZYG10800/28/55D 5架，过渡支架ZYGT10800/28/55D 2架。过渡支架ZYGT10800/28/55D滞后过渡支架ZYG10800/28/55D 600mm布置，支架顶梁加长600mm。端头支架ZYT10800/28/55D 7架，在上顺槽布置4架，下顺槽布置3架，滞后ZYGT10800/28/55D过渡支架793mm布置，顶梁比中间支架长1100mm。综采工作面支架布置如图11-2所示。表11-1所示为设备主要技术参数。

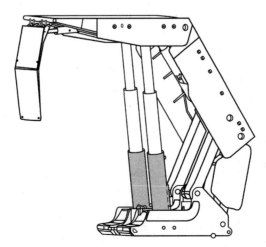

图 11-1　ZY10800/28/63D 型掩护式支架

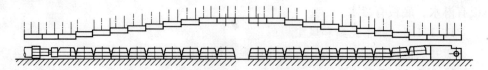

图 11-2　51202 综采工作面支架布置图

表 11-1　设备主要技术参数

设备名称	制造公司	数　量	技　术　参　数
采煤机	德国 Eickhoff 公司	1 台	SL-1000，2300kW，3300V
刮板运输机	德国 DBT 公司	1 部	48mmAFC，3×1000kW，1.2m 槽宽
破碎机	德国 DBT 公司	1 台	522kW，3300V
转载机	德国 DBT 公司	1 部	522kW，3300V
中间支架	郑煤机集团公司	163 架	支架型号：ZY10800/28/63D 掩护式，电液控制系统高度（最低/最高）/mm 2800/63000。宽度（最小/最大）/mm 1650/1850。支架中心距：1.75m。工作阻力：10800kN。初撑力：7912kN
过渡支架	郑煤机集团公司	5 架	支架型号：ZYG10800/28/55D，电液控制系统高度（最低/最高）/mm 2800/5500。宽度（最小/最大）/mm 1650/1850。支架中心距：1.75m。工作阻力：10800kN。初撑力：7912kN
加长过渡架	郑煤机集团公司	2 架	支架型号：ZYGT10800/28/55D 电液控制系统高度（最低/最高）/mm 2800/5500。宽度（最小/最大）/mm 1650/1850。支架中心距：1.75m。工作阻力：10800kN。初撑力：7912kN
端头支架	郑煤机集团公司	7 架	支架型号：ZYT10800/28/55D，电液控制系统高度（最低/最高）/mm 2800/5500。宽度（最小/最大）/mm 1650/1850。支架中心距：1.75m。工作阻力：10800kN。初撑力：7912kN
乳化液泵	英国 RMI 公司	4 台	S300 型。　额定压力：37MPa。额定流量：400L/min。电机功率：250kW
自移机尾	维修中心	1 台	1.6m
3300V 移变		2 台	4000kV·A
1140V 移变		1 台	2500kV·A
3300V 组合开关	常州连力		kJZ3300
1140V 组合开关	常州连力		kJZ1140
顺槽胶带机	上海煤科院	1 条	6×500kW，1.6m

11.1.2.2　支架主要技术参数及技术特点

A　支架主要技术参数

（1）中间架的技术参数

支架型号　　　　　　　　　　　　ZY10800/28/63D（163 架）

支架形式　　　　　　　　　　　　二柱支撑掩护式（整体顶梁＋二级护帮板）

立柱内径/中柱内径/mm　　　　　　$\phi400/\phi290$

最低/最高高度/mm　　　　　　　　2800/6300

最小/最大宽度/mm　　　　　　　　1650/1850

支架中心距/m   1.75
梁端距/mm   <692
工作阻力/kN   10800
初撑力/kN   7912
支护强度/MPa   1.10~1.13
对底板比压/MPa   2.759~3.17
泵站压力/MPa   31.5
重量/t   41
支架推移行程/mm   960
推移千斤顶缸径/杆径/mm $\phi200/\phi140$
操作方式   主要采用双向邻架操作、电液控制
移架时间/s   10.5（单台支架完成一个工作循环）

（2）过渡架的技术参数

支架型号   ZYG 10800/28/55D（5架）
支架形式   二柱支撑掩护式（整体顶梁+二级护帮板）
最低/最高高度/mm   2800/5500
支护强度/MPa   1.04~1.08
推移千斤顶缸径/杆径/mm $\phi200/\phi140$
重量/t   41

（3）特殊过渡架的技术参数

支架型号   ZYGT10800/28/55D（2架）
支架形式   二柱支撑掩护式（整体顶梁+二级护帮板）
最低/最高高度/mm   2800/5500
支护强度/MPa   0.95~0.99
推移千斤顶缸径/杆径/mm $\phi200/\phi140$
重量/t   41.5

（4）排头架的技术参数

支架型号   ZYT10800/28/55D（7架）
支架形式   二柱支撑掩护式
最低/最高高度/mm   2800/5500
支护强度/MPa   0.83~0.87
重量/t   42.5
推移千斤顶缸径/杆径/mm $\phi230/\phi140$

B 支架主要特点

（1）支架采用二级护帮结构，护帮高度2.8m。

（2）采用 $\phi400$mm 缸径立柱，平衡千斤顶采用 $\phi230$mm 缸径，增强了支架对难控顶板的适应性。

（3）支架伸缩比较大，适应煤层厚度的变化。

（4）支架能经常给顶板向煤壁方向以推力，有利于维护顶板的完整性。

（5）支架采用电液控制系统，移架速度快。

（6）顶梁后端侧护板圆弧包裹，实现架间全封闭。

（7）支架采用分体刚性底座，有利于底座中档排浮煤。

（8）采用长推杆带抬底座千斤顶结构，充分发挥推移千斤顶的能力。

11.1.3　回采工艺及劳动组织

11.1.3.1　回采工艺

本工作面为两进两回布置方式，工作面顺槽沿煤层底板布置。靠近工作面的一条顺槽为进风顺槽，作为皮带运输机顺槽，另外一条巷作为供电、泵站设备列车顺槽，另外两条作为工作面回风顺槽。

工艺流程为割煤—移架—推溜—清煤。双向割煤，端部斜切进刀。割煤高度为 6.0m，截深 0.865m。

采用电液控制支架，可实现以下三种移架方式：

（1）双向邻架自动顺序移架；

（2）成组顺序移架；

（3）手动移架。

根据本工作面的地质条件及工人的操作习惯，拉架采用双向邻架移架，每次移一架。

工作面所用支架可实现三种推溜方式：

（1）双向邻架推溜；

（2）双向成组推溜；

（3）手动推溜。

推溜采用双向成组推溜，每组设置为 8 架。

11.1.3.2　劳动组织

试验工作面为 2 号煤大采高工作面，工作面设计采高为 6.0m，工作面沿底板推进时可以达到设计要求，机头、机尾各 30m 随巷道顶底板平缓过渡循环进度 0.865m。根据回采经验，三班制作业（一个班检修，两个班生产），每班推进循环数为 8~10 循环。

11.1.3.3　生产情况

工作面于 2007 年 4 月 20 日开始安装，2007 年 4 月 30 日起开始生产，五月份试采出煤 64.3272 万 t，六月份出煤 109.3277 万 t，七月份出煤 109.5081 万 t，八月份出煤 102.6944 万 t，九月份出煤 92.1624 万 t，十月份出煤 100.5409 万 t，十一月份出煤 92.1348 万 t。共生产原煤 670.6955 万 t，除去 5 月份初采，6 月~11 月份共计六个月平均月产量 101.061 万 t，最高日产量 5.1 万 t，最高月产量 109.5

万 t。经过近 7 个月的开采, 大采高工作面取得了良好效果, 提高了煤层的资源回收率。特别是二级护帮机构增大护帮面积, 减少了片帮次数和大块煤的影响。

11.1.3.4 矿压观测情况

(1) 大采高工作面推进到距离切眼 50m 时老顶初次来压, 来压后工作面开始出现片帮, 但地表并未塌陷。

(2) 工作面上覆岩层厚度为 220~190m 时:

地表塌陷不正常期间的矿压显现: 1) 工作面推进到距离切眼 130m 时, 工作面片帮开始严重, 煤壁片帮深度达到 2m, 每刀跟顶滚筒拉架, 推出溜后立即超前拉架, 这种大周期来压距离持续约 30m。2) 工作面推进到距离切眼 295m 时, 老顶再次来压, 现象与上述相同, 持续距离为 25m。通过总结, 大采高工作面大周期来压一般为 130~150m, 来压持续 25~30m。

地表塌陷正常的矿压显现: 当工作面推进到距离切眼 320m 时, 地表塌陷趋于正常, 一般超前工作面 20m 开始塌陷, 要求工作面沿底回采, 顶煤留设厚度一般达到 0.8m, 顶板较容易控制, 来压时只需要超前拉架和跟机拉架, 这样就可顺利通过小周期来压, 来压步距一般为 8~10m。因生产外运影响, 早班停机时间超过 4h 的情况下, 来压步距变小, 一般为 6~8m。此时大周期来压的显现为: 来压时顶板慢慢开始漏顶, 如果漏顶未及时发现, 一刀煤后拉架时, 支架易冲天, 所有要求跟班的必须经常观察顶板, 发现漏顶时及时超前拉架, 同时拉超前架时必须认真观察顶板是否平整, 防止因漏顶造成顶板不平。

(3) 当工作面推进到距离切眼 600m, 岩层厚度为 190m 时: 工作面大、小周期来压时, 直接顶在梁头直接切断, 煤壁片帮较小, 拉一茬超前架支架前梁就能顶住煤壁, 顶板较容易控制。

(4) 来压时支架压力显现情况: 51202 大采高工作面受 51201 采空区矿压影响, 来压一般从机尾开始, 逐渐向机头方向移动, 压力一般超过 40MPa, 个别达到 50MPa, 来压范围可以从 20 架一直到 150 架, 来压时安全阀泄液较多。工作面更换了工作阻力为 45MPa 的安全阀后, 安全阀泄液数量相对有所减少, 但也很普遍。老顶周期来压时, 支架下沉量一般为 30~50mm。

11.2 寺河矿大采高开采技术与装备

11.2.1 工作面概述

晋城寺河矿大采高试验工作面位于东二盘区, 工作面编号为 2307。开采 3 号煤层, 煤体坚硬、性脆, 局部煤质松软、破碎, 普遍含两层夹矸。煤的容重 1.46t/m³, 煤的普氏硬度系数 $f=2$~3, 埋深 199~349m。煤层平均厚度为 6.2m, 倾角 1°~10°, 工作面走向长 2984.18m, 倾斜长 225m, 工业储量 636.9 万 t, 可采储量 592.4 万 t。

工作面水文地质条件较简单, 涌水来源主要为 3 号煤层上覆砂岩、粉砂岩等裂隙水,随着回采推进,顶板垮落,裂隙水渗入工作面。本工作面煤尘无爆炸性,煤无自燃倾向。抽放后,瓦斯绝对涌出量为65m³/min,二氧化碳绝对涌出量为1m³/min。

工作面伪顶为碳质泥岩,随采掘脱落。层厚0.3m。直接顶为砂质泥岩,层厚4.0m。老顶为细砂岩,具斜坡状层理,层厚7.5m。直接底为泥岩,层厚2.1m。老底为细砂岩,层厚2.2m。寺河矿地质综合柱状图如图11-3所示。

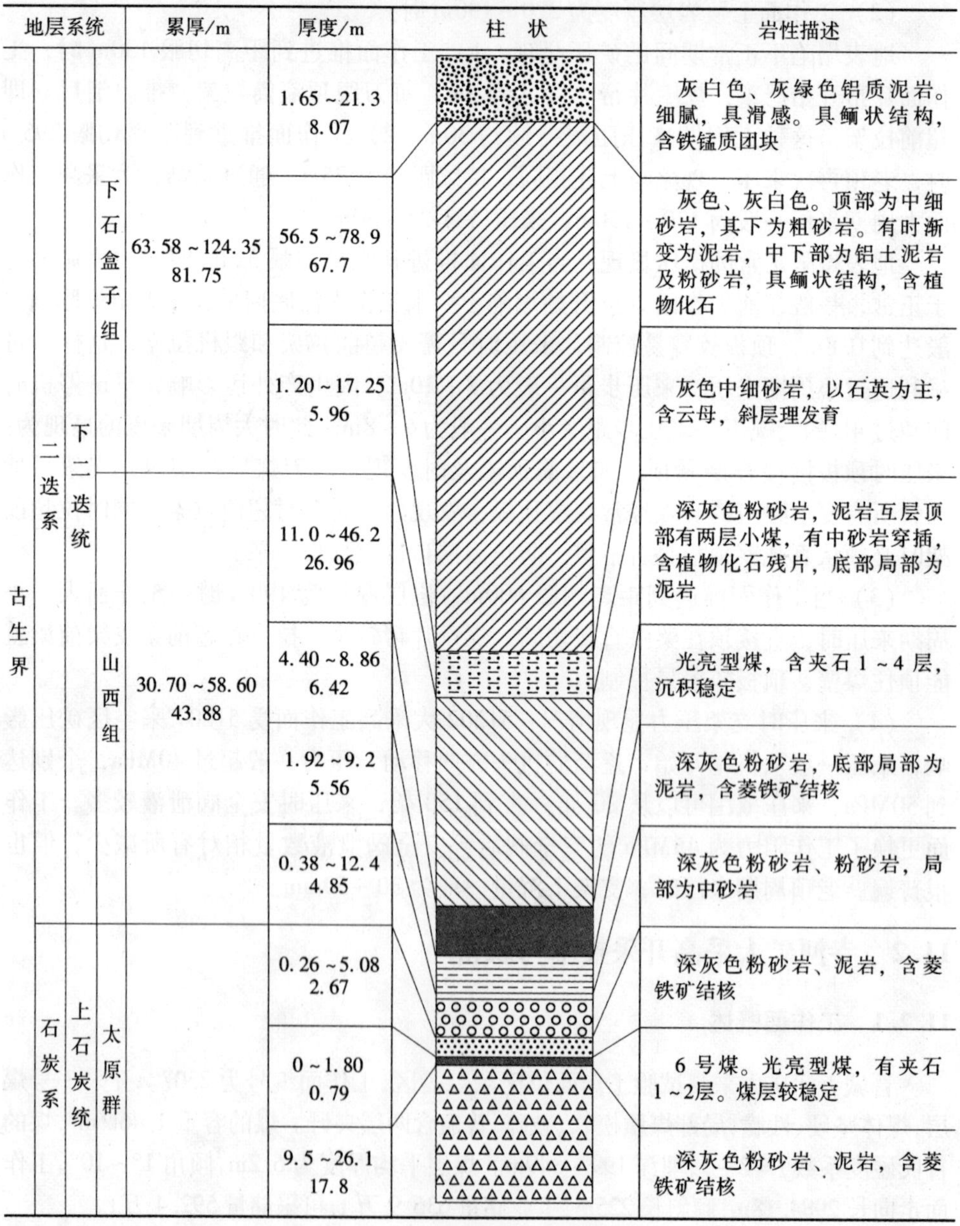

地层系统			累厚/m	厚度/m	柱　状	岩性描述
古生界	二叠系	下二叠统 下石盒子组	63.58~124.35 81.75	1.65~21.3 8.07		灰白色、灰绿色铝质泥岩。细腻,具滑感。具鲕状结构,含铁锰质团块
				56.5~78.9 67.7		灰色、灰白色。顶部为中细砂岩,其下为粗砂岩。有时渐变为泥岩,中下部为铝土泥岩及粉砂岩,具鲕状结构,含植物化石
				1.20~17.25 5.96		灰色中细砂岩,以石英为主,含云母,斜层理发育
		山西组	30.70~58.60 43.88	11.0~46.2 26.96		深灰色粉砂岩,泥岩互层顶部有两层小煤,有中砂岩穿插,含植物化石残片,底部局部为泥岩
				4.40~8.86 6.42		光亮型煤,含夹石1~4层,沉积稳定
				1.92~9.2 5.56		深灰色粉砂岩,底部局部为泥岩,含菱铁矿结核
				0.38~12.4 4.85		深灰色粉砂岩、粉砂岩,局部为中砂岩
	石炭系	上石炭统 太原群		0.26~5.08 2.67		深灰色粉砂岩、泥岩,含菱铁矿结核
				0~1.80 0.79		6号煤。光亮型煤,有夹石1~2层。煤层较稳定
				9.5~26.1 17.8		深灰色粉砂岩、泥岩,含菱铁矿结核

图11-3　寺河矿地质综合柱状图

11.2.2 工作面设备配套及技术参数

从工作面机头到机尾分别布置 ZYT9400/25.5/55 型端头架 4 架，ZYGT9400/25.5/55 型过渡液压支架 1 架，ZYG9400/25.5/55 型过渡液压支架 4 架，ZY9400/28/62 型中间架 112 架，ZYG9400/25.5/55 型过渡液压支架 4 架，ZYGT9400/25.5/55 型过渡液压支架 1 架，ZYT9400/25.5/55 型端头架 4 架，共计 130 架。液压支架采用 EEP 电液控制系统实现移架。工作面主要设备及技术参数见表 11-2。

表 11-2 主要设备技术参数

设备名称	制造公司	数量	技 术 参 数
刮板运输机	JOY 公司	1 部	运输能力：2500t/h。运输机长度：230.7m（链轮中对中） 总装机功率：1400kW。电压等级：3300V 中部槽尺寸（长×宽×高）/mm×mm×mm：1756×1332×353
破碎机	JOY 公司	1 台	通过能力：3000t/h。总装机功率：315kW。电压等级：1140V
转载机	JOY 公司	1 部	运输能力：2750t/h。运输机长度：27.5m（链轮中对中） 总装机功率：375kW。电压等级：1140V 中部槽尺寸（长×宽×高）/mm×mm×mm：1500×1332×284
支 架	郑州煤机公司	130 架	支架型号：ZY9400/28/62（112 架） 支架形式：二柱支撑掩护式。柱径：360/260mm。高度（最低/最高）/mm 2800/6200。宽度（最小/最大）/mm：1650/1850，支架中心距：1.75m。梁端距：≤590mm。支护强度：1.08～1.11MPa。支护面积：7.548m²。泵站压力：31.5MPa。重量：36.16t。工作阻力：9400kN 初撑力：7140kN 支架型号：ZYG9400/25.5/55（8 架） 高度（最低/最高）/mm：2550/5500。宽度（最小/最大）/mm：1650/1850 支架中心距：1.75m。支护强度：1.02～1.10MPa。重量：34.85t 工作阻力：9400kN。初撑力：7140kN 支架型号：ZYGT9400/25.5/55（2 架） 高度（最低/最高）/mm：2550/5500。宽度（最小/最大）/mm：1650/1850 支架中心距：1.75m。支护强度：0.925～0.994MPa。重量：35.88t 工作阻力：9400kN。初撑力：7140kN 支架型号：ZYT9400/25.5/55（8 架） 高度（最低/最高）/mm 2550/5500。宽度（最小/最大）/mm：1650/1850 支架中心距：1.75m。支护强度：0.79～0.85MPa。重量：34.05t 工作阻力：9400kN。初撑力：7140kN
乳化液泵	BRW 400/31.5	4 台	额定压力：31.5MPa。额定流量：400L/min。电机功率：250kW
采煤机	艾柯夫 SL—500	1 台	总装机功率：1815kW。电压等级：3300V

中间架支架型号为 ZY9400/28/62，支架架形为二柱掩护式（伸缩顶梁＋铰接式二级护帮），该支架与神东上湾矿大采高工作面所用的 ZY10800/28/63D 支架具有类似特点，均为郑州煤机公司设计制造。支架断面见图 11-4。

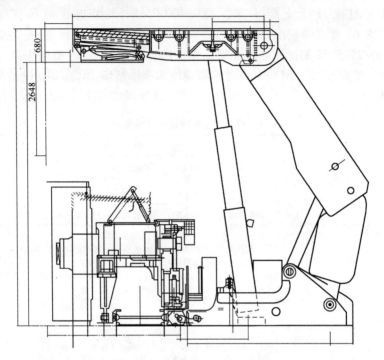

图 11-4 ZY9400/28/62 断面图

11.2.3 回采工艺及劳动组织

11.2.3.1 回采工艺

A 巷道布置

工作面布置为两进两回布置方式，工作面尾部留有一条瓦斯尾巷，工作面顺槽沿煤层底板布置。靠近工作面的一条顺槽为进风顺槽，即 23071 巷，作为皮带运输机顺槽，另外一条为 23075 巷，作为供电泵站设备列车顺槽，另外两条分别为 23065 巷、23061 巷，作为工作面回风顺槽。工作面长度 225m，割煤高度为6.1m，截深0.865m。

B 回采工艺

回采工艺采用双向割煤法，即采煤机往返一次为两个循环。采用电液控制进行移架，可实现双向邻架自动顺序移架、成组顺序移架和手动移架。拉架采用双向邻架移架，每次移一架。推溜采用双向成组推溜，每组设置为 9 架。

四六制作业（一个班检修，三个班生产），每班推进循环数最多为 6 个，最少时为3个,所以确定循环方式为生产班进5个循环,日进15个循环。

C　生产情况

2307大采高工作面于2006年6月初安装完毕,6月10日开始生产。最高日产量达3.05万t,最高月产78.17万t,截至2006年12月底,工作面生产原煤410万t。

11.2.3.2　矿压观测

A　支架工作阻力观测

以实测支架工作阻力平均值加上均方差作为来压判据,工作面推进85.7m,已经历两次周期来压,实测支架工作阻力随工作面推进距离变化曲线如图11-5所示。

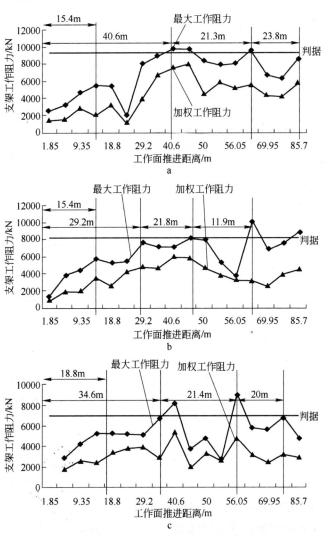

图11-5　支架工作阻力随工作面推进距离变化曲线

a—上部（21号架）；b—中部（66号架）；c—下部（108号架）

a 直接顶垮落特征

初采前，分别在每架前梁上方和尾梁后打眼，眼深为 1.5m，间距 1.75m，孔径 43mm。6 月 10 日即工作面试采当班即发现工作面中间部分顶板已垮落，垮落范围从 60 架至 100 架。工作面直接顶垮落步距为 15.4~18.8m，平均 16.5m，直接顶垮落时工作面可听到"板炮"声，持续一天，顶板垮落块度较小，直接顶垮落动载系数最大值 1.9，最小值 1.18，平均值 1.34。

b 老顶垮落特征

实测老顶初次垮落步距为 29.2~40.6m，平均 34.8m。老顶初次垮落呈不均匀分布，老顶初次垮落步距机头最长，机尾次之，工作面中间最短。老顶初次垮落步距最大值为 40.6m，最小值 29.2m，平均 34.8m，动载系数最大值为 1.82，最小值 1.15，平均值 1.43。老顶周期性垮落步距最大值为 23.8m，最小值为 11.9m，平均 20.05m，动载系数最大值为 1.87，最小值 1.07，平均值为 1.33。表 11-3 为工作面老顶来压步距及强度。

表 11-3 工作面老顶来压步距及强度

来压性质及次序		来压步距/m	平均/m	影响范围/d	平均/m	动载系数			
						按 P_t 计算		按 P_m 计算	
						K_t	平均	K_m	平均
直接顶来压	21 架	15.4	16.5	3.4	2.6	1.18	1.46	1.18	1.22
	66 架	15.4		2.4		1.9		1.28	
	108 架	18.8		2.0		1.3		1.22	
老顶初次来压	21 架	40.6	34.8	3.3	3.5	1.15	1.3	1.82	1.57
	66 架	29.2		4.2		1.4		1.48	
	108 架	34.6		3.2		1.34		1.42	
老顶周期来压	1	21 架	21.3	21.5	1.6	2.0	1.07	1.4	1.2	1.61
		66 架	21.8		2.4		1.24		1.82	
		108 架	21.4		2.1		1.87		1.83	
	2	21 架	23.8	18.6	0.8	1.0	1.35	1.29	1.32	1.25
		66 架	11.9		1.6		1.37		1.24	
		108 架	20		0.8		1.16		1.2	

注：P_t 为加权工作阻力；P_m 为最大工作阻力。

B 支护强度

2307 大采高工作面采用 ZY9400/28/62 型二柱支撑掩护式液压支架，额定工作阻力 9400kN，初撑力 7140kN，支护强度 1.08~1.1MPa。实测各支架加权平均工作阻力平均值为 4278kN，支护强度为 0.509MPa，占额定工作阻力的 45.5%，表明支架设计工作阻力和支护强度富裕量较大；实测各支架最大工作阻力平均值为 7182kN，支护强度为 0.84MPa，占额定工作阻力的 76%，支架工作阻力能够满足来压的需求。实测支架工作阻力及支护强度如表 11-4 所示。

表 11-4 2307 工作面支架工作阻力及支护强度实测

架 号	加权工作阻力/kN			加权支护强度/MPa		
	平均值	均方差	最大值	平均值	最大值	平均值与额定值之比/%
21	5011	1811	8061	0.59	0.949	53
66	4046	1271	6857	0.479	0.809	43
108	3777	1356	7000	0.449	0.82	40
平 均	4278	1479.3	7182	0.509	0.84	46

C 支架工作阻力分布

支架工作阻力分布见表 11-5 和图 11-6。支架工作阻力呈正态分布，机头和

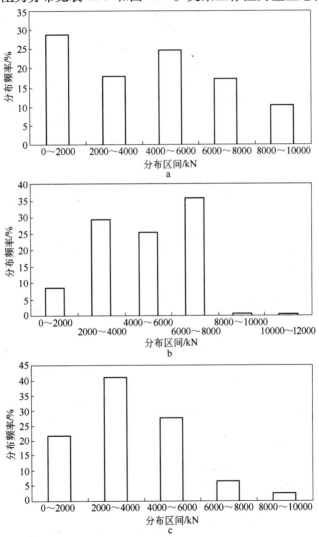

图 11-6 支架工作阻力分布图

a—21 号架；b—66 号架；c—108 号架

机尾支架工作阻力多分布在6000kN（占额定工作阻力63.8%）以下。机头21号架工作阻力小于6000kN占整个分布区间的71.5%，机尾108号架工作阻力小于6000kN占整个分布区间的90.5%，中间架工作阻力较大，8000kN（占额定工作阻力85%）以上的占36.9%。

表 11-5　支架工作阻力分布

架　号	0 ~ 2000kN	2000 ~ 4000kN	4000 ~ 6000kN	6000 ~ 8000kN	8000 ~ 10000kN	10000 ~ 12000kN
21 架	28.7	17.8	25	17.7	10.7	—
66 架	8.4	29.2	25.3	35.8	0.6	0.5
108 架	21.7	41	27.8	6.5	2.8	—
平　均	19.6	29.3	26	20	4.7	0.5

工作面经历98个采煤循环时。支架处于一次或二次增阻类型占53%，其中大部分处于老顶初次或周期来压阶段；微增阻类型占23%，其中大部分处于正常开采，老顶没有来压时期；降阻类型占24%。支架增阻特性见图11-7。

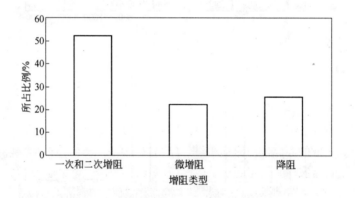

图 11-7　支架增阻特性

D　煤壁片帮及冒顶观测

2307工作面煤壁片帮共观测16天，片帮现象比较普遍，多出现在40 ~ 120号架之间。实测工作面片帮深度分布见表11-6，片帮深度小于600mm占92.1%，大于900mm占7.9%。

表 11-6　工作面片帮深度分布

片帮深度/mm	≥900	900 ~ 600	600 ~ 300	≤300
频率/%	7.9	31.8	15.2	45.1

在开采初期，直接顶来压之前，由于矿山压力较小，采高较低（最大小于6m），工作面片帮现象较少。随着工作面推进，开采高度逐渐增加（最大开采高

度达 6.2m），片帮现象增多，片帮深度均一般小于 0.6m，且位于二级护帮板以下，范围限于 1~3 个支架宽度，其素描如图 11-8a。老顶初次来压时煤壁有"吱吱"响声，并伴有掉渣现象，老顶来压时工作面出现两次因煤壁片帮形成的大块煤影响正常割煤的情况，影响时间共计 30min。

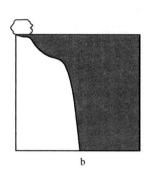

图 11-8　工作面片帮素描

a—半煤壁片帮；b—煤壁片帮和冒空

11.3　"两硬"条件大采高开采技术与装备

11.3.1　工作面基本条件

11.3.1.1　矿井概况

"两硬"条件大采高开采是以大同煤矿集团四老矿 8402 和 8404 工作面为例。四老矿位于大同市的西南部口泉河中游，距市区 25km。井田面积 39.6km²，矿井设计能力 270 万 t，到 2002 年年底，工业储量 17022.7 万 t，可采储量 11165.3 万 t。

矿井开拓方式：主斜井副立井，其中主斜井斜长 1085m，断面 13.9m²，倾角 15°47′，安装 GX—400 强力皮带机 1 部，带速 2.5m/s，输送能力 930t/h；副立井垂深 225m，直径 7m，主要担负人员及材料的升降。

矿井通风方式：中央混合压入式。辛庄设一回风井，在南羊路工业广场布置一进风井，同时设一排矸兼回风用立井。

井田内侏罗纪可采煤层有 12 层，现主采煤层为 14-2 号层、14-3 号层，矿井现为单水平开采，水平大巷布置在 14 号煤层底板岩石中，水平为 1070，布置有皮带巷和轨道巷，皮带巷担负全矿井的煤炭运输，轨道巷担负人员、材料运输。

11.3.1.2　盘区及工作面条件

试验工作面选择在 14 号层 404 盘区，位于四老沟矿井田的东北部，距地表 214~387m，平均 320m，煤层厚度 3.9~6.84m，盘区采用双翼布置，走向长度 2400m，倾向长度 1804~2334m，平均 2067m，工业储量 3084.3 万 t，可采储量

1941.5万t。盘区东翼工作面沿煤层走向布置，煤层厚度平均4.6m，厚度变化大，煤层结构单一。为适应大采高综采，盘区西翼工作面改为沿煤层倾斜方向布置，煤层厚3.96~6.70m，平均4.69m。

试验工作面为404盘区8402和8404工作面，所采煤层为14-2号、14-3号合并层，位于404盘区巷道的西侧。8402工作面走向长度1016m，可采长度967m，工作面长度181.5m，煤层厚度平均4.75m；8404工作面走向长度1350m，可采长度1300m，工作面长度181.5m，煤层厚度为4.10~6.3m，平均4.83m。两工作面普遍含有一层0.1~0.3m夹石，煤层倾角20°~50°。在8404工作面揭露一条宽6~8m的火成岩墙，岩性为煌斑岩，岩墙周围煤层变质呈焦炭。工作面北部未采，西部为8406工作面，南部为303盘区集中巷道，东北部为404盘区大巷。盘区和工作面巷道参数见表11-7。

表11-7 盘区和工作面巷道参数表

名　称	断面(宽×高)/m×m	支　护	名　称	断面(宽×高)/m×m	支　护
集中轨道巷	3.4×3.4	工字钢棚	运输顺槽	5.0×3.5	锚杆、锚索
集中皮带巷	3.4×3.4	工字钢棚	回风顺槽	4.3×3.8	锚杆、锚索
集中回风巷	3.4×3.4	工字钢棚	工作面开切眼	8.4×3.8	锚杆、锚索

工作面伪顶为深灰色砂质页层，厚0.27m。直接顶为深灰色砂质页岩与粉砂岩互层，厚4.48m。老顶为灰色粉细砂岩，厚10.94m，工作面布置见图11-9。

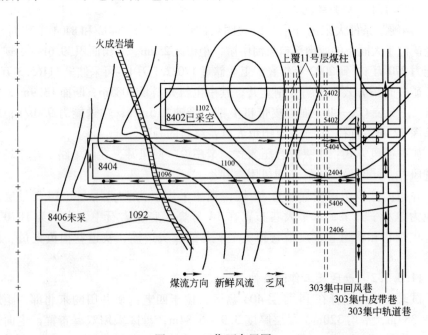

图11-9 工作面布置图

本层上覆 2 号、3 号、4 号、7 号、9 号、10 号、11 号煤层,除 2 号、11 号层开采外其余煤层厚度均小于 0.8m 未开采,2 号层距本层的间距为 192m,层的间距为 27.2m 左右。其他地质情况:该层煤为低沼气煤层,煤尘爆炸指数 40%,燃发火期 6 个月,煤的容重 1.34t/m³,硬度系数 f = 3.5 ~ 4,围岩最大硬度 f = 11.88。煤层综合柱状图见图 11-10。

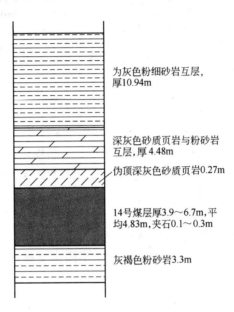

为灰色粉细砂岩互层,厚10.94m

深灰色砂质页岩与粉砂岩互层,厚4.48m

伪顶深灰色砂质页岩0.27m

14号煤层厚3.9~6.7m,平均4.83m,夹石0.1~0.3m

灰褐色粉砂岩3.3m

图 11-10 煤层综合柱状图

11.3.2 工作面装备

11.3.2.1 工作面装备

大采高工作面主要设备配置见表 11-8,工作面设备运输尺寸、吨位功率见表 11-9。

表 11-8 大采高工作面主要设备配置表

序 号	设备名称	型 号	特征参数	数 量	备 注
1	液压支架	ZZ9900/29.5/50	9900kN	107	研制开发
2	采煤机	SL-500	1815kW	1	进 口
3	刮板输送机	SGZ-1000/1050	2×525kW	1	国 产
4	转载机	SZZ-1000/375	375kW	1	国 产
5	皮带运输机	SSJ1200/3×250MG1000	3×250kW	1	国 产
6	破碎机	PCM-250	250kW	1	国 产
7	乳化液泵站	LRB400/31.5	250kW	2	国 产
8	喷雾泵站	KPB315/16		1	国 产
9	移动变电站		2500/1500kW	2	进口＋国产
10	负荷中心	AW-2000/8		1	进 口

表 11-9　　大采高工作面设备运输尺寸、吨位功率表

名称 参数	采煤机 SL-500	支架 Z9900/ 29.5/50	刮板运输机 SGZ 1000/1050	转载机 SZZ- 1000/375	破碎机 PCM-250	皮带运输 机 SSJ1200 /3×250MG	乳化液泵 站 LRB400 /31.5	喷雾泵站 KPB315 /16
吨位及功率	92t 1815kW	30t (108 架)	装机功率 2×525kW	装机功率 375kW	装机功率 250kW	装机功率 3×250kW	4.5t（2） 250kW	1.8t（2） 125kW
外形尺寸	拆体安装	拆体 7655mm ×1670mm ×2551mm	中部槽规 格 1753mm ×1000mm ×337mm	内槽宽 1000mm	4500mm× 2790mm ×1697mm	输送机 长度 850m	3720mm× 1274mm× 1417mm	2300mm ×980mm ×1040mm
备　注	（）内为设备个数，工作面设备总吨位 5000 余吨、总装机功率 5400kW							

　　8402 工作面系大同煤矿集团公司第一个大采高工作面，2002 年 8 月 23 日工作面开始安装，安装设备主要有顺槽和盘区一、二部皮带运输机、转载机、破碎机、刮板运输机、支架和采煤机，设备总质量 6000 余吨。截至 2002 年 10 月 17 日设备全部安装完毕，历时 56 天。

11.3.2.2　三机配套与总体配套

　　工作面三机配套设备为艾柯夫公司的 SL-500 采煤机，张家口煤机厂 SGZ1000/1050 刮板输送机，ZZ9900/29.5/50 型四柱支撑掩护式液压支架，工作面三机配套见图 11-11。

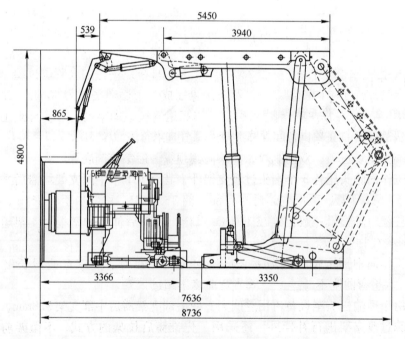

图 11-11　工作面三机配套图

（1）SL-500 型采煤机，装机总功率 1815kW，适应采高 2500 ~ 5205mm，截深 865mm，滚筒直径 2500mm，最大牵引速度 30.9m/min，最大牵引力 755kN。

（2）支架中心距 1750mm，支架加宽后，增加了支架追机移架速度，同样是每分钟移 4 架，移架速度增加了 1m。

（3）工作面采用 SGZ-1000/1050 型交叉侧卸式输送机，装机功率 2×525kW，输送量 2000t/h。

（4）工作面布置支架 107 架，其中机头、机尾各布置特殊支架 3 架。机头 3 架顶梁加长 328mm；机尾最末一架带 700mm 宽度的侧翻梁，以满足工作面长度变化 ±0.5m 的需要。机头、机尾特殊支架使用大推力油缸，每架推力不小于 70t，以保证顺利推移机头、机尾。

（5）运输顺槽选用 SSJ1200/3×250MG1000 型皮带输送机，输送能力 2000t/h，设计长度 1500m；转载机选用 SZZ-1000/375 型，运输能力 2500t/h，装机功率 375kW；破碎机选用 PCM250 型，通过能力 2200t/h。

11.3.3 开采工艺

工作面采用长壁后退式采煤法和全部垮落法管理采空区顶板。最大采高 5.0m，截深 0.865m，当煤层厚度大于 5.0m 时沿底留顶开采。

11.3.3.1 常规回采工艺

大采高工作面投产初期，考虑到采煤机割煤后机道浮煤多，会增加运输机推移机构阻力，试用了单向割煤，即由尾向头割煤，由头向尾返空刀装煤，采煤机割煤速度一般在 6m/min 以内。机道浮煤厚度仅 0.3m，无须返空刀装煤。因此，决定选用双向割煤方式，并于 2002 年 11 月 3 日夜班进行双向割煤试验，结果表明双向割煤优于单向割煤。一是双向割煤完成一个循环平均需 56min，比单向割煤少用 14min；二是单向割煤可引起工作面运输机纵向窜动，容易导致工作面端头无法割通；三是单向割煤采煤机司机往返工作面体力消耗大。

端头斜切进刀，双向割煤，前滚筒割顶煤，后滚筒割底煤。

工作面除头尾各 3 个端头过渡支架外，其余 101 个中间支架均滞后采煤机后滚筒 3 ~ 5m 移架，顶板破碎时滞后前滚筒 3m 移架。移架步距 0.865m，邻架操作。移架时降柱量一般控制在 150mm 以内，移架后伸出护壁板，支架超前采煤机 10m 收回护壁板。

工作面中部运输机槽滞后采煤机 15m 开始推移，要求弯曲段长度不少于 20m，水平弯曲度不超过 1°，垂直弯曲度不超过 2°。

由于运输机头尾设备占用空间大，使头部支架滞后中部支架 328mm，除采用了特殊过渡支架进行补偿外，还采用了先推溜后拉架的方式，不留架前人行空间。头部端头支架靠顺槽煤壁一侧用支架侧护板支护，支护宽度 500mm。但是在尾端头支架靠顺槽煤壁一侧无支护空间约 1.4m，为保证安全，在支架侧护板外侧距顺槽煤壁 500mm 处支设一排带 0.6m 二型顶梁的单体液压支柱，顶梁垂直顺槽煤壁，柱距为 1.0m。

11.3.3.2　工作面头部设备前移工艺

大采高工作面刮板运输机的整体侧卸式机头，与破碎机、转载机、皮带机尾整体前移。皮带输送机拉紧绞车能自动收缩皮带。工作面头部的三架端头过渡支架可整体推移头部设备，做到不停产前移，实现了机头前移和工作面生产平行作业。相对而言大采高工作面开机率得到明显提高。

11.3.3.3　工作面与顺槽的过渡

由于大采高工作面正常采高 4.80m，而两条顺槽巷高度均为 3.5m，工作面与顺槽之间存在着 1.3m 的高差，即工作面两端存在厚度逐渐变化的三角顶煤或底煤，顶煤控制不好易造成离层，甚至发生漏顶事故。因此，实现工作面与顺槽的合理过渡，对于该区域的顶煤控制、设备配套和安全开采等技术难题的研究至关重要。通过采取严格控制采高、及时支护等方式，在工作面两端部留一厚度逐渐变化的三角顶煤或底煤，以 2° 坡度实现了工作面与两顺槽巷的顺利过渡。

11.3.3.4　过火成岩墙

8404 大采高工作面 5404 巷在 585m 处，2404 巷在 648m 处揭露一条 6～8m 宽的火成岩墙，岩墙岩性为煌斑岩，岩墙周围煤层变质呈焦炭。工作面通过火成岩墙时，预先将工作面调斜 5°，以减少火成岩墙在工作面的揭露范围（揭露范围 20m 以内）；超前工作面在两顺槽巷中，沿火成岩墙打深孔（孔深为 75m，孔径 65mm）用爆破方法对火成岩进行预松动；工作面揭露火成岩墙后，在深孔爆破未松动的地方再进行浅孔松动爆破处理（孔深为 2m，孔径 43mm），破坏火成岩的完整性，减小采煤机截割负荷，使工作面比较顺利地通过了火成岩区域。从 7 月 9 日揭露火成岩墙到 8 月 5 日工作面通过火成岩墙，用时 27 天，生产受到一定影响，7 月份工作面产量下降到 18.27 万 t。但减少了一次搬家和由于搬家造成的火成岩墙两侧三角煤损失。

11.3.3.5　过上层采空区煤柱

距本层间距为 27m 的上覆 11 号采空区留有 20m 宽的工作面煤柱，煤柱走向大致与工作面煤壁平行。在大采高工作面通过上层采空区煤柱影响区前预先对工作面调斜，以减小上层采空区煤柱对大采高工作面的影响范围和程度。同时在两条顺槽巷分别实施 3 组 12 孔的深孔强制放顶措施（孔深 30m，孔距 10m，孔径 65mm，使用高威力炸药），减轻了采场顶板压力，比较顺利地通过了上层采空区煤柱影响区。11 号层采空区煤柱虽给大采高工作面正常开采带来一定难度，但工作面产量没有受到影响。

11.3.3.6 顶板控制与处理

大采高工作面选用 107 架 ZZ9900/29.5/50 型四柱支撑掩护式支架，其中上下端头各采用了 3 架特殊支架支护顶板。支架中心距 1.75m，支架最小控顶距 5.889m，支架最大控顶距 6.854m，最小端面距 0.539m，最大端面距 1.404m。切眼巷，顺槽巷道均采用矩形断面，在准备、开采、撤退过程中没有发生过顶板事故，这说明巷道所选的支护参数是合理的，巷道施工方法和支护措施是成功的，完全能满足超大断面巷道的支护要求。大采高工作面采空区顶板采用自然垮落法结合人工深孔强制放顶进行处理。按照设计要求超前工作面 50m 在两条顺槽巷施工放顶炮孔，初次放顶步距 28m，循环放顶步距 20m，孔径 65mm，孔深 26~43m，使用高威力黏性炸药。

11.3.3.7 生产系统有可靠性

测定分析大采高综采工作面是可修复的串联循环式生产系统，其串联系统主要是由采煤机、液压支架、刮板输送机、破碎机、转载机、胶带输送机和环境因素等部件组成。工作面生产系统组成框图见图 11-12。

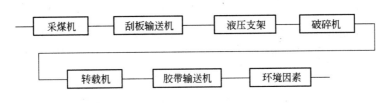

图 11-12　工作面生产系统组成框图

有效度是反映生产系统可靠性和维修性的综合指标，通过运行状况写实、工时消耗时间统计分析，进行整理归纳，对现场设备首先得出工作面各个部件（单机）的运行状况作业时间、故障维修时间的分布函数。计算分析结果表明：两硬条件下 8404 大采高工作面生产系统的有效度是令人满意的，而且符合实际开采情况。生产系统的有效度达到 0.9186，表明了工作面设备质量、管理水平、技术操作水平等都达到了相当的高度，该生产系统是可靠的。表 11-10 为工作面生产系统的实际开机率。

表 11-10　不同月产量相对应的开机率

时间（年/月）	月产量/万 t	生产天数/d	日开机时间/min	日开机率/%
2002/11	21.69	29	450	31
2002/12	24.15	30	500	35
2003/01	30.43	30	380	44
2003/02	21.46	27	630	26
2003/06	31.55	29	650	45
2003/08	30.10	30	620	43
2003/09	25.78	29	530	37

根据上表提供的数据，大采高工作面 2003 年 1 月份的产量为 30.43 万 t，这是在"系统开机率"为 44% 的条件下实现的。开机率反映了生产系统的实际作业时间，占可作业时间的 48%，据此推算在不同系统开机率条件下，四老沟矿大采高工作面的月生产能力，见表 11-11。由表 11-11 可看出，随着开机率的提高，矿井的生产能力也在提高，当开机率达到 70%，占可作业时间的 76% 时，矿井年生产能力将达到 500 万 t，70% 的开机率是可以实现的。

表 11-11　不同"开机率"条件下四老沟矿大采高工作面的月生产能力

开机率/%	占可作业时间的百分比/%	工作面月生产能力/万 t	开机率/%	占可作业时间的百分比/%	工作面月生产能力/万 t
44	48	30.43	65	71	44.95
50	54	34.58	70	76	48.41
55	60	38.04	72	78	50.00
60	65	41.50	75	82	51.87

11.3.3.8　现场试验效果

目前已安全开采两个工作面，完成一次换面搬家，累计采煤 229.97 万 t。在 6 月份创造了最高月产 31.55 万 t，最高日产达 15110t 的好成绩。扣除工作面地质条件、其他设备故障、矿井运输能力不足、产量调度管理等因素，平均日产达 8707t。

主要设备的工作状态和有关测试数据及分析结果分述如下。

A　采煤机

采煤机是引进德国艾可夫公司生产的 SL-500 型大功率交流电牵引双滚筒采煤机，特点是截割功率大，牵引速度快，装煤效果好。2002 年 11 月 1 日 20 时至 2002 年 11 月 2 日 16 时在受矿井运输能力限制的条件下对大采高工作面进行了考核测试，共计割煤 11 刀，平均采高 4.65m，推进 9.1m，原煤产量 10291t。在割煤速度 7m/min 时，实测采煤机整机输入功率 714kW。测试过程中，采煤机工作状态稳定，各部位温升稳定，均在允许范围。经测试双向割煤，平均速度为 5.96m/min，每个循环平均耗时 56min。由此看出采煤机潜在生产能力很大，但受矿井运输能力制约没有得到充分发挥。

B　成套运输设备

刮板运输机、转载机、破碎机及顺槽胶带运输机均为国产配套设备，经过一年生产使用，该设备的技术性能、制造质量、结构尺寸均能满足设计要求。另外，该成套设备设计配套合理，运输能力大，使用维护方便，安全可靠，能够满足集约化生产的要求。工作面刮板输送机采用了高可靠性行星减速器传动装置、高强度交叉侧卸机头、高可靠性链轮组件、整体封底式中部槽、147 节距整体模锻高强销轨、高强灵活可伸缩机尾、重型锻造刮板和中 38×137 紧凑链、液压马达低速紧链装置、摩擦限矩形安全保护离合器；顺槽转载机采用了可伸缩机头、15000h 高寿命二级平行布置行星减速器，并配有性能优越的可移动式皮带机，机尾自移装置和经优化设计的齿轮＋液力耦合器传动形式的破碎机，刮板运输机、转载机、破碎机及顺槽胶带运输机在 2000h 大运量情况下电机最大输出功率为额定输出功率的 82%，电机、减速机温升均在 43℃ 以内，符合使用标准要求。

C 液压支架

ZZ9900/29.5/50 型四柱支撑掩护式支架，在两个大采高工作面连续 9 个月的生产试验过程中，没有发生本身原因影响生产的情况，生产试验证明该支架设计合理，操作方便，移架速度快，主要技术性能与参数达到了设计要求，与工作面其他设备有很好的配套性能。试验中对整个系统中的单个支架及 10 个支架一组的分组移架方法进行了现场测试，折算支架跟机速度平均为 7.61m/min，可以满足采煤机正常割煤速度的要求。开采过程中，工作面机道顶板完整，未出现过漏顶或压架事故，表明支架能满足该工作面开采的要求。

11.3.4 坚硬顶板控制效果

四老沟矿大采高工作面采空区顶板管理采用自然垮落结合人工强制放顶。使采空区顶板在头、尾拉开槽，在采动中自行垮落。经人工放顶后，除头部常有不大于 5m×10m 的三角悬板外，其他各处均能随采随落。工作面压力分布呈现中部最大，尾部次之，头部最小的规律。工作面周期来压期间，中部少数支架安全阀开启，活柱下缩量不明显，工作面煤壁片帮深度不超过 0.5m，控顶区内顶板较完整，未发生过顶板事故。

11.3.4.1 直接顶初次垮落

大采高工作面直接顶初次垮落步距在 20~25m 之间，平均 23m，直接顶从工作面中部首先冒落，随工作面向前推进，很快扩大到整个工作面，除头尾落山角留有少量悬板外，其他各处冒落高度在 3.5~5.5m 之间，工作面煤壁有不超过 0.2m 片帮。

11.3.4.2 老顶初次来压

8402 综采工作面老顶来压步距及强度见表 11-12。大采高工作面老顶初次来压步距在 55.5~58.9m 之间，平均 57.8m。部分支架安全阀开启，采空区悬板全部垮落，工作面中部煤壁有 0.3~0.5m 片帮，但工作面顶板完整。

11.3.4.3 老顶周期来压

大采高工作面老顶周期来压步距在 13~21m，平均为 19.2m。实测表明，老顶初次来压和周期来压沿工作面方向不是同时来压，呈现局部来压、迁移特征，来压强度中部最强，尾部次之，头部较弱。

表 11-12   8402 综采工作面老顶来压步距及强度

来压性质与次序	测线	来压步骤				动压系数 k_m
		持续时间		影响范围 /m	来压步距 /m	按 p_m 计算
		循环	天数			
老顶初次来压	1 头部	3	0.4	2	58.9	1.38
	中部	3	0.7	2.6	55.5	1.42
	尾部	2	0.3	1.7	58.9	1.38
	平均	2.67	0.46	2.1	57.8	1.39
老顶周期来压	1 头部	3	1	2.6	21.6	1.27
	中部	5	0.4	4.4	25.0	1.36
	尾部	6	1	5.2	19.5	1.36
	平均	4.7	0.8	4.1	22.0	1.33
	2 头部	5	3.2	4.3	13.9	1.35
	中部	7	2	6.1	15.6	1.37
	尾部	3	0.2	2.6	19.4	1.32
	平均	5	1.8	3.3 4.3	16.3	1.35
加权平均		4.9	1.3	3.7	19.2	1.34

11.3.4.4   支架载荷

实测工作面液压支架平均初撑力为 6249kN/架，是设计初撑力（7734kN/架）的 80.8%，末工作阻力平均为 7425kN/架，与额定工作阻力（9900kN/架）比值为 75%。顶板来压时最大工作阻力 9495.8kN/架，为额定工作阻力（9900kN/架）的 95.92%，这说明四柱支撑掩护式支架能够适应对该类工作面顶板的支护。

参 考 文 献

[1] 中国科学技术前瞻报告 2004(能源、资源环境和先进制造) [M]. 北京：科学技术文献出版社，2005.

[2] 范维唐. 21 世纪中国能源 [C]. 21 世纪中国煤炭工业研讨会论文集.

[3] 中国能源发展报告 2003 [M]. 北京：中国计量出版社，2003.

[4] 中国统计年鉴 2004 [M]. 北京：中国统计出版社，2004.

[5] 朱训. 中国矿情（第一卷）总论：能源矿产 [M]. 北京：科学出版社，1999.

[6] 郑行周. 高效采煤对煤炭可持续开采影响研究 [D]. 中国矿业大学（北京），2004.

[7] 中国能源产业地图（2006~2007）[M]. 北京：社会科学文献出版社，2006.

[8] 徐永圻. 煤矿开采学 [M]. 徐州：中国矿业大学出版社，1999.

[9] 王家臣. 我国综放开采技术及深层次发展问题探讨 [J]. 煤炭科学技术，2005，33（1）：14~17.

[10] Rutherford A. Moderately Thick Seam Mining In Australia [C] //WU Jian, WANG Jiachen. Proceedings of '99 International Workshop on Underground Thick-Seam Mining. Beijing：China Coal Industry Publishing House，1999：122~135.

[11] 王家臣，仲淑姮. 我国厚煤层开采技术现状及需要解决的关键问题 [J]. 中国科技论文在线，2008，3（11），829~834.

[12] 樊运策，等. 综合机械化放顶煤开采技术 [M]. 北京：煤炭工业出版社，2003.

[13] 靳钟铭. 放顶煤开采理论与技术 [M]. 北京：煤炭工业出版社，2001.

[14] 周英. 普通放顶煤开采技术 [M]. 北京：煤炭工业出版社，1999.

[15] 杨振复，罗恩波. 放顶煤开采技术与放顶煤液压支架 [M]. 北京：煤炭工业出版社，1995.

[16] 孟宪锐，李建民. 现代放顶煤开采理论与实用技术 [M]. 徐州：中国矿业大学出版社，2001.

[17] 吴健，王家臣. '99 厚煤层现代开采技术国际专题研讨会论文集 [M]. 北京：煤炭工业出版社，1999.

[18] 钱鸣高，石平伍. 矿山压力与岩层控制 [M]. 徐州：中国矿业大学出版社，2003.

[19] 张勇. 长壁放顶煤开采顶煤损伤和破坏机理研究 [D]. 中国矿业大学（北京），1998.

[20] 张顶立. 综合机械化放顶煤开采采场矿山压力控制 [M]. 北京：煤炭工业出版社，1999

[21] 王家臣，等. 难采煤层的综放开采技术研究 [C]. '99 厚煤层现代开采技术国际专题研讨会论文集. 北京：煤炭工业出版社，1999.

[22] 王家臣，等. 坚硬厚煤层综放开采顶煤预爆破参数研究 [J]. 煤，2000(3)：1~4.

[23] 王家臣，富强. 低位综放开采顶煤放出的散体介质流理论与应用 [J]. 煤炭学报，2002(4)：337~341.

[24] 王家臣，白希军. 坚硬煤体综放开采顶煤破碎块度研究 [J]. 煤炭学报，2000（3）：238~242.

[25] 刘兴国. 放矿理论基础 [M]. 北京：冶金工业出版社，1995.

[26] 于海勇，贾恩立，穆荣昌．放顶煤开采基础理论［M］．北京：煤炭工业出版社，1995.

[27] 解世俊．金属矿床地下开采［M］．北京：冶金工业出版社，1986.

[28] 富强．长壁综放开采松散顶煤落放规律研究［D］．中国矿业大学（北京），1999.

[29] Wang Jiachen，Yin Zhengzhu，Bai Xijun. The Basic Mechanics Problems and the Development of Longwall Too-coal Caving Technique in China［J］. Journal of Coal Science Engineering (China)，1999（2）：1~7.

[30] 曹胜根，钱鸣高，刘长友．综放支架工作阻力与端面顶板稳定性［C］．'99厚煤层现代开采技术国际专题研讨会论文集．北京：煤炭工业出版社，1999.

[31] 王家臣，李志刚，等．综放开采顶煤放出散体介质流理论的试验研究［J］．煤炭学报，2004，29（4）：260~263.

[32] 王家臣，熊道慧，等．矿石自然崩落块度的拓扑研究［J］．岩石力学与工程学报，2001，20（4）：443~447.

[33] 王家臣．煤炭资源与安全开采技术新进展［M］．徐州：中国矿业大学出版社，2007.

[34] 王家臣，等．复杂煤层条件下应用综放开采技术的试验研究［J］．煤炭科学技术，1998，26（12）．

[35] 王家臣，等．应用地质统计学研究岩体强度的空间变异性［J］．黄金科学技术，1999，7（4~5）：51~54.

[36] 王家臣．岩石开挖工程随机分析原理与应用［J］．岩石力学与工程学报，2002，（增刊2）：2474~2479.

[37] 王家臣．极软厚煤层煤壁片帮机理与防治［J］．煤炭学报，2007，32（8）：785~788.

[38] 王家臣，等．厚煤层开采煤与瓦斯共采的关键问题［J］．煤炭科学技术，2008，（2）．

[39] Wang Jiachen，et al. Research on fully mechanized top-coal caving mining technology for complicated geological and close distance coal seams in Huaibei Mining Area［C］. 17th International Symposium on Mine Planning and Equipment Selection. Beijing：2008.

[40] 谢俊文，等．急倾斜厚煤层高效综放长壁开采技术．北京：煤炭工业出版社，2005.

[41] 李志刚．综放开采散体顶煤流动与放出规律模拟研究［D］．北京：中国矿业大学，2004.

[42] 姬刘亭．极软特厚煤层预采顶分层综放开采采场围岩控制技术［D］．北京：中国矿业大学，2006.

[43] 史元伟．采煤工作面围岩控制原理与技术．徐州：中国矿业大学出版社，2003.

[44] 宋振骐．实用矿山压力控制．徐州：中国矿业大学出版社，1998.